용도변경하다

공무원이 바라본

위반건축물
양성화 방법 포함

건축물의 용도변경을 정확하고
빠르게 시행할 수 있는 용도변경 실무 가이드

한솔아카데미

머리말 Preface

저자 고영종 건축사

건축물의 용도변경은 가장 단순한 것 같으면서 가장 광범위한 건축관련 행정절차입니다. 강남구 건축민원지원센터의 센터장으로 근무하면서, 통계적으로 가장 많은 문의 사항은 용도변경과 관련한 내용이었습니다. 건축법에서 규정한 건축행위 중에서 용도변경에 대한 문의가 가장 많았던 이유는 종합부동산세 경감을 위해 주택을 근린생활시설로 변경하는 이유도 있었고, 신규창업이나 업종변경을 위한 문의 또한 많이 있었습니다.

건축물의 용도변경은 화려한 건축 외관적 디자인이 아니고, 누군가 설계한 건축물에 대해 일부를 보완하는 영역으로 간주되었기 때문에 건축설계 분야에서 외면되어서 시중에 용도변경에 대해 마땅한 지침서도 없는 상태입니다. 이러한 현실 속에서 본인의 건축에 대한 다양한 건축적 실무와 관공서의 행정 경험을 바탕으로 생활형 건축을 반영한 본 도서를 출간하게 되었습니다.

건물은 인간의 삶과 비슷한 궤적을 가지고 있습니다. 하나님께서 창조한 인간은 모태에서 일정기간 자란 뒤 비로소 세상에 태어나며, 관청에 출생신고를 하여 국민으로서 의무와 권리를 갖게 되는데, 건축물도 설계, 시공, 감리 등의 과정을 거친 뒤 해당 관청에 인간사회의 주민등록과 유사한 건축물대장에 등록하여 사회 속에서 기능적 역할을 감당하게 됩니다.

건축물의 용도를 분류하는 이유는 도심에 질서를 부여하고 건축물을 사용함에 있어서 무분별한 남용을 막기 위함인데, 시골보다는 복잡한 도심일수록 행정규정이나 법적 요건을 강화하여 건축물로 인한 부작용을 막거나 사회적 포화도를 조절하기도 합니다. 인간이 직업이나 직장을 바꾸며 사회적 역할을 바꾸듯이 건축물은 용도변경이라는 과정을 통해 공간 사용 목적 변화에 당위성을 부여받게 됩니다.

건축물의 용도변경과 관련해서 건물주, 임차인, 공무원, 건축사, 공인중개사, 법무사, 행정사, 인테리어사, 건설사 등 여러 분야에서 다양한 문의가 있었습니다. 본 도서는 건축관련 전문가뿐만 아니라 일반인들에게 가장 관심이 많은 용도변경을 쉽게 이해할 수 있도록 설명하였으며, 관련 행정절차를 빠르고 정확하게 이해하는 것에 초점을 맞추었습니다.

마지막으로 본 도서가 나오기까지 함께 근무하며 실무적 도움을 주신 강남구 건축민원지원센터의 모든 건축사님들께 감사드립니다.

Recommend 추천사

서울특별시강남구건축사회 박봉준 회장

고영종건축사는 현재 강남구청 건축민원지원센터의 센터장으로 근무하면서 생활속에서 발생하는 건축적 궁금증에 대해서 그동안 실제로 상담했던 사례를 바탕으로 본 도서를 출간하였습니다.

건축물의 '용도변경'은 사용승인(준공)이 완료된 건축물이 새로운 기능에 적합하게 활용 되도록 하기 위한 건축행정처리 행위라 할 수 있습니다.
용도변경은 우리가 생활하는 공간에서 발생하는 것이기에 쉽게 느껴질 수 있으나, 행정 절차에 대해서는 다양한 경우의 수가 있기 때문에 일반인들이 이해하기에는 쉽지 않습니다.

주택으로 사용되던 공간을 음식점으로 사용한다고 할 때에 최고급 자재와 최고의 건축 전문가를 통해 인테리어를 할 수는 있겠지만 관련 행정절차를 거치지 않고 영업을 할 경우 에는 위법건축물로 분류 될 수도 있습니다.

본 도서는 건축 계약이나 용도변경을 앞둔 건축주와 임차인분들에게 좋은 길라잡이가 될 것 이며, 인·허가 관청의 관련 공무원분들에게는 일관성 있는 민원답변 매뉴얼이 되리라 기대합니다. 그리고 건축사와 공인중개사를 비롯한 건축관련 전문가분들에게는 관련 행 정처리의 지침서가 될 것이라 확신합니다.

공무원이 바라본 용도변경하다

건축민원지원센터 자문위원 유여훈 건축사

강남구청의 건축민원지원센터가 설립된 21년 7월부터 현재까지 15명의 건축사가 약 5천여 건의 용도변경과 인허가관련 자문을 하고 있습니다. 그런데 그 중 가장 많은 자문 건은 용도변경과 표시변경입니다.

그 동안 거쳐 왔던 자문을 바탕으로 집대성된 본 도서는, 실무를 하는 사람에게는 FAQ라고 할 수 있을 정도로 용도변경 과정 중 궁금해 할 내용들에 대한 답을 제시합니다. 예를 들어 용도변경의 절차뿐만 아니라, 필요한 서류와 서식, 그리고 자주 물어보는 내용 등이 체계적으로 정리되어 있습니다.

자문과 실무를 할 때 반드시 찾아보아야 할 법규와, 놓치는 내용이 있습니다. 그 때 본 도서를 열어 보면, 센터장님과 자문 건축사님들의 오랜 노하우를 아주 쉽게 들여다 볼 수 있을 것입니다.

용도변경을 처음 해 보는 분들 뿐만 아니라, 경험이 많은 분들도 크로스체크를 위해서 반드시 이 도서를 옆에 두시면 좋을 것 같습니다. 그리고 건축사, 공인중개사, 공무원 분들도 본 도서를 활용하여 후임 혹은 동료직원에게 효율적으로 업무를 설명해 줄 수 있을 것으로 생각됩니다.

센터장님께서 얼마나 공을 들이셨는지 출간 초기 계획부터 함께 보았던 사람으로서, 하루 빨리 출간되어 조금 더 신속하고 꼼꼼하게 검토할 수 있기를 학수고대 해 왔습니다.

그런데 드디어 출간되어 다른 분들과도 공유할 수 있다니, 귀한 시간과 정성을 쏟아 노하우를 정리해 주신 고영종 센터장님께 감사하다는 말씀을 전하고 싶습니다.

공무원이 바라본 용도변경하다

한국 공인중개사 협회 강남지회 지회장 채송준

노후주택 매입 후 근린생활시설로 용도변경해서 부동산의 가치를 높이는 디벨롭 방식의 투자가 유행하고 있습니다. 공인중개사로서 단순히 물건을 중개하는 것뿐만 아니라 디벨롭 과정에서 고객이 궁금할만한 용도변경에 대한 정보를 체계적으로 제공할 수 있는 책이 나와 반갑습니다. 공인중개사 분들은 물론 용도변경을 통해 부동산의 가치를 높이려는 투자자 분들에게도 도움이 되시리라 믿습니다.

○○시청 건축직 주무관(건축사) 고경희

행정실무자의 입장에서 살펴보면, 건축물의 용도변경은 건축물의 신축허가나 신고와 달리 난해한 부분이 많이 있습니다. 신축건물은 현행법의 관점에서만 해석하면 되지만, 용도변경은 현행법 뿐만아니라 기존건축물의 특성과 특례사항이나 예외사항에 대해 종합적으로 판단해야 하기 때문입니다.

현재까지 용도변경과 관련해서 마땅한 자료가 없고, 민원처리기간은 상대적으로 짧으며, 판단해야 하는 요소는 많아 업무적 고충이 있었는데, 금번 도서가 용도변경을 실무적 관점에서 체계적으로 정리하였기에 무척 반가웠습니다.

용도변경과 더불어 대수선, 리모델링, 가설건축물, 추인, 이행강제금과 관련한 부분도 설명하고 있는데, 본 도서가 행정실무자와 민원인 모두에게 실제적 도움이 될 것으로 생각됩니다.

CONTENTS

PART 01
건축물의 용도

1.1 건축물의 용도와 시설군 2
1.2 건축물의 분류 4

PART 02
건축물의 용도변경

2.1 건축물의 용도변경 정의 및 절차 20
2.2 용도변경 허가와 용도변경 신고 등의 구분 23

PART 03
건축물의 용도변경시 체크사항

3.1 장애인 편의시설 32
3.2 주차장 37
3.3 승강기 42
3.4 정화조 및 하수도 원인자부담금 43
3.5 소방시설 50
3.6 구조 (건축물의 하중기준) 60
3.7 2개소 이상의 직통계단 설치 63
3.8 「교육환경 보호에 관한 법률」에 따른 건축제한 65
3.9 에너지 절약계획서 68
3.10 과밀부담금 68
3.11 발코니 확장 70
3.12 복층구조 72
3.13 건축사가 해야 하는 건축물의 설계 73
3.14 용도별 건축물의 용도변경 74
3.15 폐지되거나 변경된 법령 등 82

PART 04
위반건축물 및 이행강제금

4.1 위반건축물 86
4.2 이행강제금 (履行强制金) 91
4.3 건축물 시가 표준액 (1m² 기준) 99

공무원이 바라본 **용도변경하다**

PART 05
대수선·리모델링·가설건축물·추인

5.1 대수선 106
5.2 리모델링 110
5.3 가설건축물 111
5.4 추인 113

PART 06
위반건축물의 양성화

6.1 위반건축물의 양성화 116
6.2 「특정건축물 정리에 관한 특별조치법」을 통한 양성화(2014년 기준) 120
6.3 건축법 개정을 통한 양성화(예정) 122
6.4 근린생활시설 세부 용도별 면적 제한 규정 개정 124
6.5 지하층 출입계단 상부지붕 면적규정 개정 125
6.6 폐지된 법령을 적용한 양성화 126
6.7 용도변경을 통한 양성화 127
6.8 증축 추인을 통한 양성화 129
6.9 기타 방법을 통한 양성화 133

PART 07
별첨

[별첨 1] 건축물 면적, 높이 등 세부 산정기준 138
[별첨 2] 용도별 건축물의 종류(「건축물 시행령」[별표 1]) 180
[별첨 3] 편의시설의 구조·재질 등에 관한 세부기준 191
[별첨 4] 발코니 등의 구조변경절차 및 설치기준 215
[별첨 5] 부설주차장의 설치대상시설물 종류 및 설치기준 218
[별첨 6] 장애인등 편의법 일부조항 처리지침 222
[별첨 7] 승용승강기의 설치기준 231
[별첨 8] 건축물의 용도별 오수발생량 및 정화조 처리 대상인원 산정기준 232
[별첨 9] 용도변경 관련 질의회신 사례 241
[별첨10] 강남구 건축위원회 심의(자문)대상 251
[별첨11] 건축관련 참고 사이트 252

PART 08
서식

[서식 1] 용도변경 체크리스트 254
[서식 2] 위임장 255
[서식 3] 대리인 위임장(세움터) 256
[서식 4] 건축물대장 현황도면 발급 동의(위임)서 257
[서식 5] 입주민동의서 258
[서식 6] 고충(진정·질의·건의) 민원신청서 259
[서식 7] 시정완료 보고서 260
[서식 8] 정화조 내부청소 이행각서 261
[서식 9] 행위허가증명서 262
[서식10] 건축물표시 변경·정정 신청서 263
[서식11] 가설건축물 축조신고서 264
[서식12] 건축·대수선·용도변경 (변경)허가 신청서 266
[서식13] 건축물대장 합병신청서 272
[서식14] 건축물대장 전환신청서 273

01 건축물의 용도

01 건축물의 용도

1.1 건축물의 용도와 시설군

❶ 건축물의 용도

건축물의 용도는 「건축법 시행령」 [별표 1]([별첨 2] 용도별 건축물의 종류)에 상세히 분류되어 있는데, 용도변경을 중심으로 살펴보면 분류기준에 따라 9가지의 시설군으로 1차 분류되며(「건축법」 제19조 제4항), 각 시설군은 29가지의 용도군으로 2차 분류되고, 각 용도군은 세부용도로 3차 분류됩니다. 일반적으로 건축물의 용도별 명칭은 2차 분류 명칭이나 3차 분류 명칭으로 불립니다.

예를 들어, '다가구주택'은 '주거업무시설군' 내의 2차 용도군 중 하나이고, 사진관은 '근린생활시설군' 내의 3차 세부용도 중의 하나입니다.

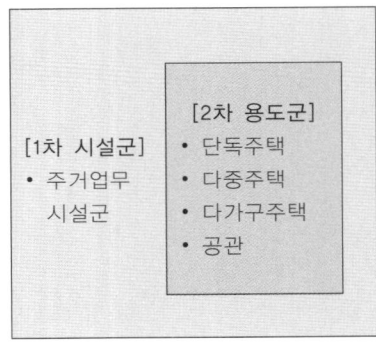

[다가구주택의 용도분류 체계]

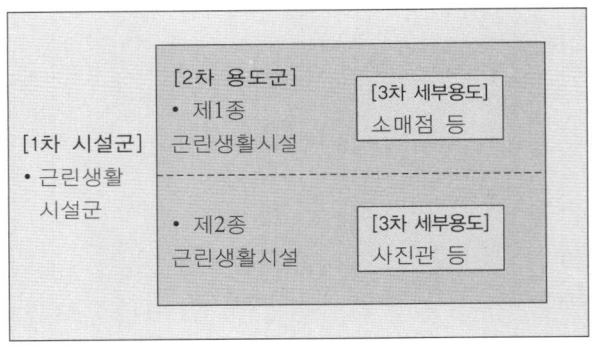

[사진관의 용도분류 체계]

[주거업무시설군(다가구주택)]

[근린생활시설군: 제2종 근린생활시설(사진관)]

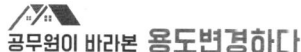

일반적으로 쓰이는 용어가 건축법 분류에 없는 것도 있는데, 대표적인 사례가 '빌라(villa)'입니다. 빌라는 일반적으로 별장식주택·다가구주택·다세대주택·연립주택을 구분하지 않고 쓰는 용어이며, 단독주택에 비해 상대적으로 대형화된 규모와 고급재료를 사용한 건물임을 강조하고자 남유럽 저택에 비유한 건물명칭이라 할 수 있겠습니다.

❷ 건축물의 시설군

「건축법 시행령」 제14조 제5항에 각 건축물을 유사한 용도의 시설별로 두어서 9개의 시설군으로 분류하고 있습니다. 자동차시설군이 최상위군이며, 상위군에 속할수록 관련규정이 복잡하고 건축 행정처리에 있어서 난해한 부분이 있습니다.

■ 건축물의 시설군 및 용도군

시설군	용도군	
1. 자동차 관련 시설군	자동차 관련 시설	
2. 산업 등의 시설군	운수시설 / 창고시설 / 공장 / 위험물 저장 및 처리시설 / 자원순환 관련 시설 / 묘지 관련 시설 / 장례시설	
3. 전기통신 시설군	방송통신시설 / 발전시설	
4. 문화 및 집회시설군	문화 및 집회시설 / 종교시설 / 위락시설 / 관광휴게시설	상위군
5. 영업시설군	판매시설 / 운동시설 / 숙박시설 / 제2종 근린생활시설 중 다중생활시설	
6. 교육 및 복지시설군	의료시설 / 교육연구시설 / 노유자시설 / 수련시설 / 야영장시설	하위군
7. 근린생활시설군	제1종 근린생활시설 / 제2종 근린생활시설(다중생활시설 제외)	
8. 주거업무시설군	단독주택 / 공동주택 / 업무시설 / 교정 및 군사시설	
9. 그 밖의 시설군	동물 및 식물 관련 시설	

[주거업무시설군(공동주택)]

[영업시설군(판매시설)]

1.2 건축물의 분류

❶ 건축물의 면적별 용도분류

건축물의 용도는 면적 등에 따라서 상대적으로 변하는 용도와 면적에 상관없이 변하지 않는 용도가 있습니다.

공동주택의 경우 연면적이 660㎡ 이하이면서 4개층 이하면 다세대주택이지만, 연면적이 660㎡를 초과하게 되면 연립주택으로 건축물의 용도분류가 변경됩니다. 사무소의 경우 해당 용도로 쓰는 바닥면적의 합계가 30㎡ 미만이면 제1종 근린생활시설이 되고, 30㎡ 이상 500㎡ 미만이면 제2종 근린생활시설로 용도분류가 변경되며, 500㎡ 이상이면 업무시설로 분류되게 됩니다. 한편, 문화 및 집회시설 등은 면적에 따라 용도가 변하지 않고, 절대적으로 용도 적용을 받는 건축물이라 할 수 있습니다.

```
┌─────────────────────────────────────────────────────────────┐
│              건축물 용도(29가지 대분류)                     │
│                                                              │
│  ┌───────────────────────┐   ┌───────────────────────────┐ │
│  │ 면적 등에 따라 상대적으로│   │  절대적으로 용도 적용을   │ │
│  │  용도 적용을 달리하는  │   │     받는 건축물 용도      │ │
│  │      건축물 용도       │   ├───────────────────────────┤ │
│  │                        │   │ 문화 및 집회시설, 종교시설,│ │
│  │                        │   │ 판매시설, 운수시설, 의료  │ │
│  │                        │   │ 시설, 교육연구시설, 노유자│ │
│  │    단독주택, 공동주택, │   │ 시설, 수련시설, 운동시설, │ │
│  │    제1종 근린생활시설, │   │ 업무시설, 숙박시설, 위락  │ │
│  │    제2종 근린생활시설  │   │ 시설, 공장, 창고시설, 위험│ │
│  │                        │   │ 물 저장 및 처리시설, 자동 │ │
│  │                        │   │ 차 관련 시설, 동물 및 식물│ │
│  │                        │   │ 관련 시설, 자원순환 관련  │ │
│  │                        │   │ 시설, 교정 및 군사시설,   │ │
│  │                        │   │ 방송통신시설, 발전시설,   │ │
│  │                        │   │ 묘지관련시설, 관광휴게시설,│ │
│  │                        │   │ 장례시설, 야영장 시설     │ │
│  └───────────────────────┘   └───────────────────────────┘ │
└─────────────────────────────────────────────────────────────┘
```

[건축물 용도분류 (출처: 그림으로 이해하는 건축법)]

[창고시설]

[업무시설(오피스텔)]

❷ 근린생활시설의 면적별 용도분류

근린생활시설은 면적에 따라 판매시설, 운동시설, 교육연구시설 등으로 용도분류가 변경되기도 합니다. 학원의 경우 500㎡ 미만은 제2종 근린생활시설로 분류되지만 기준면적 500㎡ 이상은 교육연구시설로 분류됩니다.

■ 근린생활시설의 면적별 용도분류

구 분	면적별 용도분류		
	근린생활시설군 용도분류 (기준면적 미만시 용도분류)	기준면적(㎡)	용도분류 (기준면적 이상 시 용도분류)
용도	소매점	1,000	판매시설
	탁구장, 체육도장	500	운동시설
	공연장(극장, 영화관 등)	500	문화 및 집회시설
	종교집회장	500	종교시설
	자동차영업소	1,000	판매시설
	PC방	500	판매시설
	학원	500	교육연구시설
	볼링장, 당구장, 골프연습장	500	운동시설
	사무실, 부동산중개업소	500	업무시설
	다중생활시설(고시원)	500	숙박시설
	단란주점	150	위락시설

[소매점]

[종교시설]

※ 의원의 경우에는 면적에 상관없이 입원병상(베드)의 개수가 30개 미만의 경우에는 제1종 근린생활시설에 속하고 입원병상(베드)이 30개 이상인 경우부터 의료시설로 분류되며, 독서실, 노래연습장, 일반음식점 등에 대해서는 바닥면적에 대한 규모 제한이 없습니다.

❸ **주거업무시설군의 용도별 분류** (「건축법 시행령」 [별표 1])

주거업무시설군[대분류] 내에 단독주택과 공동주택[중분류]이 있으며, 면적과 규모 및 형태에 따라 단독주택, 다중주택, 다가구주택, 공관, 아파트, 연립주택, 다세대주택, 기숙사[소분류]로 분류되며, 용도에 따라서 단위주거를 부르는 말이 '세대', '가구', '호'로 구분하여 부르게 됩니다.

고시원(다중생활시설)은 「건축법」에서 500㎡ 미만의 경우에는 제2종 근린생활시설로 분류되고, 500㎡ 이상일 경우에는 숙박시설로 분류됩니다.

■ 주거업무시설군 용도별 세부분류

시설군	용도군	세부용도	규모제한	특징
주거업무 시설군	단독주택	단독주택	-	
		다중주택	연면적 660㎡ 이하, 지상 3개층 이하, 독립된 주거형태가 아닐 것(모두 만족)	하숙집 형태
		다가구주택	연면적 660㎡ 이하, 지상 3개층 이하, 19세대 이하(모두 만족)	1개동 전체 1인 소유
		공관	-	
	공동주택	아파트	주택으로 쓰는 층수가 지상 5개층 이상	
		연립주택	연면적 660㎡ 초과이고, 지상 4개층 이하	1개동 다수인 소유
		다세대주택	연면적 660㎡ 이하이고, 지상 4개층 이하 ※ 완화심의를 통해 지상 5개층 가능	1개동 다수인 소유
		기숙사	1개동의 공동취사시설 이용 세대 수가 전체의 50% 이상	
		※ 공통: 층수를 산정할 때 지하층을 주택의 층수에서 제외한다.		

■ 단위주거 구분방법

용어	건축물의 용도	비고
세대	공동주택(아파트, 연립주택, 다세대주택)	다수인 소유
가구	단독주택(단독주택, 다중주택, 다가구주택, 공관)	1인 소유
호	제1·2종 근린생활시설, 업무시설, 판매시설	집합건축물

[다세대주택(세대)]   [오피스텔(호)]

❹ **고급주택(호화주택)의 분류** (「지방세법 시행령」 제28조 제4항)

무분별한 고급주택의 난립을 막기 위해서 「지방세법 시행령」에서 고급주택의 규모를 정의하고 있으며, 고급주택은 취득세 산정 시 표준세율에 중과세율이 중과되어 부과됩니다. 주택은 연면적, 대지면적, 엘리베이터, 수영장의 규모에 따라 일반주택과 고급주택(호화주택)으로 구분되며, 공동주택의 경우에는 연면적과 시가표준액에 따라 고급주택(호화주택) 적용 여부가 결정되는데, 세금은 위반면적도 합산하여 산정합니다.

■ 고급주택(호화주택)의 규모

구분		규모	비고
주택	연면적(주차장면적 제외)	331㎡ 초과	
	대지면적	662㎡ 초과	
	건축물에 엘리베이터 설치	적재하중 200kg 초과	적재하중 200kg 이하의 소형 엘리베이터는 제외
	에스컬레이터	규모제한 없음	
	수영장	67㎡ 이상	
공동주택		1구의 연면적 245㎡ 초과, 복층형은 274㎡ 초과	시가표준액이 9억원 초과

[호화주택 사례 (출처: 영화 「기생충」)]

❺ 체육시설의 세부 분류

체육시설은 면적에 따라 제1·2종 근린생활시설이나 운동시설로 분류되는데, 각 체육시설은 시설의 종류에 따라 「체육시설의 설치·이용에 관한 법률」[별표 4]에서 규정하는 '체육시설업의 시설 기준'에 적합한 운동시설, 안전시설, 관리시설 등을 갖추어야 합니다.

■ 규모별 체육시설 용도구분

근린생활시설군 용도분류 (기준면적 미만 시 용도분류)		기준면적(㎡)	용도분류 (기준면적 이상 시 용도분류)
제1종 근린생활시설	탁구장, 체육도장	500	운동시설
제2종 근린생활시설	골프연습장, 당구장, 체력단련장, 볼링장, 놀이형시설 등	500	운동시설
※ 무도장, 무도학원은 면적에 상관없이 위락시설			

■ 체육도장과 체력단련장의 세부업종 비교

구분	용도분류	세부용도
체육도장	제1종근린생활시설	태권도, 합기도, 검도, 유도, 권투, 레슬링, 주짓수, 택견, 해동검도, 특공무술 등
체력단련장	제2종근린생활시설	요가, 필라테스, 에어로빅 등

[제2종 근린생활시설(골프연습장)]

[제2종 근린생활시설(당구장)]

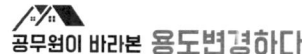

❻ 숙박시설의 세부 분류

숙박시설의 건축물 시설에 대한 분류는 건축법에서 분류하고 있지만, 관련 업종에 대해서는 관광진흥법에서 분류하고 있습니다.

■ 건축법에서 분류하는 숙박시설 (건축법시행령 [별표1])

숙박시설	세부사항
일반숙박시설 및 생활숙박시설	숙박업 신고를 해야 하는 시설로서 국토교통부장관이 정하여 고시하는 요건을 갖춘 시설
관광숙박시설	관광호텔, 수상관광호텔, 한국전통호텔, 가족호텔, 호스텔, 소형호텔, 의료관광호텔 및 휴양 콘도미니엄
다중생활시설	제2종 근린생활시설(고시원)에 해당하지 아니하는 것

■ 관광진흥법에서 분류하는 호텔업 (관광진흥법시행령 제2조 제1항 제 2호)

호텔업	세부사항
관광호텔업	관광객의 숙박에 적합한 시설을 갖추어 관광객에게 이용하게 하고 숙박에 딸린 음식·운동·오락·휴양·공연 또는 연수에 적합한 시설 등(이하 "부대시설"이라 한다)을 함께 갖추어 관광객에게 이용하게 하는 업
수상관광호텔업	수상에 구조물 또는 선박을 고정하거나 매어 놓고 관광객의 숙박에 적합한 시설을 갖추거나 부대시설을 함께 갖추어 관광객에게 이용하게 하는 업
한국전통호텔업	한국전통의 건축물에 관광객의 숙박에 적합한 시설을 갖추거나 부대시설을 함께 갖추어 관광객에게 이용하게 하는 업
가족호텔업	가족단위 관광객의 숙박에 적합한 시설 및 취사도구를 갖추어 관광객에게 이용하게 하거나 숙박에 딸린 음식·운동·휴양 또는 연수에 적합한 시설을 함께 갖추어 관광객에게 이용하게 하는 업
호스텔업	배낭여행객 등 개별 관광객의 숙박에 적합한 시설로서 샤워장, 취사장 등의 편의시설과 외국인 및 내국인 관광객을 위한 문화·정보 교류시설 등을 함께 갖추어 이용하게 하는 업
소형호텔업	관광객의 숙박에 적합한 시설을 소규모로 갖추고 숙박에 딸린 음식·운동·휴양 또는 연수에 적합한 시설을 함께 갖추어 관광객에게 이용하게 하는 업
의료관광호텔업	의료관광객의 숙박에 적합한 시설 및 취사도구를 갖추거나 숙박에 딸린 음식·운동 또는 휴양에 적합한 시설을 함께 갖추어 주로 외국인 관광객에게 이용하게 하는 업

■ 관광진흥법에서 분류하는 관광객 이용시설업 (관광진흥법시행령 제2조 제1항 제 3호)

호텔업	세부사항
전문휴양업	관광객의 숙박에 적합한 시설을 갖추어 관광객에게 이용하게 하고 숙박에 딸린 음식·운동·오락·휴양·공연 또는 연수에 적합한 시설 등을 함께 갖추어 관광객에게 이용하게 하는 업
종합휴양업	• 제1종 종합휴양업 　　　• 제2종 종합휴양업
야영장업	• 일반야영장업 　　　　　• 자동차야영장업
관광유람선업	• 일반관광유람선업 　　　• 크루즈업
관광공연장업	배낭여행객 등 개별 관광객의 숙박에 적합한 시설로서 샤워장, 취사장 등의 편의시설과 외국인 및 내국인 관광객을 위한 문화·정보 교류시설 등을 함께 갖추어 이용하게 하는 업
외국인관광 도시민박업	도시지역의 주민이 자신이 거주하고 있는 다음의 어느 하나에 해당하는 주택을 이용하여 외국인 관광객에게 한국의 가정문화를 체험할 수 있도록 적합한 시설을 갖추고 숙식 등을 제공 *설치 가능한 건축물의 용도 : 단독주택, 다가구주택, 아파트, 연립주택, 다세대주택

일반적으로 건축물이 속한 대지는 「국토의 계획 및 이용에 관한 법률 시행령」 및 각 자치단체의 「도시계획조례」에 의해서 설치할 수 있는 숙박시설의 종류가 결정되는데, 일반주거지역에 설치되는 숙박시설은 예외적으로 「관광진흥법 시행령」의 적용받아 관광사업계획승인 신청을 통해 용도변경을 할 수 있습니다.

■ 일반주거지역의 관광숙박시설 요구사항 (관광진흥법시행령 제13조 제1항 제 3호)

관광숙박시설의 종류	도로조건	비고
관광호텔업, 수상관광호텔업, 한국전통호텔업, 가족호텔업, 의료관광호텔업, 휴양콘도미니엄업	대지가 폭12M 이상의 도로에 4M 이상 연접	-
호스텔업 및 소형호텔업	대지가 폭8M 이상의 도로에 4M 이상 연접	시장·군수·구청장이 지정하여 고시하는 지역에서 20실 이하의 객실을 갖추어 경영하는 호스텔업의 경우에는 4M 이상의 도로에 4M 이상 연접 (서울시의 경우 강남구와 중구가 해당)

• 건축물(관광숙박시설이 설치되는 건축물 전부) 각 부분의 높이는 그 부분으로부터 인접대지를 조망할 수 있는 창이나 문 등의 개구부가 있는 벽면에서 직각 방향으로 인접된 대지의 경계선까지의 수평거리의 두 배를 초과하지 아니할 것
• 소음 공해를 유발하는 시설은 지하층에 설치하거나 그 밖의 방법으로 주변의 주거환경을 해치지 아니하도록 할 것
• 대지 안의 조경은 대지면적의 15퍼센트 이상으로 하되, 대지경계선 주위에는 다 자란 나무를 심어 인접 대지와 차단하는 수림대를 조성할 것(호스텔업 제외)
※ 숙박시설로 용도변경하는 경우 「건축법」의 대지안의 공지(서울시: 인접대지 경계선으로부터 1,000m^2 미만은 1M 이상, 1,000m^2 이상은 1.5M 이상 이격) 규정과 주차장 규정 등의 관광숙박시설 요건 충족 필요
※ 「교육환경 보호에 관한 법률」에 따라, 학교 경계 또는 학교설립예정지 경계로부터 직선거리 200미터 이내의 구역의 숙박시설은 별도 심의

■ 관광숙박시설 사업계획 승인 절차

각 숙박업은 「공중위생관리법 시행규칙」 [별표 1]에 있는 공중위생영업의 종류별 시설 및 설비기준을 적용해야 하는데, 다음과 같은 규정을 만족해야 합니다.

- 숙박업(생활)은 취사시설과 환기를 위한 시설이나 창문을 설치하여야 한다. 이 경우 실내에 취사시설을 설치할 때에는 고정형 취사시설을 객실별로 설치하거나 공동 취사공간에 설치해야 합니다.
- 숙박업(생활)은 객실별로 욕실 또는 샤워실을 설치하여야 한다. 다만, 「관광진흥법 시행령」 제2조제1항제2호마목에 따른 호스텔업은 욕실 또는 샤워실을 공용으로 설치할 수 있습니다.
- 건물의 일부를 대상으로 하는 숙박업은 객실이 독립된 층으로 이루어지거나 객실 수가 30개 이상 또는 영업장의 면적이 해당 건물 연면적의 3분의 1 이상이어야 한다. 다만, 지역적 여건 등을 고려하여 특별시·광역시·특별자치시·도·특별자치도의 조례로 객실 수 및 면적 기준을 완화하여 정할 수 있습니다.

게스트하우스는 법적인 용어가 아닌 마케팅 용어이며, 일반적으로 외국인 관광 도시민박업, 한옥체험업, 관광펜션업, 호스텔업, 휴양펜션업, 농·어촌 민박업 등을 말하며, 모텔, 여관, 여인숙과 같은 용어는 「공중위생관리법」에 따라 '숙박업'으로 통합되어 불리고 있습니다.

생활숙박시설을 업무시설 중의 하나인 오피스텔로 용도변경 하기 위해서는 지구단위계획을 변경하거나, 관련 법령에 따라서 주차장 설치기준을 충족(기부채납) 해야 하며, 복도 폭이나 방화구획 조정 등 관련 기준을 충족해야 합니다. 그리고, 소유자들의 동의도 필수적으로 필요합니다.

❼ 「식품위생법」으로 구분하는 건축물의 용도분류 (「식품위생법 시행령」 제21조 제8호)

「식품위생법」은 식품으로 인하여 생기는 위생상의 위해(危害)를 방지하고 식품영양의 질적 향상을 도모하며 식품에 관한 올바른 정보를 제공함으로써 국민 건강의 보호·증진에 이바지함을 목적으로 하고 있는데(「식품위생법」 제1조), 용도에 따라 휴게음식점, 일반음식점, 단란주점, 유흥주점, 제과점 등으로 분류됩니다.

용도	기준면적 미만 시 용도분류	기준면적 (㎡)	기준면적 이상 시 용도분류	허용사항
휴게음식점	제1종 근린생활시설	300	제2종 근린생활시설	음식(다류(茶類), 아이스크림, 패스트푸드, 분식점)
일반음식점	※ 일반음식점은 면적에 상관없이 제2종 근린생활시설			식사+음주
단란주점	제2종 근린생활시설	150	위락시설	식사+음주+노래
유흥주점	※ 유흥주점은 면적에 상관없이 위락시설			식사+음주+유흥종사자+춤
제과점	제1종 근린생활시설	300	제2종 근린생활시설	빵, 떡, 과자 등을 제조·판매하는 영업(음주 불허)

예를 들어, 샌드위치와 커피를 판매하는 카페는 휴게음식점으로 영업이 가능하지만, 매장에서 와인을 추가로 판매하고자 한다면 일반음식점으로 용도변경 해야 합니다.

[일반음식점]

[제과점(떡집)]

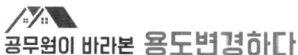

❽ 자유업종과 비자유업종의 구분

자유업종은 영업허가·신고·등록의 행정절차 없이 가능한 업종으로, 관할세무서에 신고하면 바로 사업자등록증이 발급되는 업종을 말하며, 비자유업종은 영업허가·신고·등록의 행정절차가 필요한 업종을 말합니다.

영업허가는 '일반적으로 금지된 영업을 특정의 경우에 그 금지를 해제하여 적법하게 영업할 수 있게 하는 행정행위'를 말하며, 영업신고는 관련법령에서 정한 일정요건을 갖출 경우에 할 수 있고, 영업등록은 공인중개사와 같이 전문적인 자격요건을 갖춘 사업자의 경우에 해당 됩니다.

[자유업종(편의점)]   [자유업종(휴대전화 대리점)]

■ 용도별 업종구분

구 분	용 도	비 고
자유업종	의류점, 화장품점, 신발점, 슈퍼, 편의점, 휴대전화 대리점, 가구점, 문방구, 서점, 꽃집, 철물점, 조명가게 등 완제품 판매 업종	불법·무허가 건축물에도 영업가능
신고업종	일반음식점, 휴게음식점, 제과점, 당구장, 스크린골프장, 체육도장, 고시원, 동물병원, 목욕탕, 미용실, 세탁소, 커피숍, 정육점, 체육도장 등	「국토의 계획 및 이용에 관한 법률」 [별표 2~22] 등 확인 필요
등록업종	공인중개사사무소, 독서실, 노래연습장, PC방, DVD방, 청소년오락실, 약국, 의원, 학원, 안경점 등	대인등록과 대물등록으로 구분
허가업종	단란주점, 유흥주점, 성인오락실, 신용정보업, 유료직업소개소, 의약품 도매상 등	공공의 안전, 공익 등과 관련한 업종

※ 등록업종: 대인등록-약국, 안경점, 공인중개사사무소, 의원 등
            대물등록-독서실, PC방, 노래연습장, 학원 등

① 자유업종

개별법이 없어서 특별하게 영업증을 발급받을 필요가 없고, 세무서에서 사업자등록 신청 시에 임대차 계약서만 제출하면 사업자등록증을 발급해 주는 업종을 말합니다. 무허가 건물이나 위반건물에서도 자유업종의 경우에는 사업자등록이 가능합니다.

[자유업종(꽃집)]

[자유업종(슈퍼)]

② 비자유업종

개별법에 의해 영업증을 받아야 하며, 세무서에 사업자등록 신청 시 임대차계약서 뿐만아니라 추가서류를 제출해야만 영업허가나 신고가 가능한 업종입니다. 예를 들어, 건축사 사무소의 경우 임대차계약서 뿐만아니라 건축사 자격증 사본, 건축사 등록증(건축사 자격증, 사진, 건축사 윤리선언서, 실무교육 이수증명서를 건축사 등록원에 제출) 등을 건축행정프로그램(세움터)이나 관할부서에 반드시 등록해야 합니다.

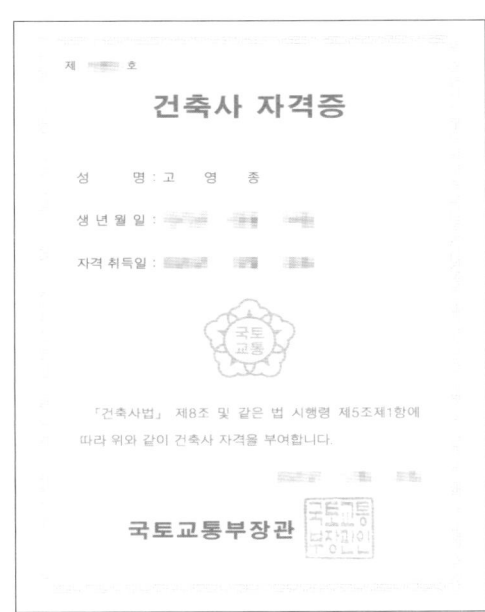
[건축사 자격증]

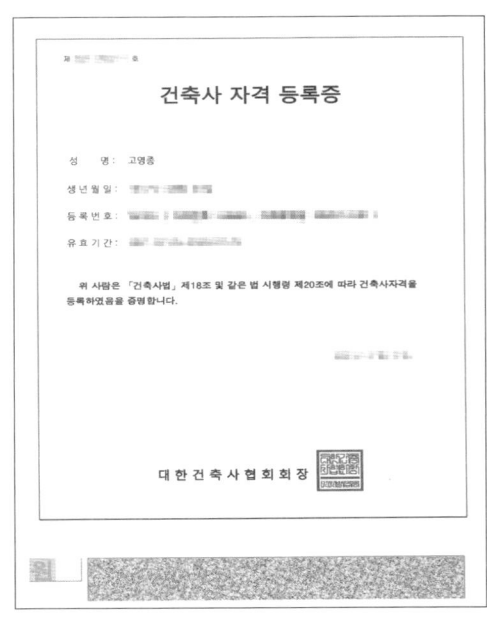
[건축사 등록증]

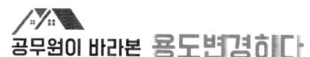

❾ 학원(학원, 교습소, 공부방)의 시설구분

각 교육청에서는 학원에서 수업을 받는 사람들의 육체적·정신적 보호를 의해 채광·조명·환기·온도·습도 등의 관리규정과 학원시설에 대한 시설규정을 별도로 두고 있습니다. 학원은 지하실에 설치할 수 없지만, 건물의 한 면 이상이 지상에 온전 노출되어 있고, 유사시 대피 가능한 외부출구가 2개 이상일 경우에는 예외로 가능합니다. (「서울특별시 학원의 설립·운영 및 과외교습에 관한 조례」 제3조 제3항)
※ 학원은 전용주거지역, 보전녹지지역, 자연환경보전지역에 설치할 수 없습니다.

■ 학원, 교습소, 공부방 비교표

구분	학원	교습소	공부방
인원수	•제한 없음	•동시에 9명 이하의 학생 수용과 학습 •피아노교습소는 5명 이하	•동시에 9명 이하의 학생 수용과 학습
허가 및 신고	•허가업종	•신고업종	
면적기준	•서울 70㎡ 이상 ※ 각 교육청별 상이 ※ 강의 전용실만 면적산입	•1인당 최소 3.34㎡ 이상	
건축물 용도기준	•500㎡ 미만 → 제2종 근·생 •500㎡ 이상 → 교육연구시설	•500㎡ 미만인 제2종 근·생만 가능	•교습자의 단독주택 또는 공동주택만 가능 ※ 오피스텔 불가
학생수 제한	•학생수 제한 없음	•강사 고용 불가 •보조요원 1명만 가능 •한 장소에서 1과목만 가능 •건축물 대장상 교습소로 등록	•강사고용 불가
교습과목	•제한 없음	•단일과목	•제한 없음
강사자격	•전문대학졸업 이상	•전문대학졸업 이상	•고등학교졸업 이상
소방시설	소화기, 비상조명, 스프링클러, 가스시설, 비상방송용 스피커, 화재감지기 등	화재감지기, 소화기, 비상구 표시	
공통사항	※ 동일 건물 내에 단란주점·유흥주점·비디오방 등 유해업소가 있을 시 학원시설 설치불가 ※ 등록 교육청에서 학원면적을 실사하는 경우, 벽체의 고정 가구를 제외한 순수 활동 가능 면적만 산정하여 계산하기도 함		

「건축법」에서는 해당 용도로 쓰이는 바닥면적의 합계가 500㎡ 미만이면 제2종 근린생활시설로 분류되며, 해당 용도로 쓰이는 바닥면적의 합계가 500㎡ 이상이면 교육연구시설로 분류되는데, 기존의 근린생활시설을 교육연구시설(학원)으로 용도변경 하기위해서는 장애인편의시설, 지역별 용도제한 등의 규정을 만족해야 하고, 반대로 교육연구시설(학원)을 근린생활시설로 용도변경 하고자 할 때는 부족해지는 주차장을 추가로 확보해야 하는 문제 등이 발생한다.

■ 학원시설에 설치하여야 하는 편의시설의 종류 (약칭 「장애인등 편의법 시행령」 [별표2])

대상시설		편의시설	매개시설			내부시설			위생시설					안내시설		
			주출입구 접근로	장애인전용주차구역	주출입구 높이차이 제거	출입구(문)	복도	계단 또는 승강기	화장실 대변기	화장실 소변기	화장실 세면대	욕실	샤워실·탈의실	점자블록	유도 및 안내설비	경보 및 피난설비
학원	제2종 근린생활시설	학원, 교습소, 직업훈련소	의무	권장	의무	의무	권장	권장	권장	권장	권장					
	교육연구시설	교육원직업훈련소학원, 그 밖에 이와 유사한 용도의 시설(500제곱미터 이상만 해당한다)	의무	의무	의무	의무	의무	의무	의무	의무	권장			권장	권장	의무

■ 근린생활시설과 교육연구시설 학원의 주차장 설치기준 비교

(서울특별시 주차장 설치 및 관리 조례 [별표 2] 참조)

구분	산정기준	비고
제1종·2종 근린생활시설	시설면적 134㎡당 1대	지방자치단체 조례참조
교육연구시설(학원)	시설면적 200㎡당 1대	지방자치단체 조례참조

※ 학원은 비상상황 발생 시 신속한 피난을 위해 해당 용도로 쓰이는 바닥면적의 합계가 200㎡ 이상이면, 3층 이상의 층에 대해서는 「건축법시행령」 제34조 제2항에 따라 2개소 이상의 직통계단을 설치해야 합니다.

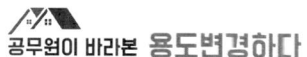

❿ 영업신고 및 영업허가 등록기관

신규사업을 하고자 하는 건물주나 임차인은 반드시 해당관청의 '건축과'와 '영업허가 등록기관'을 사전에 방문하여 용도변경 가능 여부를 사전 확인 후 계약이나 공사를 진행해야 하며, 다중이용업소의 경우에는 영업신고나 허가 시 소방서로부터 '소방완비증명서'를 발급받아야 합니다

■ 영업신고 및 영업허가 등록기관 (서울시 강남구 사례)

등록기관		세부업종
교육청		학교교과교습학원 (입시, 검정, 보습, 국제화, 예능, 독서실, 특수교육 등)
		평생직업교육학원 (직업기술, 국제화, 인문사회, 기예, 독서실)
자치구 구청/ 시청	건축과	건축사사무소
	건설관리과	전문건설업
	생활체육과	체육시설업, 체육도장업, 동력수상레저기구, 당구장업, 체육교습업, 유도장업, 인공암벽장업, 스포츠클럽, 종합체육시설업, 수영장업, 체력단련장업, 골프연습장업, 가상체험체육시설업 등
	문화도시과	노래연습장, 게임제작(배급)업, 비디오물 제작(배급)업, 비디오물시청제공업, 영화업, 애니메이션업, 인터넷컴퓨터게임시설제공업(PC방) 등
	지역경제과	담배 도소매, 공장등록 및 지식산업센터 관련, 복권판매업, 대부업·대부중개업, 통신·방문판매업, 동물관련업종(판매, 미용, 위탁관리, 전시, 생산), 동물병원·약국, 동물용 의약기기판매업, 사료제조업, 곤충업 등
	일자리정책과	직업소개사업소
	관광진흥과	관광숙박업(관광호텔업, 가족호텔업, 호스텔업 등), 관광객이용시설업(외국인 관광 도시민박업 등), 국제회의 시설업, 종합(일반)여행업, 유원시설업, 관광편의시설업 등
	부동산정보과	부동산중개업
	자원순환과	재활용 수거업
자치구 보건소	위생과	식품위생업, 유흥주점·단란주점, 외외영업, 공중위생업, 위생처리업, 위생용품제조업, 건강기능식품판매업, 축산물가공업, 식육도장처리업, 축산물판매업, 식품제조·가공업, 유통전문판매업, 식품판매업, 즉석판매제조가공업, 푸드트럭, 미용업, 이용업, 숙박업, 목욕업 등
	의약과	병원, 의원, 안마원
경찰서 / 지방경찰청		전당포, 경비업

02
건축물의 용도변경

02 건축물의 용도변경

2.1 건축물의 용도변경 정의 및 절차

❶ 건축물의 용도변경 정의

건축물을 최초에 신축할 때에는 관련법과 세부기준([별첨 1] 건축물 면적, 높이 등 세부 산정기준)을 고려하고, 해체되어 멸실될 때까지 그 용도가 한 번도 변하지 않는 건축물도 있지만 많은 경우 시대적 상황이나 물리적 요인에 의해서 건축물의 용도가 변경됩니다.

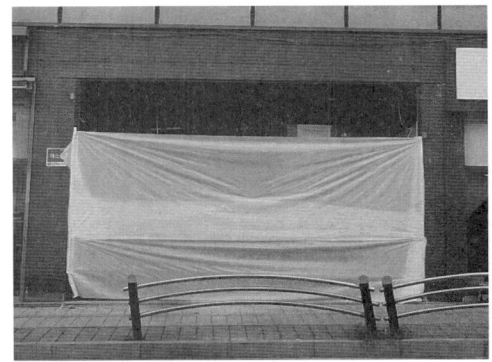
[용도변경 전]

[용도변경 후]

건축물의 용도변경의 대표적인 사례로 '김중업 건축 박물관'이 있습니다. 안양시에 위치한 '김중업 건축 박물관'은 대한민국의 근대건축가 김중업 선생(1922~1988)을 기념하기 위해 만든 박물관입니다. 박물관은 최초 '유유산업'에서 의약품 공장 용도로 건축했는데, 안양시가 공장건물을 매입하여 지난 2014년 3월 28일 '김중업 건축 박물관'으로 용도변경하였습니다. 의약품을 만들던 공장건축물이 건축가를 기념하는 박물관으로 용도가 바뀌게 된 것입니다.

[김중업 건축 박물관(원경)]

[김중업 건축 박물관(근경)]

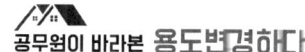

모든 건축물에 대해 용도변경이 가능한 것은 아닙니다. 대지의 위치와 성격에 따라서 건축이 허용된 용도가 있는 반면에 건축물의 용도를 제한하는 경우도 있습니다. 건축물의 용도를 변경하고자 하는 경우 관련기관에 허가나 신고를 해야 하는데, 이러한 경우 「건축법」, 「국토의 계획 및 이용에 관한 법률」 등의 관련 규정에 적합하도록 해야 하는데, 이전의 사례([별첨 9] 용도변경 관련 질의회신 사례)를 참고하면 시행착오를 줄일 수도 있습니다.

❷ 용도변경 절차

용도변경은 임대인(집주인=소유자)이 직접 변경하거나, 임차인이 소유자의 동의 ([서식 2] 위임장)([서식 3] 대리인 위임장(세움터))를 받아 변경할 수 있는데, 절차상 누락되는 부분이 없도록 체크리스트([서식 1] 용도변경 체크리스트)를 참고하기 바라며, 용도변경 신고나 허가([서식 12] 건축·대수선·용도변경 (변경)허가 신청서)는 관련 도서의 전문적 확인을 위해 건축사가 하도록 되어 있습니다.

▪ 용도변경 절차도

- 현재 건축물의 용도확인(건축물대장 열람, 위반건축물 확인)
- 용도변경 후의 건축물의 용도 확인(사업자등록 신청사항 확인)
- 관련 법규사항 확인
- 현장조사
- 용도변경 도서 작성
- 용도변경 허가 또는 신고 접수
- 관련부서 협의(소방서, 장애인관련, 하수과 등)
- 용도변경 허가 또는 신고 필증 교부(면허세 납부)
- 착공
- 사용승인 도서작성(예외사항 있음)
- 공사완료 후 사용승인 신청(예외사항 있음)
- 사용승인 검토 및 현장조사 ※해당 관공서(예외사항 있음)
- 사용승인서 교부(예외사항 있음)
- 건축물대장 변경

[제1종 근린생활시설(소매점)]   [제2종 근린생활시설(부동산중개사무소)]

용도변경을 하려는 부분의 바닥면적의 합계가 100㎡ 이상인 경우에는 사용승인 과정이 있고, 용도변경 하려는 부분의 바닥면적의 합계가 500㎡ 미만으로서 대수선에 해당되는 공사를 수반하지 아니하는 경우에는 사용승인 과정(「건축법」 제19조 제5항) 이 없는데, 이때 바닥면적은 전용면적과 전용부 비율에 따른 공유부 면적을 합산하여 적용합니다. 한편, 사용승인과정이 없는 용도변경 중 장애인 관련 부서나 소방 관련 부서 등의 협의가 필요한 경우, 관련 공사내용을 용도변경 접수 시에 확인하지 않으면 확인할 기회가 없어, 부득이 관련 공사를 진행한 후 용도변경 신청이 처리되기도 합니다.

■ **용도변경 시 사용승인 신청기준**

구분	산정기준	사용승인 신청 여부
용도변경 하려는 용도의 바닥면적 (전용면적+전용부 비율에 따른 공유부 면적)	100㎡ 미만	사용승인 신청 불필요
	100㎡ 이상	사용승인 신청 필요
	500㎡ 미만 + 대수선에 해당하는 공사가 없는 경우	사용승인 신청 불필요
	500㎡ 이상 + 대수선에 해당하는 공사가 없는 경우	사용승인 신청 필요

※ 주요구조부(「건축법」 제2조 제1항 제7호): 내력벽, 기둥, 바닥, 보, 지붕틀 및 주계단을 말하고 있습니다. 다만, 사이 기둥, 최하층 바닥, 작은 보, 차양, 옥외계단, 그 밖에 이와 유사한 것으로 건축물의 구조상 중요하지 아니한 부분은 제외되며, 「건축법 시행령」 제3조의2에는 바닥이 대수선의 범위에 포함되어 있지 않아서, 주요구조부에 대한 오해가 생기기도 합니다. 이와 별도로 「건축물관리법」에 따라 건축물을 해체하는 경우에는 바닥이 주요구조부에 해당되어 해체허가 대상입니다.

2.2 용도변경 허가와 용도변경 신고 등의 구분

건축물은 다수의 용도군이 모여 9개의 시설군으로 분류됩니다. 각 시설군 간에 상위군으로의 용도변경은 '용도변경 허가'이며, 하위군으로의 용도변경은 '용도변경 신고'에 해당되고, 동일 시설군 내에서의 용도변경은 '건축물대장 기재내용의 변경'에 해당되는데, 경우에 따라서 건축물대장을 변경하지 않고 임의로 사용하는 경우도 있습니다.

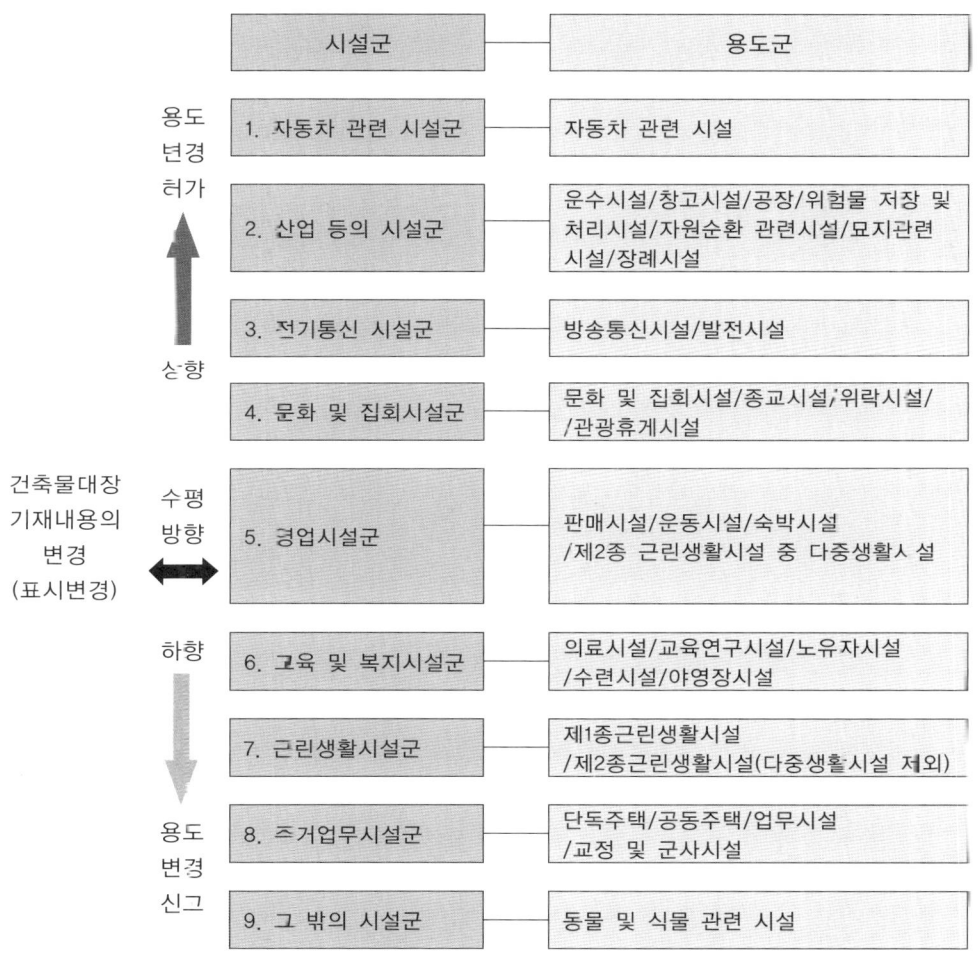

[용도변경 허가, 신고, 기재내용의 변경 구분]

용도변경 허가와 신고는 건축주 명으로만 가능하지만, 임차인이 위임장과 인감증명서를 첨부해서 대행할 수 있습니다. 참고로 '건축물대장 기재내용의 변경'은 「건축법 시행령」 제25조에서 규정하고 있고, 신청서는 「건축물대장의 기재 및 관리 등에 관한 규칙」[별지 제15호서식] 건축물표시변경 신청서를 참고하면 됩니다.
※ 지구단위구역 내의 건축물은 용도변경이 불가하거나 제한이 있을 수 있습니다.

❶ 용도변경 허가: 상위군으로의 용도변경

업무시설(8. 주거업무시설군)을 제2종 근린생활시설(7. 근린생활시설군)로 변경하는 경우처럼 용도군 분류체계상 상위군으로의 변경은 용도변경 허가입니다.

- ■ 필요서류
  - 건축・대수선・용도변경 (변경)허가 신청서(「건축법 시행규칙」 별지 제1호의 4 서식)
  - 설계개요(용도, 면적, 용도지역 적정성, 주차장 산정근거 등)
  - 배치도(주차장이나 조경의 위치 변동 시)
  - 평면도(용도변경 전・후 도면)
  - 등기부등본 등 소유권 증명서
  - 정화조 용량산정 근거(해당 사항 있는 경우에 한함)
  - 소방시설 관련도면(해당 사항 있는 경우에 한함)
  - 구조안전확인서(해당 사항 있는 경우에 한함)
  - 에너지절약계획서(해당 사항 있는 경우에 한함)
  - 과밀부담금 산정서(해당 사항 있는 경우에 한함)

[업무시설]

[근린생활시설]

❷ 용도변경 신고: 하위군으로의 용도변경

의료시설(6. 교육 및 복지시설군)을 제2종 근린생활시설(7. 근린생활시설군)로 변경하는 경우처럼 용도군 분류체계상 하위군으로의 변경은 용도변경 신고입니다.

- ■ 필요서류
  건축・대수선・용도변경신고서 (「건축법 시행규칙」 별지 제6호 서식)
  ※ 기타 첨부서류는 용도변경 허가의 경우와 동일

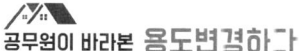

❸ 용도지역 · 지구 · 구역 (「국토의 계획 및 이용에 관한 법률」 제2조)

'용도지역'이란 토지의 이용 및 건축물의 용도, 건폐율, 용적률, 높이 등을 제한함으로써 토지를 경제적·효율적으로 이용하고 공공복리의 증진을 도모하기 위하여 서로 중복되지 아니하게 도시·군관리계획으로 결정하는 지역을 말하는데, 용도지구와 용도구역은 용도지역 내에서 상호 보완적 기능을 가지고 있습니다.

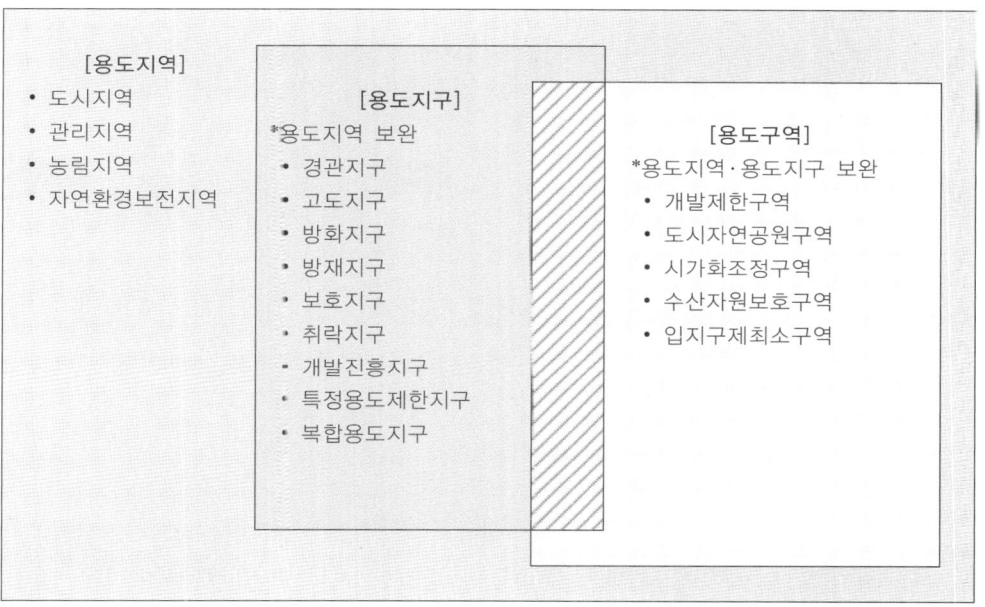

[용도지역 · 용도지구 · 용도구역의 분류]

'용도지역'은 크게 도시지역, 관리지역, 농림지역, 자연환경보전지역 등 4가지로 구분되며, 도시지역은 다시 주거지역, 상업지역, 공업지역, 녹지지역으로 분류됩니다.

[역사문화특화경관지구]

[개발제한구역 표지물]

'용도지구'란 토지의 이용 및 건축물의 용도·건폐율·용적률·높이 등에 대한 용도지역의 제한을 강화하거나 완화하여 적용함으로써 용도지역의 기능을 증진시키고 경관·안전 등을 도모하기 위하여 도시·군관리계획으로 결정하는 지역을 말합니다.

'용도구역'이란 토지의 이용 및 건축물의 용도·건폐율·용적률·높이 등에 대한 용도지역 및 용도지구의 제한을 강화하거나 완화하여 따로 정함으로써 시가지의 무질서한 확산방지, 계획적이고 단계적인 토지이용의 도모, 토지이용의 종합적 조정·관리 등을 위하여 도시·군관리계획으로 결정하는 지역을 말하며, 관련사항을 살펴보기 위해서는 다음 순서로 검토해야 합니다.

❹ **용도지역 내에서의 제한** (「국토의 계획 및 이용에 관한 법률」 제36조)

「국토의 계획 및 이용에 관한 법률 시행령」 [별표 2]~[별표 22]에는 용도지역별로 가능한 건축물을 구분하고 있으며, 일부 용도와 관련해서는 각 지자체별로 가능 여부를 달리하기도 합니다.

제1종 일반주거지역에서는 4층 이하의 건축물만이 가능하고, 제2종 일반주거지역은 5층 이하의 건축물이 밀집한 지역인데, 서울시에서는 스카이라인의 급격한 변화로 인한 도시경관의 훼손을 방지하기 위하여 시·도시계획위원회의 심의를 거쳐 건축물의 층수를 7층 이하로 할 수 있습니다.

■ 서울시 도시계획조례에 의한 용도 및 면적제한(「서울시 도시계획 조례」 제28조)

구 분	제한사항	비고
노래연습장	제2종 일반주거지역의 경우, 너비 12m 이상인 도로에 접한 대지	지방자치단체 조례 확인 필요
청소년게임제공업소(PC방)	제2종 일반주거지역에 만들고자 하는 경우, 시설면적은 바닥면적의 합이 500㎡ 미만이어야 하고, 너비 12m 이상의 도로에 접한 대지	
다중생활시설 (500㎡ 미만의 고시원)	제2종 일반주거지역의 경우, 너비 12m 이상인 도로에 접한 대지	
오피스텔	3종일반주거지역의 경우, 대지가 너비 20m 이상의 도로에 접해야 하고, 바닥면적의 합계가 3,000㎡ 미만	

■ 용도지역 안에서의 건축제한

용도지역				용도지역 안에서의 건축제한
도시지역	주거지역	전용주거지역	제1종 전용주거지역	「국토의 계획 및 이용에 관한 법률 시행령」[별표 2]
			제2종 전용주거지역	「국토의 계획 및 이용에 관한 법률 시행령」[별표 3]
		일반주거지역	제1종 일반주거지역	「국토의 계획 및 이용에 관한 법률 시행령」[별표 4]
			제2종 일반주거지역	「국토의 계획 및 이용에 관한 법률 시행령」[별표 5]
			제3종 일반주거지역	「국토의 계획 및 이용에 관한 법률 시행령」[별표 6]
		준주거지역		「국토의 계획 및 이용에 관한 법률 시행령」[별표 7]
	상업지역	중심상업지역		「국토의 계획 및 이용에 관한 법률 시행령」[별표 8]
		일반상업지역		「국토의 계획 및 이용에 관한 법률 시행령」[별표 9]
		근린상업지역		「국토의 계획 및 이용에 관한 법률 시행령」[별표 10]
		유통상업지역		「국토의 계획 및 이용에 관한 법률 시행령」[별표 11]
	공업지역	전용공업지역		「국토의 계획 및 이용에 관한 법률 시행령」[별표 12]
		일반공업지역		「국토의 계획 및 이용에 관한 법률 시행령」[별표 13]
		준공업지역		「국토의 계획 및 이용에 관한 법률 시행령」[별표 14]
	녹지지역	보전녹지지역		「국토의 계획 및 이용에 관한 법률 시행령」[별표 15]
		생산녹지지역		「국토의 계획 및 이용에 관한 법률 시행령」[별표 16]
		자연녹지지역		「국토의 계획 및 이용에 관한 법률 시행령」[별표 17]
관리지역	보전관리지역			「국토의 계획 및 이용에 관한 법률 시행령」[별표 18]
	생산관리지역			「국토의 계획 및 이용에 관한 법률 시행령」[별표 19]
	계획관리지역			「국토의 계획 및 이용에 관한 법률 시행령」[별표 20]
농림지역				「국토의 계획 및 이용에 관한 법률 시행령」[별표 21]
자연환경보전지역				「국토의 계획 및 이용에 관한 법률 시행령」[별표 22]

❺ 용도지역 내에서의 건폐율 및 용적률

건축면적은 대지면적에 대한 건축면적(대지에 건축물이 둘 이상 있는 경우에는 이들 건축면적의 합계로 한다)의 비율을 말하며, 용적률이란 대지면적에 대한 연면적(대지에 건축물이 둘 이상 있는 경우에는 이들 연면적의 합계로 한다)의 비율을 말합니다.

전국의 국토를 효율적으로 운영하기 위해서 용도지역의 특성에 따라 각각의 지자체별로 건폐율과 용적률을 다르게 운영하고 있는데, 서울시의 경우는 다음과 같습니다.

■ 용도지역 안에서의 건폐율 (「서울특별시 도시계획 조례」 제54조)

	용도지역	최대 건폐율		용도지역	최대 건폐율
1	제1종 전용주거지역	50%	9	근린상업지역	60%
2	제2종 전용주거지역	40%	10	유통상업지역	60%
3	제1종 일반주거지역	60%	11	전용공업지역	60%
4	제2종 일반주거지역	60%	12	일반공업지역	60%
5	제3종 일반주거지역	50%	13	준공업지역	60%
6	준주거지역	60%	14	보전녹지지역	20%
7	중심상업지역	60%	15	생산녹지지역	20%
8	일반상업지역	60%	16	자연녹지지역	20%

■ 용도지역 안에서의 용적률 (「서울특별시 도시계획 조례」 제55조, 제51조)

	용도지역	최대 용적률		용도지역	최대 용적률
1	제1종 전용주거지역	100%	9	근린상업지역	600% (역사도심: 500%)
2	제2종 전용주거지역	120%	10	유통상업지역	600% (역사도심: 500%)
3	제1종 일반주거지역	150%	11	전용공업지역	200%
4	제2종 일반주거지역	250%(한시적)	12	일반공업지역	200%
5	제3종 일반주거지역	300%(한시적)	13	준공업지역	400%
6	준주거지역	400%	14	보전녹지지역	50%
7	중심상업지역	1,000% (역사도심: 800%)	15	생산녹지지역	50%
8	일반상업지역	800% (역사도심: 600%)	16	자연녹지지역	50%

※ 서울시는 건설경기 활성화를 위해 소규모 건축물에 대해서 서울시 도시계획조례를 개정하여, 한시적으로 일부지역에 대해 용적률을 상향하였는데, 제2종 일반주거지역은 200% → 250%, 제3종 일반주거지역은 250% → 350%로 상향하였습니다. (「서울특별시 도시계획 조례」 제51조(용적률의 완화))

❻ **용도지구에서의 제한** (「국토의 계획 및 이용에 관한 법률」 제31조 제2항)

용도지구별 제한사항은 「국토의 계획 및 이용에 관한 법률 시행령」 제72조~제81조에서 확인할 수 있습니다.

■ **용도지구 안에서의 건축제한** (출처: 찾기쉬운 생활법령 정보)

용도지구		용도지구 안에서의 건축제한
경관지구	자연경관지구	「국토의 계획 및 이용에 관한 법률 시행령」 제72조
	시가지경관지구	
	특화경관지구	
고도지구		「국토의 계획 및 이용에 관한 법률 시행령」 제74조
방화지구		
방재지구	시가지방재지구	「국토의 계획 및 이용에 관한 법률 시행령」 제75조
	자연방재지구	
보호지구	역사문화환경보호지구	「국토의 계획 및 이용에 관한 법률 시행령」 제76조
	중요시설물보호지구	
	생태계보호지구	
취락지구	자연취락지구	「국토의 계획 및 이용에 관한 법률 시행령」 제78조 및 [별표 23]
	집단취락지구	
개발진흥지구	주거개발진흥지구	「국토의 계획 및 이용에 관한 법률 시행령」 제79조
	산업·유통개발진흥지구	
	관광·휴양개발진흥지구	
	복합개발진흥지구	
	특정개발진흥지구	
특정용도제한지구		「국토의 계획 및 이용에 관한 법률 시행령」 제80조
복합용도지구		「국토의 계획 및 이용에 관한 법률 시행령」 제81조

[보호지구(역사문화환경보호지구)]

[개발진흥지구(주거개발진흥지구)]

❼ 건축물대장 기재내용의 변경(표시변경): 동일한 시설군 안에서의 용도변경 (「건축물대장의 기재 및 관리 등에 관한 규칙」 제18조)

같은 시설군 안에서 용도변경의 경우 건축물대장 기재 내용 변경 신청(「건축법」 제19조 제3항)이 필요한데, 건축법적으로는 건축물대장 기재 내용의 변경이지만, 건축행정처리는 '표시변경'으로 ([서식 10] 건축물표시 변경(정정)) 신청서를 작성해야 합니다.

① 필요서류
- 건축물 표시변경 · 정정 신청서(「건축물대장의 기재 및 관리 등에 관한 규칙」 별지 제15호 서식)
- 건축물 현황도(건축물 현황도의 내용이 변경된 경우에 한함)
- 건축물의 표시에 관한 사항이 변경되었음을 증명하는 서류

② 기재내용 변경을 반드시 해야 하는 경우 (「건축법 시행령」 제14조 제4항)
불특정 다수가 이용하는 시설에 대해서는 임의사용이 불가하며, 건축물대장 기재내용 변경을 반드시 해야 합니다.

❽ 임의사용 불가 (「건축법 시행령」 제14조 제4항 제2호)

「건축법 시행령」 [별표 1]의 같은 호에 속하는 건축물 상호 간의 용도변경과 제1종 근린생활시설과 제2종 근린생활시설 상호 간의 용도변경 시 용도변경 신청을 하지 않고도 임의사용이 가능합니다. 하지만, 아래의 경우에는 반드시 용도변경 신청을 해야 합니다.

■ 임의사용이 불가한 건축물의 세부용도

구 분	세 부 용 도
제1종 근린생활시설	목욕장, 의원, 치과의원, 한의원, 침술원, 접골원, 조산원, 안마원, 산후조리원 등
제2종 근린생활시설	공연장(극장, 영화관, 연예장, 음악당, 서커스장, 비디오물감상실, 비디오물소극장), 청소년게임 제공업소, 복합유통게임 제공업소, 인터넷컴퓨터게임시설 제공업소, 가상현실체험 제공업소, 학원, 교습소, 직업훈련소, 골프연습장, 놀이형시설, 생활숙박시설, 150㎡ 미만 단란주점, 유흥주점 등

임의사용 시 건축물대장 기재내용의 변경(표시변경)은 하지 않아도 되지만, 하수도원인자부담금의 변동에 따른 추가금액은 납부해야 하며, 건축법적으로는 임의사용이 가능한 경우라도 사업자등록증 발급의 과정에서 건축물대장 기재내용의 변경(표시변경)을 해야 하는 경우도 있습니다.

03
건축물의 용도변경 시 체크사항

공무원이 바라본 **용도변경하다**

03 건축물의 용도변경 시 체크사항

3.1 장애인 편의시설 (「장애인·노인·임산부 등의 편의증진 보장에 관한 법률」 제9조)

❶ 장애인 편의시설 설치의무

각 건축물은 용도와 면적, 건축 행위의 종류에 따라서 관련 세부기준([별첨 3] 편의시설의 구조·재질 등에 관한 세부기준)을 만족하는 장애인 편의시설을 의무적으로 설치해야 합니다. 관련 법령([별첨 6]「장애인등 편의법」 일부조항 처리지침)은 세분화되고 있으며, 장애 유무와 관련 없이 모든 사람이 이용 가능한 유니버셜디자인(universal design)의 형태로 발전해 가고 있습니다.

■ 용도와 면적별 장애인 편의시설 설치대상 기준 (신축기준)

구 분		건축물의 용도	기준면적
공공건물 및 공중 이용시설	제1종 근린생활시설	슈퍼마켓·일용품 등 소매점	50㎡ 이상 1,000㎡ 미만
		휴게음식점·제과점 등	50㎡ 이상 300㎡ 미만
		이용원·미용원	50㎡ 이상
		목욕장	300㎡ 이상
		지역자치센터, 파출소 등	1,000㎡ 미만
		대피소	전체
		공중화장실	전체
		의원·치과의원·한의원 등	전체
		지역아동센터	전체
	제2종 근린생활시설	일반음식점	50㎡ 이상
		휴게음식점·제과점 등	300㎡ 이상
		공연장	500㎡ 미만
		안마시술소	500㎡ 이상
	문화 및 집회시설	공연장(제2종 근린생활시설에 해당하지 않는 것)	전체
		집회장	전체
		관람장	전체
		전시장	500㎡ 이상
		동·식물원	300㎡ 이상
	종교시설	종교집회장	500㎡ 이상
	판매시설	도매시장·소매시장·상점	1,000㎡ 이상
	의료시설	병원, 격리병원	전체

■ 용도와 면적별 장애인 편의시설 설치대상 기준 (신축기준)

구 분		건축물의 용도	기준면적
공공건물 및 공중 이용시설	교육연구시설	학교	전체
		교육원	500㎡ 이상
		도서관	1,000㎡ 이상
	노유자시설	아동시설 등	전체
	수련시설	생활권수련시설 자연권수련시설	전체
	운동시설	체육관, 운동장	500㎡ 이상
	업무시설	공공업무시설	전체
		일반업무시설	500㎡ 이상
		국민건강보험공단 등	1,000㎡ 이상
	숙박시설	일반숙박시설 및 생활숙박시설	객실수 30실 이상
		관광숙박시설	전체

운동시설과 관련해서 예외적으로 500㎡ 이상인 운동시설에 대해서, 세부용도 구분이 '「건축법 시행령」 [별표 1] 제13호 가목'에 해당하는 경우에는 관련 사항이 편의증진법에 법제화되지 않은 이유로 편의시설 설치 대상시설에서 제외되고 있습니다.

(출처: 장애인등 편의법 처리지침 관련 상세 적용 기준, 중앙장애인편의증진기술지원센터)

※ 참고 : 「건축법 시행령」 [별표 1] 제13호 가목 : 탁구장, 체육도장, 테니스장, 체력단련장, 에어로빅장, 볼링장, 당구장, 실내낚시터, 골프연습장, 놀이형시설, 그 밖에 이와 비슷한 것으로서 제1종 근린생활시설 및 제2종 근린생활시설에 해당하지 아니하는 것

[교육연구시설(도서관)]

[노유자시설(아동시설)]

■ 소규모 근린생활시설의 장애인편의시설 의무설치 적용기준(출처: 성동구청 홈페이지)

편의시설 설치 대상시설 (「장애인등 편의법 시행령」[별표 1] 제2호)	해당 용도의 바닥면적 합계	편의시설 의무설치 대상이 되는 건축행위	의무설치 편의시설 유형
① 가목 (1) - 슈퍼마켓, 일용품 (식품·잡화·의료·완구· 서적·건축자재·의약품· 의료기기 등) 등 소매점	50㎡ 미만	미대상	미대상
	50㎡ 이상~ 299㎡ 이하	신축, 증축(별동), 개축(전부), 재축	주출입구 접근로, 주출입구 높이차이 제거, 출입구(문)
	300㎡ 이상~ 1,000㎡ 미만	신축, 증축, 개축, 재축, 이전, 대수선, 용도변경	
② 가목 (2) - 휴게음식점·제과점	50㎡ 미만	미대상	미대상
	50㎡ 이상~ 299㎡ 이하	신축, 증축(별동), 개축(전부), 재축	주출입구 접근로, 주출입구 높이차이 제거, 출입구(문)
③ 가목 (3) - 이용원·미용원	50㎡ 미만	미대상	미대상
	50㎡ 이상~ 499㎡ 이하	신축, 증축(별동), 개축(전부), 재축	주출입구 접근로, 주출입구 높이차이 제거, 출입구(문)
	500㎡ 이상	신축, 증축, 개축, 재축, 이전, 대수선, 용도변경	
④ 가목(4) - 목욕장	300㎡ 미만	미대상	미대상
	300㎡ 이상~ 499㎡ 이하	신축, 증축(별동), 개축(전부), 재축	주출입구 접근로, 주출입구 높이차이 제거, 출입구(문)
	500㎡ 이상	신축, 증축, 개축, 재축, 이전, 대수선, 용도변경	
⑤ 가목 (8) - 의원·치과의원·한의원· 조산원·산후조리원	100㎡ 미만	미대상	미대상
	100㎡ 이상~ 499㎡ 이하	신축, 증축(별동), 개축(전부), 재축	주출입구 접근로, 주출입구 높이차이 제거, 출입구(문)
	500㎡ 이상	신축, 증축, 개축, 재축, 이전, 대수선, 용도변경	주출입구 접근로, 장애인전용주차구역, 주출입구 높이차이 제거, 출입구(문), 복도, 계단 또는 승강기, 장애인용화장실(대변기)
⑥ 나목 (1) - 일반음식점	50㎡ 미만	미대상	미대상
	50㎡ 이상~ 299㎡ 이하	신축, 증축(별동), 개축(전부), 재축	주출입구 접근로, 주출입구 높이차이 제거, 출입구(문)
	300㎡ 이상	신축, 증축, 개축, 재축, 이전, 대수선, 용도변경	주출입구 접근로, 장애인전용주차구역, 주출입구 높이차이 제거, 출입구(문)

※ 참고: 기존 건축물에 대해서는 경우에 따라 완화심의를 통해 적용기준을 완화받을 수 있습니다.

※ 건축물의 외벽을 30㎡ 이상 수선 또는 변경하는 대수선의 경우에, 해당용도가 장애인편의시설 설치대상이라면 (500㎡ 이상 의원 등) 평면적 대수선 사항이 없음에도 불구하고, 장애인편의시설을 설치기준을 적용해야 합니다.

❷ 시설별 편의시설의 종류 및 설치기준 (약칭 「장애인등 편의법 시행령」 [별표2])

■ 시설별로 설치하여야 하는 편의시설의 종류(제1·2종 근린생활시설 사례)

대상시설	편의시설	매개시설			내부시설			위생시설					안내시설			그 밖의 시설				
		주출입구 접근로	장애인전용주차구역	주출입구 높이차이 제거	출입구(문)	복도	계단 또는 승강기	화장실			욕실	샤워실·탈의실	점자블록	유도 및 안내설비	경보 및 피난설비	객실·침실	관람석·열람석	접수대·작업대	대표소·단매기·음료대	임산부 등을 위한 휴게시설
								대변기	소변기	세면대										
제1종 근린생활시설	슈퍼마켓·일용품 등의 소매점, 이용원·미용원·목욕장	의무	권장	의무	의무	권장	권장	권장	권장	권장										
	휴게음식점·제과점 등 음료·차·음식·빵·떡·과자 등을 조리하거나 제조하여 판매하는 시설	의무	권장	의무	의무	권장	권장	권장	권장	권장										
	의원·치과의원·한의원·조산원·산후조리원(500㎡ 이상만 해당한다)	의무	의무	의무	의무	의무	권장	권장		권장										
	의원·치과의원·한의원·조산원·산후조리원 (100㎡ 이상 500㎡ 미만만 해당한다)	의무	권장	의무	의무	권장	권장	권장	권장	권장										
제2종 근린생활시설	일반음식점(300㎡ 이상만 해당한다), 휴게음식점·제과점 등 음료·차·음식·빵·떡·과자 등을 조리하거나 제조하여 판매하는 시설	의무	의무	의무	권장	권장	권장	권장	권장	권장										
	일반음식점(50㎡ 이상 300㎡ 미만만 해당한다)	의무	권장	의무	의무	권장	권장	권장	권장	권장										

❸ 장애인 편의시설 사례

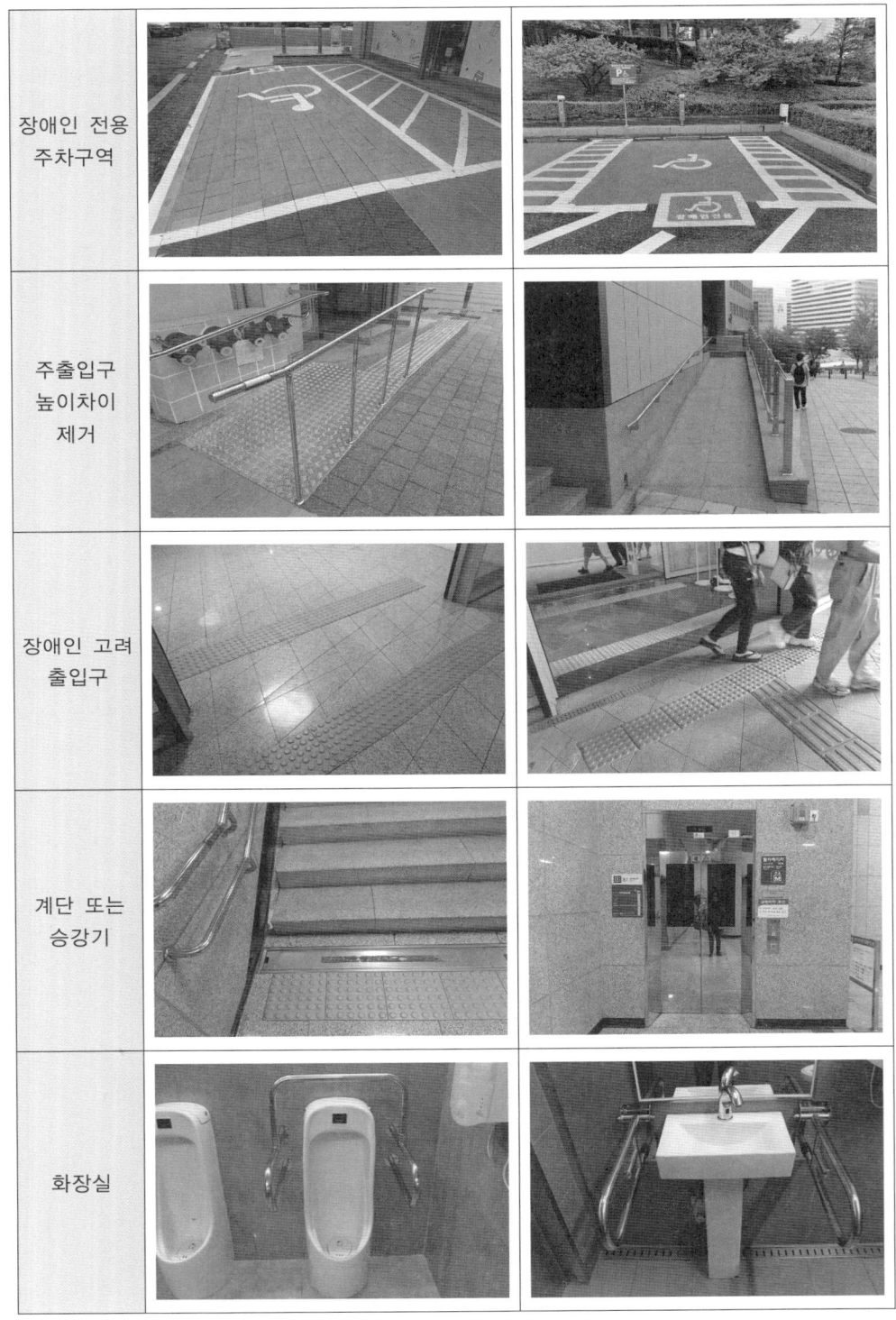

3.2 주차장 (「주차장법」 제19조의 13)

❶ 용도변경 시 주차장 산정 기준 (「서울시 주차장 설치 및 관리조례」 [별도 2])

용도변경 시점의 주차장 설치기준([별첨 5] 부설주차장의 설치대상시설물 종류 및 설치기준)에 따라 변경 후 용도의 주차대수와 변경 전 용도의 주차대수를 산정하여, 그 차이에 해당하는 부설주차장을 확보하는데, 용도변경 되는 부분의 추가설치 대수가 1대 미만인 경우에는 주차대수를 '0'으로 산정합니다.

사용승인 후 5년이 지난 연면적 1,000㎡ 미만의 건축물의 용도변경의 경우 산출방식에 따라 주차대수가 증가하더라도 추가로 주차 구획을 설치하지 않아도 되는데, 이는 기존건축물에서 신규로 창업하려는 창업자들에게 다양한 기회를 주려는 법적 조치라 할 수 있습니다. 하지만 다만, 문화 및 집회시설 중 공연장·집회장·관람장, 위락시설 및 주택 중 다세대주택·다가구주택의 용도로 변경하는 경우는 제외됩니다. (「주차장법 시행령」 제6호 제4항 제1호)

※ 용도변경으로 인해 주차구획을 늘려야 하는 경우에는 현행법 기준의 주차구획 (2.5m × 5.0m)을 적용해야 합니다.

❷ 주차구획의 종류

주차구획은 이용자에 따라서 일반주차, 장애인 전용주차, 여성 전용주차 등으로 구분될 수 있는데, 「주차장법」이 개정되기 이전(2019. 3. 1 이전)의 일반주차장 규격은 2.3m × 5.0m이나 현재는 2.5m × 5.0m로 크기가 증가했으며, 총 주차구획이 10대 이상인 건축물에 대해서는 장애인전용 주차구획을 일반주차의 비율에 따라 의무적으로 설치해야 합니다. (「주차장법 시행령」 [별표1])

※ 소규모 주차장 예외 규정: 부설주차장의 총 주차대수 규모가 8대 이하인 자주식 주차장(「주차장법 시행규칙」 제11조 제5항)
  - 출입구 너비: 3m
  - 차로의 너비: 2.5m
  - 직각주차 구획 부분 차로너비: 6.0m
  - 보도와 차도 구분이 없는 너비 12m 미만 도로와 접한 경우 그 도로를 차도로 활용 가능하며, 도로를 포함하여 6m 이상 확보 필요
  - 연접주차: 주차대수 5대 이하의 주차 구획은 차로를 기준으로 하여 세로로 2대까지 세로로 접하여 배치 가능
  - 보행통로: 시설물과 주차구획 사이에 0.5m 이상

※ 8대 이하의 소규모 주차장의 일부에 대해서는 경형주차구획을 적용할 수 없다. (「주차장법 시행령」 [별표1] 비고 12호)

■ 주차구획의 종류

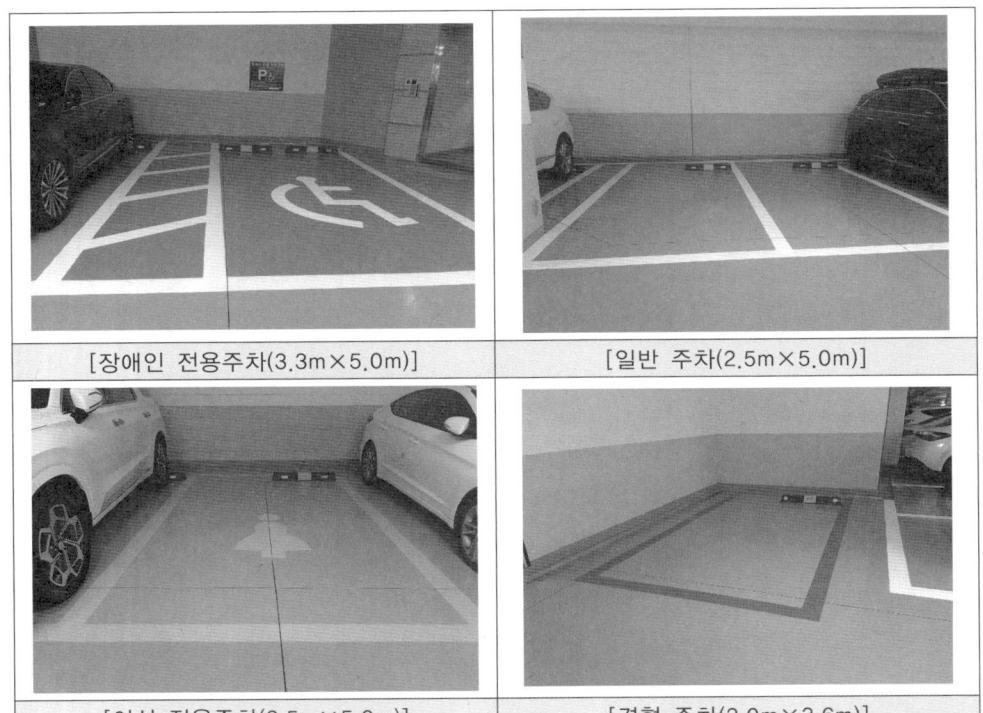

[장애인 전용주차(3.3m×5.0m)]   [일반 주차(2.5m×5.0m)]

[여성 전용주차(2.5m×5.0m)]   [경형 주차(2.0m×3.6m)]

❸ **기계식 주차장의 해체** (「주차장법 시행령」 제12조의 5)

기계식 주차장치가 노후·고장 등의 이유로 작동이 불가능한 경우에는 기계식 주차장치를 설치한 날부터 5년 되는 시점에서 해체할 경우, 설치해야 하는 주차구획은 철거되는 기계식주차장 설치대수의 1/2 범위로 경감됩니다. 하지만 용도변경을 하는 과정에서 주차대수가 증가되는 경우에는 기존에 완화 받았던 주차대수를 원복해야 할 뿐만아니라 추가되는 주차대수도 만족해야 합니다.

[노후화된 기계식 주차장]

[건축물 해체 현장]

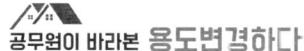

❹ 용도변경 시 주차장산정 예외 기준 (「주차장법 시행령」 제6조 제4항)

① 사용승인 후 5년이 지난 연면적 1,000㎡ 미만의 건축물의 용도를 변경하는 경우 (문화 및 집회시설 중 공연장·집회장·관람장, 위락시설 및 주택 중 다세대주택·다가구주택의 용도로 변경하는 경우 제외)

② 해당 건축물 안에서 용도를 상호간에 변경하는 경우(부설주차장 설치기준이 높은 용도의 면적이 증가하는 경우 제외)

③ 용도변경 되는 부분에 대하여 설치기준을 적용하여 산정한 주차대수가 1대 미만인 경우에는 주차대수를 0으로 본다. (「서울특별시 주차장 설치 및 관리 조례」[별표 2] 비고)
   ※ 다음번 용도변경 시 기존 주차대수와의 합이 1대 이상이면 추가설치 필요

[사용승인 후 5년 이상 경과 건축물 1]

[사용승인 후 5년 이상 경과 건축물 2]

❺ 주차장 인근설치 (「주차장법 시행령」 제7조 제2항)

용도변경 시 부족한 주차대수에 대해 해당 부지의 경계선으로부터 부설주차장의 경계선까지의 직선거리 300m 이내 또는 도보거리 600m 이내에 부설주차장을 설치할 수 있는데, 인근에 설치한 부설주차장은 소유권을 취득하여 주차장 전용으로 사용되어야 합니다. 이는 차후 소유권 이전에 따른 주차장이 없는 건축물을 방지하기 위함입니다.

[건축물 부설주차장 관리대장(갑지)]

[건축물 부설주차장 관리대장(별첨)]

❻ 부설주차장 설치제한지역 (주차상한제 지역)

서울시의 경우「서울특별시 주차장 설치 및 관리조례」[별표3] 부설주차장의 설치제한 지역에서의 시설물의 종류별 설치기준에 따라 〈비고〉 1호에서 정한 지역 중 상업지역 및 준주거지역에 해당되는 경우, 주택 및 오피스텔을 제외한 시설물의 부설주차장은 부설주차장의 최고한도 만을 규정하고 있어서 경우에 따라서 용도변경 과정 중에 주차대수 1대만 남기고 나머지를 삭제할 수도 있습니다.

■ 부설주차장 설치제한 지역(아래 10개 지역 내 상업 및 준주거지역)(출처:서울시청 홈페이지)

구분	세부지역
4대문 주변지역	사직로 · 율곡로 · 종로 · 난계로 · 퇴계로 · 통일로를 연결한 내부지역과 그 경계도로에 직접 접하고 있는 대지
신촌지역	경의선철도 · 이화여대길 · 대흥로 · 구 용산선철도 · 양화로 · 연희로를 연결한 내부지역과 그 경계도로에 직접 접하고 있는 대지
영등포지역	여의도 및 경인로 · 도림로 · 선유로 · 노들로를 연결한 내부지역과 그 경계도로에 직접 접하고 있는 대지
강남 · 서초지역	반포대로 · 올림픽대로 · 분당수서로 · 남부순환로를 연결한 내부지역과 그 경계도로에 직접 접하고 있는 대지
잠실지역	올림픽로 · 석촌호수로 · 삼학사로 · 잠실로 · 올림픽로 · 송파대로 · 신천로 · 오금로 · 올림픽로 · 위례성대로 · 백제고분로를 연결한 내부지역과 그 경계도로에 직접 접하고 있는 대지
천호지역	올림픽로 · 상암로 · 양재대로 · 풍성로를 연결한 내부지역과 그 경계도로에 직접 접하고 있는 대지
청량리지역	제기로 · 전농로 · 서울시립대로 · 천호대로 · 정릉천을 연결한 내부지역과 그 경계도로에 직접 접하고 있는 대지
용산 · 마포지역	강변북로 · 마포대로 · 충정로 · 통일로 · 한강대로를 연결한 내부지역과 그 경계도로에 직접 접하고 있는 대지
미아지역	오현로 · 오패산로 · 정릉로 · 삼양로 · 솔샘로를 연결한 내부지역과 그 경계도로에 직접 접하고 있는 대지
목동지역	목동동로 · 목동서로 · 안양천로를 연결한 내부지역과 그 경계도로에 직접 접하고 있는 대지

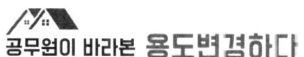

❼ 주차대수 산정시 행위 및 용도별 소수점 처리방법

일반적으로 주차대수를 산정하는 경우에는 해당용도로 사용되는 바닥면적을 용도별 기준단위면적으로 나누어서 의무적으로 설치해야 하는 주차대수를 산정하는데, 정수로 확인되는 주차대수는 곧바로 확인이 가능하지만, 각 주차장을 규정하는 관련법규가 다르기 때문에 행정행위와 건축물의 용도에 따라서 소수점을 처리하는 방식이 다르게 됩니다.

■ 법정 주차대수 산정식

법정 주차대수 = 해당 용도로 사용되는 바닥면적 (공용면적 포함, 주차장면적 제외) ÷ 용도별 주차장산정 기준단위면적

■ 복합용도 건축물의 법정 주차대수 산정 방법

구분	산정방법	비고
일반용도+일반용도	각각의 법정 주차대수의 합	전체의 합에서 소수점 첫째자리 0.5대 이상은 올림
일반용도 + 다가구주택, 공동주택(기숙사제외), 업무시설 중 오피스텔	각각의 법정 주차대수의 합 (소수점 주의)	일반건축물은 첫째자리 0.5대 이상은 올림 + 주거관련시설은 소수점숫자가 있으면 무조건 올림

■ 주차대수 산정시 소수점 처리 방법

구분	소숫점 처리방법	관련법령
신축 시(다가구주택, 공동주택(기숙사제외), 업무시설 중 오피스텔 이외)	0.5대 이상만 1대로 올림	「주차장법 시행령」 지방자치단체 주차장 설치 및 관리조례
용도변경 시	1대 미만은 '0'대로 하지만, 추가적으로 용도변경이 이루어지는 경우에는 합산해서 '1'이 되는 시점에 추가로 1대 설치	
장애인 전용 주차구획	신축, 용도변경 모두 소수점 이하 끝수를 '1'대로 올림	「장애인등 편의법 시행령」
다가구주택, 공동주택(기숙사제외), 업무시설 중 오피스텔	소수점 이하 끝수를 '1'대로 올림	「주택건설기준 등에 관한 규정」

3.3 승강기

건축물에서 수직방향으로의 이동은 계단, 승강기, 경사로 등을 통해 가능하지만 신속성과 편의성 면에서는 승강기가 최선이라 할 수 있겠습니다. 승강기는 6층이상, 연면적이 2,000㎡이상인 건축물에 대해서는 의무적으로 설치해야 하며(「건축법」제64조), 승용 승강기는 이용 대상에 따라 일반용 승강기와 장애인용 승강기로 구분됩니다.

❶ 일반용 승강기

승강기는 인양방식에 따라 로프식(기어드엘리베이터, 기어리스엘리베이터)과 유압식으로 구분되며, 로프식승강기 중에서 기어드엘리베이터는 상부에 승강기탑이 추가로 설치되고, 유압식승강기와 기어리스엘리베이터는 별도의 승강기탑이 없어도 설치 가능합니다.

[기어드엘리베이터의 승강기탑]

[기어리스엘리베이터]

❷ 장애인용 승강기

일정한 시설규정(「장애인·노인·임산부 등의 편의증진 보장에 관한 법률 시행규칙」[별표 1])을 충족하는 승강기에 대해서는 장애인용 승강기로 사용할 수 있으며, 장애인용 승강기는 일반 승강기와는 달리 건축적 혜택을 주는데, 장애인용 승강기는 바닥면적에 산입하지 아니하여, 건폐율과 용적률 산정에서 제외됩니다. (「건축법 시행령」제119조 제1항 제3호)

[장애인용 승강기 외부]

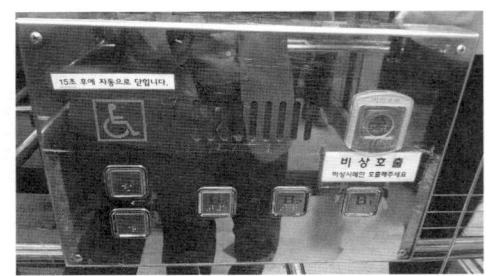
[장애인용 승강기 내부]

최근 승강기 정원기준이 1인당 65kg에서 75kg으로 상향되고, 장애인용 승강기 내부

유효면적이 신축일 경우 폭 1.6m 이상 깊이 1.35m 이상(기존건물: 폭 1.1m 이상, 깊이 1.35m 이상) 확보해야 하며(2019.3.24. 이후), 기존의 12인승 승강기(내부 유효면적이 폭 1.5m, 깊이 1.5m인 제품)는 장애인용 엘리베이터로 인정될 수 없고, 1대의 승강기를 2대의 승강기로 인정받고자 할 때에도 종전의 16인승과 17인승 승강기는 각각 14인승과 15인승으로 정원이 줄어들게 됨에 따라서, 승강기 1대를 추가 설치하거나 종전의 18인승 이상의 승강기를 설치해야 합니다.

3.4 정화조 및 하수도 원인자부담금

하수는 크게 건축물 내에서 생성되는 오수와 건축물 밖에서 생성되는 우수로 구분할 수 있으며, 오수의 정화는 단지 내에 설치된 정화조를 통해 이루어지거나, 공공관로를 통해 지정된 하수종말처리장에서 정화처리를 하는데, 하수처리 시설의 형식과 용량은 건축물대장을 통해 확인 할 수 있습니다.

■ 하수의 발생장소별 분류

구 분			발생장소
하수	오수 (건물 내에서 생성)	분뇨	변기
		생활하수	욕실, 세면기, 주방
	우수 (건물 밖에서 생성)	빗물	지면, 건물지붕
		지하수	지하

[하수맨홀 준설차량]

[하수관 CCTV 점검]

❶ 하수관로

하수관로는 크게 합류식 하수관로와 분류식 하수관로로 구분되며, 합류식의 경우 단독정화조와 오수처리시설로 구분할 수 있고, 신도시지역의 분류식 하수관로인 경우에는 직관을 하수처리장으로 직접 연결하여 별도로 정화조를 설치하지 않아도 됩니다.

■ 정화조의 종류

구 분		특 징
합류식	단독정화조	건축물대장에 정화조 용량이 '인원수'로 표기됨
	오수처리시설	건축물대장에 정화조 용량이 'm³'로 표기됨
분류식	직관연결	건축물대장에 '하수종말처리장연결'로 표기됨 ※ 용도변경으로 증가한 오수량만큼 '환경원인자 부담금' 부과됨

정화조 상부로 차량의 이동이 빈번한 경우에는 내구성이 보장되는 차량용 정화조 커버를 설치하여 사용하는 동안 외부의 물리적 요인에 의한 파손을 방지해야 합니다.

[합류식 하수맨홀]

[차도용 정화조 커버]

[건축물대장 내 정화조 형식 및 용량 확인]

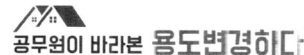

❷ 분류식 하수관로와 합류식 하수관로

'분류식 하수관로'란 오수와 하수도로 유입되는 빗물·지하수가 각각 구분되어 흐르도록 하수의 종류별로 분류한 하수관로를 말하며, '합류식 하수관로'란 오수와 하수도로 유입되는 빗물·지하수가 함께 흐르도록 하기 위한 하수관로를 말합니다. (「하수도법」 제2조)

■ 입점 형태에 따른 정화조 용량 및 하수도원인자 부담금 적용사항

구 분	입점 형태	정화조 증설	원인자 부담금 추가 납부
분류식 하수관로 (하수종말처리 시설에서 정화)	승계	×	×
	신규	×	○
합류식 하수관로 (자체 정화조에서 정화)	승계	×	×
	신규	○	○

❸ 정화조

「건축물의 용도별 오수발생량 및 정화조 처리대상인원 산정방법」(환경부고시 제2021-59호)에 적용하여 건물의 용도에 따라 정화조 용량을 산정합니다. 용도변경과 같은 행정행위를 하기전에 건축물대장상의 정화조 용량과 관청에 등록된 정화조 용량이 다를 수 있으므로 반드시 담당공무원을 통해 일치 여부를 확인해야 합니다. 용도변경 후 증가한 오수발생량이 기존 정화조 처리용량을 초과하는 경우 정화조 청소를 추가해서 실시하겠다는 각서([서식 8] 정화조 내부청소 이행각서)를 작성해서 이행하거나, 부족한 부분만큼 추가적으로 정화조를 설치해야 합니다.

■ 오수처리 용량 증가 시 정화조 청소시기(「하수도법 시행령」 제25조)

구 분		청소시기
하수처리구역 밖		오수발생량이 정화조 용량의 1.2배 이하인 경우 6개월마다 정화조 청소
하수처리 구역 안	오수발생량이 정화조 용량의 1.5배 이하	9개월마다 정화조 청소
	오수발생량이 정화조 용량의 1.5배 초과 2배 이하	6개월마다 정화조 청소

[FRP 정화조]   [콘크리트 정화조]

정화조의 구조는 부패조·산화조·소독조로 구분되며, 화장실에서 발생한 오수는 먼저 부패조에서 약 48시간 동안에 침전분리되어 유기물이 무기물화됩니다. 오수는 다음 산화조로 이동되며 여기에서 산소성균의 작용과 쇄석층 내의 유통하는 공기와의 접촉에 의하여 산화됩니다. 처리된 오수는 소독조에서 염소용액의 주입을 받아 소화기 계통의 병원균의 살균을 한 후 방류됩니다. (출처: 네이버 지식백과)

일반적으로 건축물대장에 정화조의 형식과 용량이 기록되어 있는데, 간혹 기재내용이 누락되는 경우가 있습니다. 이러한 경우 정화조 청소업체에서 처리한 용량을 역산해서 정화조 용량을 확인하는 경우도 있습니다.

❹ 정화조 용량산정

합류식 하수관로가 설치된 지역의 건축물은 각각의 용도별로 산정기준([별첨 8] 건축물의 용도별 오수발생량 및 정화조 처리대상인원 산정기준)에 적합하도록 정화조를 설치해야 합니다.
- N = 업종별 오염계수 × A
    * N: 인용(인원)
    * 업종별 오염계수: 환경부 고시(건축물의 용도별 오수발생량 및 정화조 처리대상 인원 산정 방법 [별표])
    * A: 연면적(m^2)

※ 공실의 경우 업종 중 최소오염계수를 적용합니다.
※ 일반적으로 하루 오수발생량이 $2m^3$를 초과하는 경우에는 오수처리시설을 설치하고, $2m^3$ 이하인 경우에는 단독정화조를 설치합니다.
※ 오수처리시설은 분뇨와 폐수를 처리하고, 단독정화조는 분뇨만 처리하며, 오수처리시설 $0.2m^3$당 단독정화조 1인으로 산정합니다.

■ 건축물의 용도별 오수발생량 및 정화조 처리대상인원 산정기준(전체 내용은 [별첨 8]) 참조)

분류번호	건축물 용도			오수발생량			정화조 처리대상인원	
				1일 오수 발생량	BOD 농도 (mg/L)	비고	인원산정식	비고
3	판매 및 영업 시설	음료·차(茶)·음식·빵·떡·과자 등을 조리하거나 제조하여 판매하는 시설	즉석판매제조·가공식품점, 배달전문점	30L/m²	130	배달전문점(배달판매, 포장판매) 내, 고객식사 공간이 있을 경우 휴게음식점 또는 일반음식점 용도를 적용한다.	N=0.150A	-
			휴게음식점 등	35L/m²	100	일반음식점의 메뉴를 판매하는 경우 일반음식점 용도를 적용한다. 옥외영업장이 있는 경우 옥외영업장의 신고면적을 추가하여 적용한다.	N=0.175A	옥외 영업장이 있는 경우 옥외영업장 신고면적을 추가하여 적용한다.
		음식점	일반음식점	60L/m²	550	중식	N=0.175A	
					330	한식, 분식점		
					200	일식,호프,주점,뷔페		
					150	서양식		

■ **사용인원별 정화조 유효용량**(출처: 건축물의 용도별 오수발생량 및 정화조 처리대상인원 산정방법)

인원별	유효용량(m³)	인원별	유효용량(m³)
5인용	1.5	60인용	7.0
10인용	2.0	80인용	9.0
15인용	2.5	100인용	11.0
20인용	3.0	200인용	21.0
30인용	4.0	300인용	31.0
40인용	5.0	400인용	41.0
50인용	6.0	500인용	51.0

예를 들어, 건축물 대장에 오수처리시설 3m³/day라고 표기 되어 있다면, 사용인원별 정화조 유효 용량은 20인용 임을 확인 할 수 있습니다.

❺ 하수도 원인자부담금

원인자부담금이란 건축물의 신축, 증축, 용도변경 등으로 발생되는 오수가 공공하수처리시설로 유입되어 처리하는 경우, 「하수도법」 제61조에 따라 공공하수도의 개축 비용 전부 또는 일부에 대해 하수발생원인자가 부담하는 금액을 말합니다.

$$원인자부담금 = 건축물에서 발생하는 오수발생량 / 1,000 \times 바닥면적 \times 하수도\ 원인자부담금\ 단위\ 단가$$

[하수도 원인자 부담금 산정식]

하수도 원인자부담 단위 단가는 지역별로 다르게 적용되는데, 탄천의 경우에는 1,163,000원(2022. 2. 24.)이며, 하수도 원인자부담금은 용도변경 또는 건축신고서 처리 전까지 납부해야 하며, 부담금과 관련해서 임대인과 임차인간에 의견차이가 있는 경우가 있는데, 임대차 계약 시 이를 명확히 구분해야 상호간에 분쟁이 없습니다.

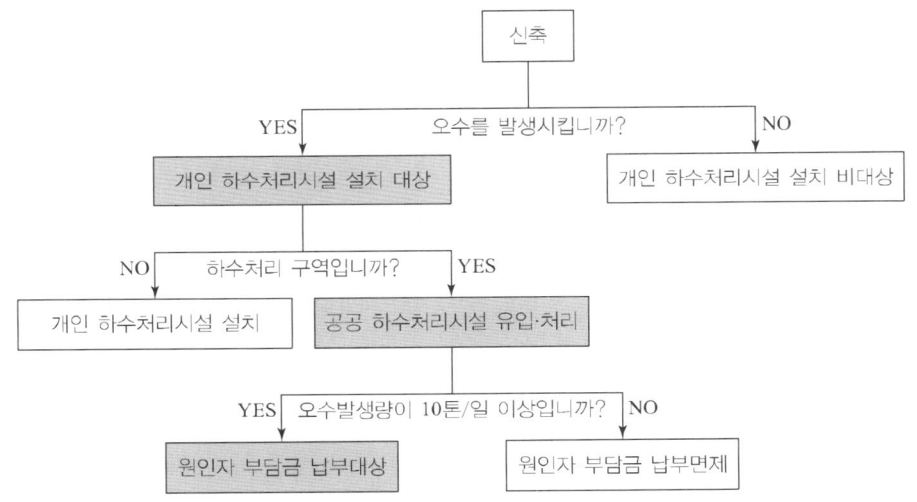

[하수도 원인자부담금 부과대상 확인 절차도 (출처: 환경부)]

[하수관로 CCTV 점검]

[콘크리트 하수암거 육안점검]

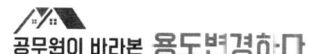

■ 개별 건축물 하수도 원인자부담금 산정방법(환경부 고시 제2021-59호, 부분수록)

건축물 용도		1일 오수 발생량	오수발생량 산정방법	비고
주거시설	단독주택	200L / 인	2.0+(거실수-2) × 0.5	
	공동주택(다가구, 다세대)	200L / 인	2.7+(거실수-2) × 0.5	1호가 1거실로 구성되어 있을 때는 2인으로 함
문화 및 집회시설	공연장, 영화관, 교회	12L / m²	연면적(m²) × 12L	
	박물관, 미술관,	16L / m²	연면적(m²) × 16L	
판매 및 영업시설	소매점, 사진관, 세탁소	15L / m²	연면적(m²) × 15L	
	일반음식점	60L / m²	연면적(m²) × 60L	
	노래연습장	16L / m²	연면적(m²) × 16L	
	휴게음식(제과점, 베이커리 등)	35L / m²	연면적(m²) × 35L	
	청소년게임제공업소 (PC방)	25L / m²	연면적(m²) × 25L	
의료시설	의원, 치과의원, 한의원	18L / m²	연면적(m²) × 15L	입원시설이 있는 경우
		15L / m²	연면적(m²) × 15L	입원시설이 없는 경우
교육연구 및 복지시설	유치원, 어린이집	6L / m²	연면적(m²) × 6L	
	독서실, 학원, 교습소	15L / m²	연면적(m²) × 15L	
운동시설	탁구장, 당구장, 헬스장, 체육도장	15L / m²	연면적(m²) × 15L	
업무시설	사무소, 출판사	15L / m²	연면적(m²) × 15L	
	오피스텔	10L / m²	연면적(m²) × 10L	주거시설과 업무시설의 구분이 분명한 경우 각각 적용
숙박시설	일반숙박시설, 고시원	20L / m²	연면적(m²) × 20L	
위락시설	단란주점, 유흥주점	46L / m²	연면적(m²) × 46L	
기타시설	농막 (20m²이하, 주거목적이 아닌 것)	100L / m²	연면적(m²) × 100L	농막의 경우 1개소당 2인으로 산정

※ 옥외영업장이 있는 경우 옥외영업장 신고 면적을 추가하여 적용
※ 예) 일반음식점 1,000m²를 신축하는 경우(1일 오수 발생량 60L / m²)
 - 오수발생량 : 1,000(m²) × 60L ÷ 1,000 = 60m³ / 일
 - 원인자부담금 : 60m³ / 일 × 1,163,000원(단가) = 69,780,000원
※ 용도변경 시 추가로 발생하는 오수가 10톤(10m³) /일 미만은 하수도 원인자부담금 제외 (「하수도법 시행령」 제1항)

3.5 소방시설

건축물은 화재안전기준에 따라 시설물의 규모와 용도별로 일정한 소방시설을 설치하고 설치된 소방시설이 잘 작동될 수 있도록 유지·관리해야 합니다.

화재와 관련한 특별한 안전이 필요한 건축물은 특정소방대상물로 선정되며, 관련법을 통해 상시점검 등 용도와 규모에 따라 소방 관련 행정기관의 관리를 받아야 합니다.

 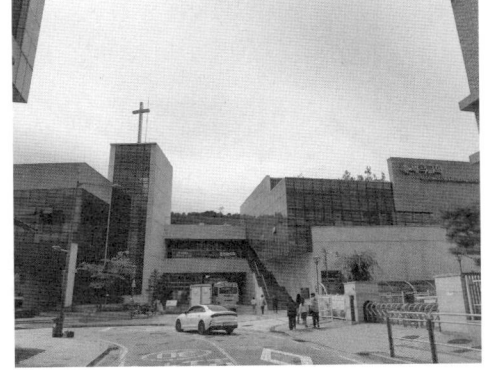

[판매시설(전통시장)]   [종교시설(교회)]

❶ 소방관련 기관 협의

화재와 재난·재해, 그 밖의 위급한 상황으로부터 국민의 생명·신체 및 재산을 보호하기 위하여 건축물의 신축·증축·개축·재축·이전·용도변경 또는 대수선의 허가·협의 및 사용승인을 할 때에는 사전에 소방서장 등의 동의를 받아야 합니다. 이때 소방기관과 협의해야 하는 건축물의 범위는 다음과 같으며, 용도변경 부분에 대한 법의 적용은 용도변경 당시의 소방시설 설치기준을 적용합니다.

[소방서]   [소방훈련]

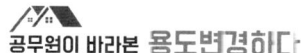

■ 소방협의 대상규모
(「화재예방, 소방시설 설치·유지 및 안전관리에 관한 법률 시행령」 제12조)

구 분	기준 연면적	층 수	비 고
일반건축물	400㎡ 이상	6층 이상	
학교시설	100㎡ 이상	–	
노유자시설 및 수련시설	200㎡ 이상	–	
정신의료기관	300㎡ 이상	–	
장애인 의료재활시설	300㎡ 이상	–	
지하층, 무창층이 있는 건축물	150㎡ 이상	–	공연장: 100㎡ 이상

[학교시설(대학교)]

[노유자시설(요양원)]

❷ 소방시설 완비증명서 (소방필증)

사업장을 신규로 개설하는 경우 화재와 재난과 같은 응급상황 시 이용객들이 신속하게 피난할 수 있도록 소방시설을 갖추어야 하는데, 규모와 용도에 따라 적합한 소방시설이 설치되었음을 증빙하는 서류가 소방시설 완비증명서(소방필증)입니다. 사업자는 소방시설 완비증명서를 받은 이후 화재배상책임보험에 가입해야 하며, 추가로 소방교육을 받아야 합니다. 기존 사업을 폐업신고 하지 않고, 내부인테리어 변경없이 단순하게 명의만 변경하는 경우에는 소방시설 완비증명서를 추가로 받지 않아도 되지만 시설물의 용도를 변경하거나 내부 인테리어가 변경되는 경우에는 소방완비 증명서를 새롭게 받아야 하는 경우가 생길 수 있으니, 관할 소방서와 사전협의가 필요합니다.

■ 안전시설 등 소방시설 완비증명서 발급 대상: 다중이용업소 22개 업종(「다중이용업소의 안전관리에 관한 특별법 시행령」 제2조)(출처: 다중이용업소 안전시설등 완비증명서 발급 가이드)

업 종	기 준
휴게음식점영업	- 지하층 : 66㎡ 이상 - 지상층 : 2층 이상은 100㎡ 이상 ※ 단, 주 출입구가 1층 또는 피난층에 면한 영업장은 제외
제과점영업	
일반음식점영업	
단란·유흥주점영업	- 층별, 면적 구분 없이 적용
영화상영관, 비디오물감상실업 비디오물소극장업	- 층별, 면적 구분 없이 적용
학 원	- 수용인원 300인 이상인 것 (연면적 570㎡ 이상) - 수용인원 100인 이상 300인 미만 인 것 중 다음 각 호 해당 단, 건축법시행령 제46조에 따른 방화구획으로 나누어진 경우 제외 ① 1개의 건축물에 학원과 기숙사가 함께 있는 학원 ② 1개의 건축물에 학원이 2 이상 있는 경우로 학원의 수용인원이 300인 이상인 학원 ③ 1개의 건축물에 다중이용업과 학원이 함께 있는 경우
목욕장업	- 일반목욕장업: 층별, 면적 구분 없이 수용인원 100인 이상(찜질방형태 시설을 갖춘 것) - 찜질방형태의 목욕장업 : 층별, 면적 구분 없이 적용
게임제공업,인터넷 컴퓨터게임시설제공업 복합유통게임제공업	- 층별, 면적 구분 없이 적용 ※ 단, 게임제공업 및 인터넷컴퓨터게임시설제공업은 주 출입구가 1층 또는 피난층에 면한 영업장은 제외
노래연습장업	- 층별, 면적 구분 없이 적용
산후조리원업	- 층별, 면적 구분 없이 적용
고시원업	- 층별, 면적 구분 없이 적용
권총사격장	- 옥내사격장에 한정
골프 연습장업	- 층별, 면적 구분 없이 적용 ※실내의 구획된 실에 스크린과 영사기 등의 시설을 갖춘 것
안마시술소	- 층별, 면적 구분 없이 적용
신종 다중 이용 업	전화방업·화상대화방업	- 층별, 면적 구분 없이 적용
	수면방업	
	콜라텍업	

❸ 특정소방대상물

'특정소방대상물'이란 소방시설을 설치해야 하는 소방대상물로서 다음의 소방시설물을 말합니다(「화재예방, 소방시설 설치·유지 및 안전관리에 관한 법률」제2조 제1항 제3호 및 「화재예방, 소방시설 설치·유지 및 안전관리에 관한 법률 시행령」[별표 2]).

■ **특정소방대상물의 종류** (출처: 찾기 쉬운 생활법령정보)

특정소방대상물의 종류	
• 공동주택(5층 이상인 0·파트 등, 기숙사)	• 위락시설
• 근린생활시설 중 슈퍼마켓, 휴게음식점, 이용원, 의원, 탁구장 등	• 공장
	• 창고시설
• 문화 및 집회시설	• 위험물 저장 및 처리 시설
• 종교시설	• 항공기 및 자동차 관련 시설
• 판매시설 중 도매시장, 소매시장, 전통시장, 상점	• 동물 및 식물 관련 시설
• 운수시설	• 자원순환 관련 시설
• 의료시설	• 교정 및 군사시설
• 교육연구시설 중 학교, 교육원 등	• 방송통신시설
• 노유자시설	• 발전시설
• 수련시설	• 묘지 관련 시설
• 운동시설	• 관광 휴게시설
• 업무시설	• 장례시설
• 숙박시설	• 지하가
	• 문화재
	• 복합건축물

[문화재]

[관광 휴게시설]

❹ 근린생활시설 중 특정 소방대상물

(출처: 「화재예방, 소방시설 설치·유지 및 안전관리에 관한 법률 시행령」 [별표 2])

■ 근린생활시설 중 특정 소방대상물

시설군	용도군
근린생활 시설	슈퍼마켓과 일용품 등의 소매점으로서 같은 건축물에 해당 용도로 쓰는 바닥면적의 합계가 1천㎡ 미만
	휴게음식점, 제과점, 일반음식점, 기원(棋院), 노래연습장 및 단란주점(단란주점은 같은 건축물에 해당 용도로 쓰는 바닥면적의 합계가 150㎡ 미만)
	이용원, 미용원, 목욕장 및 세탁소
	의원, 치과의원, 한의원, 침술원, 접골원(接骨院), 조산원, 산후조리원 및 안마원, 안마시술소
	탁구장, 테니스장, 체육도장, 체력단련장, 에어로빅장, 볼링장, 당구장, 실내낚시터, 골프연습장, 물놀이형 시설, 그 밖에 이와 비슷한 것으로서 같은 건축물에 해당 용도로 쓰는 바닥면적의 합계가 500㎡ 미만인 것
	공연장, 비디오물 감상실업의 시설, 종교집회장으로서 같은 건축물에 해당 용도로 쓰는 바닥면적의 합계가 300㎡ 미만
	금융업소, 사무소, 부동산중개사무소, 결혼상담소 등 소개업소, 출판사, 서점, 그 밖에 이와 비슷한 것으로서 같은 건축물에 해당 용도로 쓰는 바닥면적의 합계가 500㎡ 미만
	조업소, 수리점, 그 밖에 이와 비슷한 것으로서 같은 건축물에 해당 용도로 쓰는 바닥면적의 합계가 500㎡ 미만
	인터넷 컴퓨터게임시설제공업의 시설, 복합유통게임제공업의 시설로서 같은 건축물에 해당 용도로 쓰는 바닥면적의 합계가 500㎡ 미만
	사진관, 표구점, 학원(같은 건축물에 해당 용도로 쓰는 바닥면적의 합계가 500㎡ 미만), 독서실, 고시원, 장의사, 동물병원, 총포판매사
	의약품 판매소, 의료기기 판매소 및 자동차영업소로서 같은 건축물에 해당 용도로 쓰는 바닥면적의 합계가 1천㎡ 미만

[금융업소]

[동물병원]

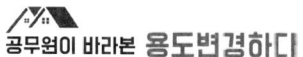

❺ 다중이용(시설)업

'다중이용업'이란 불특정 다수인이 이용하는 영업시설로 화재 등 재난 발생 시 생명·신체·재산상의 피해가 발생할 우려가 높은 것으로서 대통령령으로 정하는 영업을 말합니다. (「다중이용업소의 안전관리에 관한 특별법」 제2조 제1항)

■ **다중이용업 분류** (출처: 네이버 지식백과)

업 종	규 모
휴게음식점영업, 제과점영업, 일반음식점영업	1. 바닥면적의 합계가 100㎡ 이상 2. 영업장이 지하층인 경우 바닥면적의 합계가 66㎡ 이상 ※ 단, 영업장이 지상 1층이거나 지상과 직접 접할 때, 그 영업장의 주된 출입구가 외부 지면과 직접 연결될 경우 제외
단란주점영업, 유흥주점영업	층별, 면적 관계없이 다중이용업소
영화상영관, 비디오물감상실업, 비디오물소극장업, 복합영상물제공업	층별, 면적 관계없이 다중이용업소
학원	1. 수용인원이 300인 이상인 것 2. 수용인원이 100인 이상 300인 미만이되 다음의 하나에 해당하는 것 - 한 건축물에 학원과 기숙사가 함께 있는 학원 - 한 건축물에 학원이 둘 이상 있는 경우로, 수용인원이 300인 이상 - 한 건축물에 다른 다중이용업과 학원이 함께 있는 경우
목욕장업	1. 일반목욕장업에서 수용인원이 100인 이상이고 찜질방 형태의 시설 및 설비를 갖춘 것 2. 찜질방 형태의 목욕장업
게임제공업, 인터넷컴퓨터게임시설제공업, 복합유통게임제공업	층별, 면적 관계없이 다중이용업소 ※ 단, 영업장이 지상 1층이거나 지상과 직접 접할 때, 그 영업장의 주된 출입구가 외부 지면과 직접 연결될 경우 제외
노래연습장업	층별, 면적 관계없이 다중이용업소
산후조리업	층별, 면적 관계없이 다중이용업소
고시원업	층별, 면적 관계없이 다중이용업소
권총사격장	실내사격장에 한정하여 다중이용업소
가상체험 체육시설업	층별, 면적 관계없이 다중이용업소 ※ 단, 실내에 1개 이상의 별도의 구획된 실을 만들어 골프 종목의 운동이 가능한 시설을 경영하는 영업으로 한정
안마시술소	층별, 면적 관계없이 다중이용업소
전화방업, 화상대화방업, 수면방업, 콜라텍업	층별, 면적 관계없이 다중이용업소

❻ 근린생활시설의 소방시설 설치기준

(출처: 「화재예방, 소방시설 설치 · 유지 및 안전관리에 관한 법률 시행령 [별표 5]」)

소방시설은 소화설비 · 경보설비 · 피난설비로 구분되며, 근린생활시설의 경우 시설의 종류와 면적에 따라 필수 소방시설을 설치해야 합니다.

■ 근린생활시설의 규모별 필수 소방시설

구분		근린생활시설
소화설비	소화기구	• 소화기(간이소화용구): 연면적 33㎡ 이상
	옥내소화전설비	• 연면적 1,500㎡ 이상이거나, 지하층 · 무창층 또는 층수가 4층 이상인 층 중 바닥면적이 300㎡ 이상인 층이 있는 것은 모든 층
	옥외소화전설비	• 지상 1층 및 2층 바닥면적의 합계 9,000㎡ 이상
	스프링클러설비	• 6층 이상인 경우 모든 층 • 지하층 · 무창층, 4층 이상의 층으로 바닥면적 1,000㎡ 이상 • 근린생활시설 중 다음의 어느 하나에 해당하는 것 　가) 근린생활시설로 사용하는 부분의 바닥면적 합계가 1,000㎡ 이상인 것은 모든 층 　나) 의원, 치과의원 및 한의원으로서 입원실이 있는 시설 　다) 조산원 및 산후조리원으로서 연면적 600㎡ 미만인 시설
	간이스프링클러	• 바닥면적 1,000㎡ 이상 모든 층 • 다중이용업의 지하층 또는 무창층, 산후조리원, 고시원, 실내권총사격장
경보설비	자동화재탐지설비	• 연면적 1,000㎡ 이상
	비상경보	• 지하층 · 무창층은 바닥면적 150㎡ 이상 • 연면적 400㎡ 이상 • 50명 이상 근로자가 작업하는 옥내작업장
	비상방송설비	• 연면적 3,500㎡ 이상 • 지하층의 층수가 3층 이상 • 지하층을 제외한 층수가 11층 이상
	누전경보기	• 계약전류용량 100A 초과
	시각경보기	• 모두 해당
피난설비	피난기구	• 피난층, 지상 1층, 지상 2층 및 11층 이상의 층을 제외한 모든 층
	피난유도등	• 모두 해당
	비상조명등	• 지하층, 무창층의 바닥면적이 450㎡ 이상인 경우 해당 층 • 5층(지하층 포함) 이상으로서 연면적 3,000㎡ 이상
	휴대용비상조명등	• 다중이용업에 해당

■ 소방청 소방시설관련 안내사항

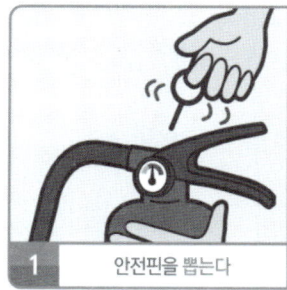  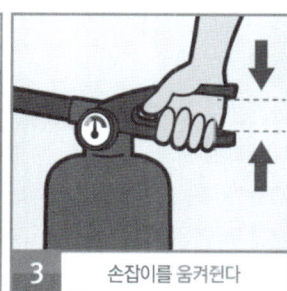 

1. 안전핀을 뽑는다
2. 노즐을 잡고 불쪽을 향한다
3. 손잡이를 움켜쥔다
4. 분말을 골고루 쏜다

[소화기 사용순서]

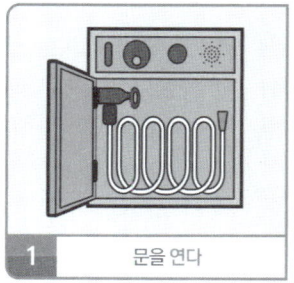 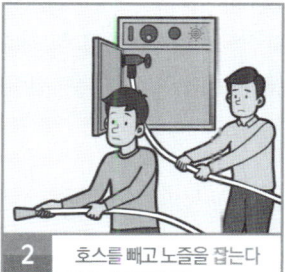  

1. 문을 연다
2. 호스를 빼고 노즐을 잡는다
3. 밸브를 돌린다
4. 불을 향해 쏜다

[소화전 사용순서]

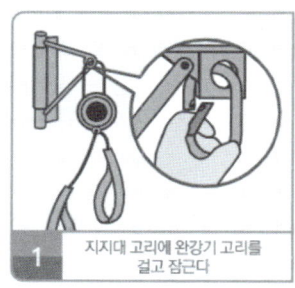   

1. 지지대 고리에 완강기 고리를 걸고 잠근다
2. 지지대를 창밖으로 밀고 릴(줄)을 던진다
3. 완강기 벨트를 가슴높이까지 걸고 조인다
4. 벽을 짚으며 안전하게 내려간다

[완강기 사용순서]

제연설비   화재감지기   스프링클러   주방용자동소화기

[소방시설의 종류]

본 저작물은 '소방청'에서 작성하여 공공누리 제1유형으로 개방한 '(사회-10)화재-소방'을 이용하였으며, 해당 저작물은 '소방청(https://www.nfa.go.kr/nfa/)'에서 무료로 다운받으실 수 있습니다.

❼ 용도변경 시 방화창 설치

건축물에 대한 피난·방화구조 관련법 강화에 따라 다음 건축물에 대해서는 방화창 설치기준을 만족해야 합니다. (「건축법」제52조 제4항,「건축법 시행령」제61조 제2항)
- 상업지역의 건축물(근린상업지역 제외)
- 의료시설, 교육연구시설, 노유자시설 및 수련시설의 용도로 쓰이는 건축물
- 3층 이상 또는 높이 9m 이상인 건축물
- 1층의 전부 또는 일부를 필로티 구조로 설치하여 주차장으로 쓰는 건축물

① 방화창 설치 대상

인접대지경계선으로부터 1.5m 이내 거리에 설치된 창호는 방화창으로 설치해야 합니다. 다만, 스프링클러 또는 간이스프링클러의 헤드가 창호로부터 60cm 이내에 설치되어 건축물 내부가 화재로부터 방호되는 경우에는 방화 유리창으로 설치하지 않을 수 있습니다.

2021년 7월 5일 이후 건축물의 외벽에 설치하는 창호의 수선 등이 수반되지 않는 용도변경 허가를 신청하거나 용도변경 신고를 하는 경우에도「건축법」제52조제4항에 따라 건축물의 외벽에 설치되는 창호를 방화유리창으로 해야 하며, 2021년 7월 5일 이후 건축물의 외벽에 설치하는 창호의 수선 등이 수반되지 않는 용도변경을 위해 건축물 기재내용의 변경신청을 하는 경우에도「건축법」제52조제4항에 따라 건축물의 외벽에 설치되는 창호를 방화유리창으로 해야 합니다. [법제처 22-0065, 2022.]

② 방화창 규격

방화창은 방화유리창[한국산업표준 KS F 2845(유리구획 부분의 내화 시험방법)]에 규정된 방법에 따라 시험한 결과 비차열 20분 이상의 성능이 있는 것으로 설치해야 합니다.

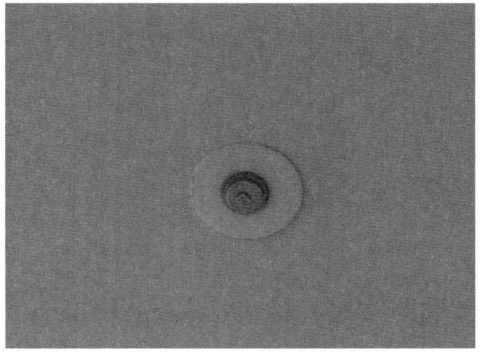

[스프링클러 헤드]

[소방차]

❽ 소방관 진입창 설치 (출처: 「건축법」 제49조 제3항)

건축물의 11층 이하의 층에는 소방관이 진입할 수 있는 창을 설치하고, 외부에서 주야간에 식별할 수 있는 표시를 하여야 하며(예외: 대피공간이나 비상용 승강기를 설치한 아파트), 아래와 같은 요건을 갖추어야 합니다. (「건축물의 피난·방화구조 등의 기준에 관한 규칙」 제18조의 2)

① 2층 이상 11층 이하인 층(직접 지상으로 통하는 출입구가 있는 층은 제외한다)에 각각 1개소 이상 설치할 것. 이 경우 소방관이 진입할 수 있는 창의 가운데에서 벽면 끝까지의 수평거리가 40m 이상인 경우에는 40m 이내마다 소방관이 진입할 수 있는 창을 추가로 설치해야 한다.
② 소방차 진입로 또는 소방차 진입이 가능한 공터에 면할 것
③ 창문의 가운데에 지름 20㎝ 이상의 역삼각형을 야간에도 알아볼 수 있도록 빛 반사 등으로 붉은색으로 표시할 것
④ 창문의 한쪽 모서리에 타격지점을 지름 3㎝ 이상의 원형으로 표시할 것
⑤ 창문 유리의 크기는 폭 90㎝ 이상, 높이 1m 이상으로 하고, 실내 바닥면으로부터 창의 아랫부분까지의 높이는 80㎝[난간이 설치된 노대등(영 제40조제1항에 따른 노대등을 말한다)에 불가피하게 소방관 진입창을 설치하는 경우에는 120㎝] 이내로 할 것
⑥ 다음 각 목의 어느 하나에 해당하는 유리를 사용할 것
  가. 플로트판유리로서 그 두께가 6㎜ 이하인 것
  나. 강화유리 또는 배강도유리로서 그 두께가 5㎜ 이하인 것
  다. 가목 또는 나목에 해당하는 유리로 구성된 이중 유리
  라. 가목 또는 나목에 해당하는 유리로 구성된 삼중 유리. 이 경우 각각의 유리에 비산방지필름을 부착하는 경우에는 그 필름 두께를 50마이크로미터(㎛) 이하

※ 소방관진입창은 용도변경 허가 신청(같은 조에 따른 용도변경 신고 또는 건축물대장 기재내용의 변경신청 포함) 시 설치해야 합니다.(「건축물의 피난·방화구조 등의 기준에 관한 규칙」 부칙 제3조(소방관 진입창의 기준에 관한 적용례))

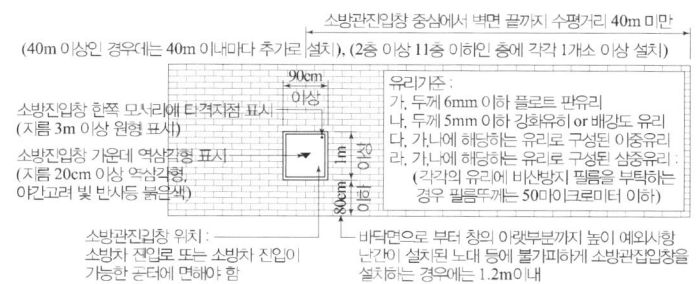

[소방관진입창 설치기준]

3.6 구조(건축물의 하중기준)

용도변경 신고와 용도변경 허가 시 구조내력을 확인해야 하며(「건축법」 제19조 제7항), 구조안전을 확인한 건축물 중 다음 하나에 해당하는 건축물의 건축주는 해당 건축물의 설계자로부터 구조안전의 확인서류를 받아야 하며, 착공신고 시 그 확인서류를 허가권자에게 제출해야 합니다.(「건축법 시행령」 제32조 제2항)

- 2층 이상 건축물
- 연면적 200㎡ 이상인 건축물
- 높이가 13m 이상인 건축물
- 처마높이가 9m 이상인 건축물
- 기둥과 기둥 사이의 거리(경간)가 10m 이상인 건축물
- 단독주택 및 공동주택 등

「건축법」 제19조 제4항에 따른 동일 시설군 내 용도변경 하는 경우와 건축물의 용도변경에 따라 달라지는 구조내력이 5% 미만인 경우(일체증축이나 구조변경이 없어야 함)에는 별도의 구조안전 확인을 받지 않아도 됩니다. (출처: 국토교통부)

[높이가 13m 이상인 건축물]

[처마높이가 9m 이상인 건축물]

다음의 표를 참고하여 기존용도 등분포하중과 용도변경 후 등분포하중을 비교해서 하중 기준을 초과하여 용도변경을 진행하고자 할 때에는 관련 건축물에 대해 구조보강을 추가로 해야 합니다.

■ 기본 등분포활하중 1 (건축구조기준설계하중 KDS 41 10 05)

	용 도		등분포하중
1	주택	주거용 건축물의 거실	2.0
		공동주택의 공용실	5.0
2	병원	병실	2.0
		수술실, 공용실, 실험실	3.0
		1층 외의 모든 층 복도	4.0
3	숙박시설	객실	2.0
		공용실	5.0
4	사무실	일반사무실	2.5
		특수용도사무실	5.0
		문서보관실	5.0
		1층 외의 모든 층 복도	4.0
5	학교	교실	3.0
		일반 실험실	3.0
		중량물 실험실	5.0
		1층 외의 모든 층 복도	4.0
6	판매장	상점, 백화점(1층)	5.0
		상점, 백화점(2층)	4.0
		창고형 매장	6.0

[종합병원]

[백화점]

■ 기본 등분포활하중 2 (건축구조기준설계하중 KDS 41 10 05)

용도			등분포 하중
7	집회 및 유흥장	모든 층 복도	5.0
		무대	7.0
		식당	5.0
		주방	7.0
		극장 및 집회장(고정 좌석)	4.0
		집회장(이동 좌석)	5.0
		연회장, 무도장	5.0
8	체육시설	체육관 바닥, 옥외경기장	5.0
		스탠드(고정 좌석)	4.0
		스탠드(이동 좌석)	5.0
9	도서관	열람실	3.0
		서고	7.5
		1층 외의 모든 층 복도	4.0
10	주차장 및 옥외차도	총중량 30KN 이하의 차량(옥내)	3.0
		총중량 30KN 이하의 차량(옥외)	5.0
		총중량 30KN 초과 90KN 이하의 차량	6.0
		총중량 90KN 초과 180KN 이하의 차량	12.0
		옥외 차도와 차도 양측의 보도	12.0
11	창고	경량품 저장창고	6.0
		중량품 저장창고	12.0
12	공장	경공업 공장	6.0
		중공업 공장	12.0
13	지붕	점유·사용하지 않는 지붕(지붕활하중)	1.0
		산책로 용도	3.0
		정원 또는 집회 용도	5.0
		출입이 제한된 조경 구역	1.0
		헬리콥터 이착륙장	5.0
14	기계실	공조실, 전기실, 기계실 등	5.0
15	광장	옥외광장	12.0
16	발코니	출입 바닥 활하중의 1.5배(최대 5.0KN/㎡)	
17	로비 및 복도	로비, 1층 복도	5.0
		1층 외의 모든 층 복도(병원, 사무실, 학교, 집회 및 유흥장, 도서관은 별도 규정)	출입바닥 활하중
18	계단	단독주택 또는 2세대 거주 주택	2.0
		기타의 계단	5.0

[도서관]

[체육시설(옥외경기장)]

3.7 2개소 이상의 직통계단 설치 (「건축법 시행령」 제34조 제2항)

용도변경을 하고자 하는 경우 용도에 따라 2개소 이상의 직통계단 설치와 더불어 복도, 계단, 출입구, 그 밖의 피난 시설 등이 관련규정에 적합해야 합니다.

■ 직통계단 2개소 이상 설치하는 시설

대상 용도	해당 용도로 쓰이는 바닥면적	층수
제2종 근린생활시설 중 공연장과 종교집회장 (일반음식점 제외)	300㎡ 이상	층수 무관
문화 및 집회시설(전시장 및 동·식물원 제외) 종교시설 위락시설 중 주점영업 장례식장	200㎡ 이상	층수 무관
제2종 근린생활시설 중 컴퓨터게임시설 제공업소	300㎡ 이상	3층 이상
단독주택 중 다중주택과 다가구주택 제2종 근린생활시설 중 학원과 독서실 제1종 근린생활시설 중 정신과 의원 (입원실이 있는 경우에 한함) 판매시설, 운수시설(여객용 시설) 의료시설(입원실이 없는 치과 병원 제외) 교육연구시설 중 학원 노유자 시설중 아동 관련 시설·장애인 거주시설·장애인 의료재활시설, 수련시설 중 유스호스텔, 숙박시설	200㎡ 이상	3층 이상
공동주택(층당 4세대 이하는 제외) 업무시설 중 오피스텔의 용도로 쓰는 층	300㎡ 이상	층수 무관
위의 경우에 포함되지 않는 시설	400㎡ 이상	3층 이상
지하층(아래 용도 이외의 경우)	200㎡ 이상	
제2종 근린생활시설 중 공연장·단란주점·당구장·노래연습장 문화 및 집회시설 중 예식장과 공연장 수련시설 중 생활권수련시설과 자연권수련시설 숙박시설 중 여관과 여인숙 위락시설 중 단란주점과 유흥주점 다중이용업소(「다중이용업소의 안전관리에 관한 특별법 시행령」 제2조의 시설로 학원, 목욕탕 등)	50㎡ 이상 ※ 다중이용업소 용도 이외의 경우에는 추가 직통계단 대신 비상탈출구 및 환기통을 설치해도 가능 (「건축물의 피난·방화구조 등의 기준에 관한규칙」 제25조 제1항 제1호)	지하 층수 무관

[지하층용 외부 직통계단]

[문화및집회시설 옥내계단]

각 직통계단 상호간에는 각각 거실과 연결된 복도 등 통로를 설치해야 하며(「건축물의 피난·방화구조 등의 기준에 관한 규칙」제8조 제2항), 연면적 200㎡를 초과하는 건축물에 설치하는 계단 및 계단참의 너비(옥외계단에 한함)와 계단의 단높이 및 단너비의 치수는 건축물의 용도 및 거실 바닥면적의 합계에 따라 관련 규정을 만족해야 합니다. (출처: 그림으로 이해하는 건축법)

■ **연면적 200㎡를 초과하는 건축물에 설치하는 계단의 설치기준**
 (「건축물방화구조규칙」제15조 제2항)

용도	계단 및 계단참의 너비 (옥내 계단에 한함)(cm)	단높이(cm)	단너비(cm)
초등학교	150cm 이상	16cm 이하	26cm 이상
중·고등학교		18cm 이하	
문화 및 집회시설 (공연장·집회장 및 관람장에 한함)·판매시설 등	120cm 이상	–	–
위층의 거실 바닥면적 합계가 200㎡ 이상 이거나 거실의 바닥면적 합계가 100㎡ 이상인 지하층			
기타	60cm 이상	–	–
「산업안전보건법」에 의한 작업장 「산업안전 기준에 관한 규칙」에 정한 구조			

(출처: 그림으로 이해하는 건축법)

[교육연구시설(초등학교)]

[문화 및 집회시설(미술관)]

3.8 「교육환경 보호에 관한 법률」에 따른 건축제한

「교육환경 보호에 관한 법률」은 학교 주변 교육환경보호구역 내에서 유해시설의 설치를 제한하며, 건축물의 용도가 숙박시설, 유흥시설 등일 경우 거리 기준이나 교육청 협의 등을 통해 제한되거나 금지됩니다.

❶ 절대정화구역과 상대정화구역

「교육환경 보호에 관한 법률」은 학교의 보건관리와 환경위생 정화에 필요한 사항을 규정한 법령이지만, 건축물의 용도변경에 영향을 미치고 있습니다. 학교나 학교설립 예정지의 정문으로부터 직선거리 50m 이내는 '절대정화구역', 200m 이내는 '상대정화구역'으로 지정하여 건축물의 용도와 관련해서 설치 금지시설을 지정하고 있습니다

[학교시설(초등학교)]

[학교시설(고등학교)]

'학교환경 위생 정화구역' 내의 건축물의 경우 용도변경의 가능 여부는 관할 교육청에 사전에 확인해야 하는데, 일반적으로 숙박시설, 노래방, 유흥주점, PC방 등의 시설이 금지시설에 해당됩니다.

특정 학교를 기준으로 정화구역의 범위를 알고자 할 때에는 교육환경정보시스템(eeis.schoolkeepa.or.kr)을 활용할 수 있는데, 절대정화구역은 빨간색 영역으로 표현되고, 상대정화구역은 보라색 영역으로 표현되는데, 유치원 초·중·고등학교, 대학교 모두 적용됩니다.

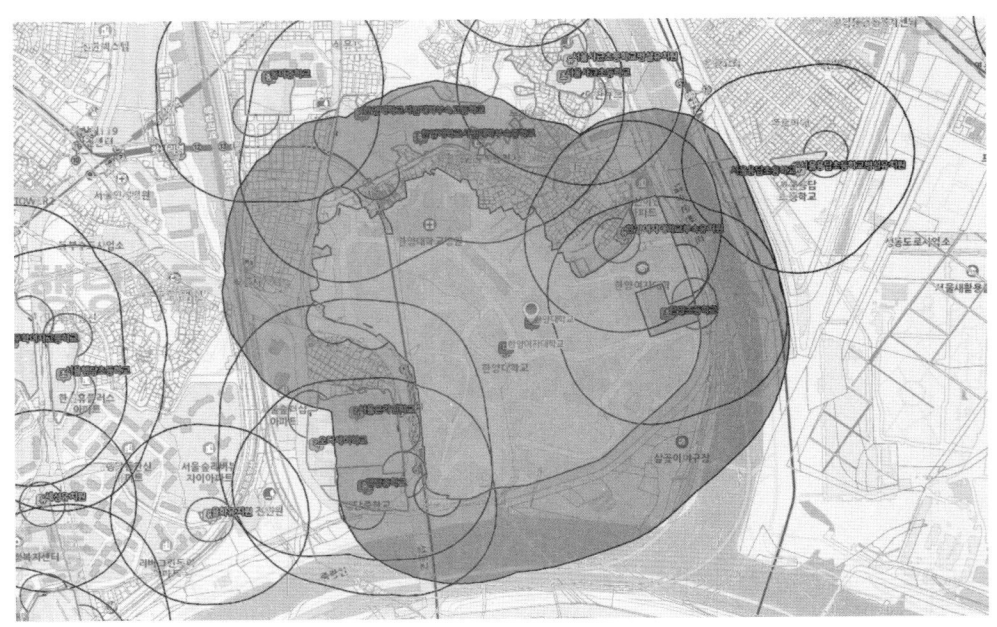

[절대정화구역 및 상대정화구역 사례(한양대학교)]

❷ 동일 건축물에 학원과 유해업소 설치 상관관계

학원(학교교과교습학원, 교습소)은 일반적으로 유해업소가 있는 건축물에 설치가 불가하지만, 「학원의 설립·운영 및 과외교습에 관한 법률」제5조 제2항에 따라, 연면적 1,650㎡ 이상의 건물의 경우에는 다음에 해당하는 경우를 제외하고 학원설치가 가능합니다.
- 학원이 유해업소로부터 수평거리 20m 이내의 같은 층에 있는 경우
- 학원이 유해업소로부터 수평거리 6m 이내의 바로 위층 또는 바로 아래 층에 있는 경우

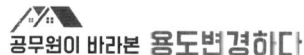

■ 유해업소의 종류

관련법	유해업소의 종류
「교육환경 보호에 관한 법률」 제9조	대기오염물질을 배출하는 시설, 폐수종말처리시설, 공공처리시설 분뇨처리시설, 악취를 배출하는 시설, 소음·진동을 배출하는 시설, 떠 기물처리시설, 오염물건의 소각·매몰지, 봉안시설, 도축업 시설, 가축시장, 성인영화상영관, 성인전용소, 가스충천시설, 폐기물처리시설, 총포 및 화약류처리시설, 격리소·요양소·진료소, 담배판매시설(자판기), 게임제공업, 무도장, 경륜장, 사행행위업, 노래연습장, 비디오방, 단란주점 및 유흥주점, 관광숙박업, 레미콘제조업, 중독자재활시설, 카지노
「게임산업진흥에 관한 법률」 제2조 제7호	공중이 게임물을 이용하게 하거나 부수적으로 그 밖의 정보제공물을 이용할 수 있도록 하는 영업
「식품위생법」 제36조 제1항 제3호	식품제조업·가공업·운반업·판매업·보존업, 기구 또는 용기·포장의 제조업, 식품접객업(예외 있음)

■ 학원과 유해업소가 동일 건축물(연면적 : 1,650㎡이상)에 설치 가능한 경우 (「학원의 설립·운영 및 과외교습에 관한 법률」 제5조 제5항)

구분	건축물					비고
6층 이상	가능	가능	가능	가능	가능	상부층
5층	가능〈6m초과〉	불가〈6m 이하〉	불가〈직상부〉	불가〈6m 이하〉	가능〈6m초과〉	상부층
4층	가능〈20m초과〉	불가〈20m 이하〉	유해업소	불가〈20m 이하〉	가능〈20m초과〉	동일층
3층	가능〈6m초과〉	불가〈6m 이하〉	불가〈직하부〉	불가〈6m 이하〉	가능〈6m초과〉	하부층
2층	가능	가능	가능	가능	가능	하부층
1층	가능	가능	가능	가능	가능	하부층
지하층	지하층에는 학원설치 불가					하부층

3.9 에너지 절약계획서

연면적의 합계가 500㎡ 이상인 건축물(「녹색건축물 조성 지원법 시행령」 제10조)로써 아래의 경우에 해당하는 경우 에너지절약 계획서를 제출해야 하지만, 일반적으로 건축물의 외피에 변화가 없는 용도변경의 경우에는 에너지절약계획서를 제출하지 않습니다.
- 「건축법」 제11조에 따른 건축허가(대수선은 제외) 시
- 「건축법」 제19조 제2항에 따른 용도변경 허가 또는 신고 시
- 「건축법」 제19조 제3항에 따른 건축물대장의 기재내용 변경 시

[전기 계량기]

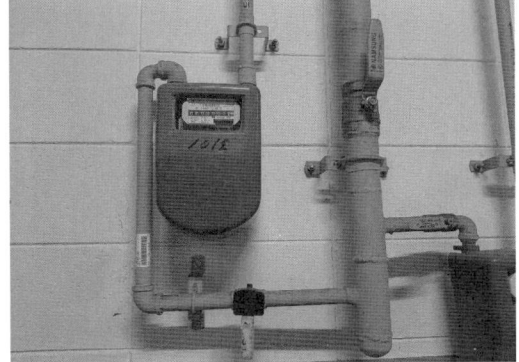
[가스 계량기]

에너지절약계획서를 통해 건축물의 단열구조, 기계설비, 전기설비 등의 에너지 지수를 점수화하여, 에너지를 절약형 건축물로 유도하고 있으며, 최종목표는 건축물 자체적으로 에너지를 생산·사용하고, 내부 에너지의 유출을 차단하는 '에너지 제로 하우스'라 하겠습니다.

에너지 제로하우스는 건축물의 내부와 외부 간 열이나 공기의 이동을 차단하는 패시브하우스(Passive house)와 지열이나 태양광 등 신재생 에너지를 생산해서 건축물에 사용하는 액티브하우스(Active house)가 결합된 형태로 발전해가고 있습니다.

3.10 과밀부담금 (「수도권정비계획법」 제12조)

과밀부담금이란 과밀억제권역 안에서 인구집중유발시설 중에 업무용 건축물, 판매용 건축물, 공공 청사 등의 대형건축물을 건축하는 경우에 부과되는 부담금을 말하는데, 현재는 서울특별시에서만 부과하고 있습니다.

❶ 과밀부담금 대상 건축물

부담금은 건축비의 100분의 10으로 하되, 지역별 여건 등을 고려하여 대통령령으로 정하는 바에 따라 건축비의 100분의 5까지 조정할 수 있으며, 건축비는 국토교통부 장관이 고시하는 표준건축비를 기준으로 산정합니다. (「수도권정비계획법」 제14조)

구 분	연면적
업무용 또는 복합건축물	25,000㎡ 이상
판매용 건축물	15,000㎡ 이상
공공청사	1,000㎡ 이상

[과밀부담금 대상 건축물]

❷ 과밀부담금 산정식

부과 대상행위는 건축물의 신축·증축 또는 용도변경에 해당되며, 부담금은 부과대 상면적(연면적-주차장면적-기초공제면적)에 표준건축비(2021년 기준 1,879,000원/㎡) 를 곱한 금액의 5~10% 정도입니다.

$$부담금 = 부과대상면적(연면적 - 주차장면적 - 기초공제면적) \times 표준건축비 \times 5\sim10\%$$

[과밀부담금 산정식]

기초공제면적은 5,000㎡이며, 용도변경의 경우에는 「수도권정비계획법 시행령」 [별표 2] 의 산정방식에 따라 부과됩니다.

[서울 도심과밀 사례]

[강남 도심과밀 사례]

3.11 발코니 확장

전체 공동주택의 40% 이상이 발코니를 확장해서 거실처럼 사용하고 있습니다. 확장된 발코니는 거실처럼 사용되어지지만 육안으로는 전혀 발코니 같지 않은 공간입니다.

공동주택은 주택의 외벽의 4면에 대하여 모두 발코니 확장이 가능하지만, 단독주택의 발코니는 외벽 중 2면 이내에 한해서만 확장이 가능하며 발코니 확장의 건축행정처리는 면적증감이 없는 증축에 해당됩니다.

발코니 확장은 주택에 한해서만 확장을 인정하는 것이며, 근린생활시설 등에 대해서는 완화규정이 없습니다. 발코니 확장은 「발코니 등의 구조변경절차 및 설치기준」에 적합하게 진행되어야 합니다. ([별첨 4] 발코니 등의 구조변경 절차 및 설치기준)

❶ 발코니 구조변경 절차

준공(사용승인) 전에 발코니를 확장하는 방법과 준공(사용승인) 후에 행위허가를 진행하는 방법이 있는데 각각의 구조변경 방법은 아래와 같습니다.

■ **발코니 구조변경 절차** (출처: 「발코니확장 이것만은 알고 합시다」 건설교통부(부분수정))

준공(사용승인) 전 구조변경		준공(사용승인) 후 구조변경 [행위허가]
별도 절차 없이 감리자가 알아서 확인 후 준공을 받으면 입주자는 신경 쓸 게 없어 확장이 간단	「건축법」 대상	건축사 확인을 받은 도면을 가지고 신고만 하면 모든 절차 완료
입주민 동의 없이 시공사와 계약을 통해 시공사가 확장시공 및 절차이행	「주택법」 대상	입주민의 1/2이상 동의(관리사무소 대행 가능)를 받아 허가받은 후 공사 (대수선이 포함된 경우에는 입주민의 2/3이상 동의)
준공 전 변경은 절차가 간단하고, 마감재 철거 비용을 절감하며, 하자보수 A/S를 받을 수 있고, 주민 간 소음분쟁을 피할 수 있는 이점이 있음.	비 고	이미 확장한 경우도 기존 시설 철거 없이 입주민 동의와 건축사나 구조기술사의 안전확인을 받아 관할 관청에 접수

[공동주택 발코니 확장 전]　　　　[공동주택 발코니 확장 후]

※ 동의율: 「공동주택관리법 시행령」 [별표 3]에 어린이집과 같은 주민공동시설의 변경에 대한 동의율은 2/3고, 발코니 확장과 같은 구분 소유된 전유부의 변경과 관련한 사항은 동의율이 1/2이며, 이와 별도로 각 단지별로 공동주택 관리규약에 별도의 동의율을 정하는 경우도 있습니다.

❷ 발코니 확장 관련 행위허가 필요서류

- 행위허가 신청서([서식 9] 행위허가증명서)
  ※ 행위허가 시 내력벽은 철거가 불가하며, 비내력벽의 철거에 한해서만 가능합니다.
- 해당 동 입주민 1/2 이상 동의서([서식 5] 입주민동의서)
- 등기부 등본, 부동산 계약서
- 비내력벽 철거 사유서
- 구조안전확인서(구조기술사 또는 건축사)
- 확장 전, 확장 후 도면

[비내력벽(조적벽)]

[비내력벽(경량벽 구조물)]

3.12 복층구조

제1·2종 근린생활시설 중 휴게음식점, 제과점 등 음료·차·음식 등을 조리하거나 판매하는 시설에 한하여 아래와 같은 사항을 만족할 경우 거실 내부 칸막이(복층구조) 설치가 가능합니다. (「실내건축의 구조·시공방법 등에 관한 기준」 제9조)

[휴게음식점]　　　　　　　　　　　　　　[제과점]

- 구획하는 공간은 상·하 2개 이하로 하고, 그 바닥면에서 천장면까지의 높이는 1.7m 이하로 할 것
- 칸막이는 기둥·보 등의 주요구조부와 구조적으로 영속적이지 않으며, 분리·해체 등이 가능한 구조로 할 것
- 구획하는 가로 칸막이의 수평투영면적(외벽 중심선으로부터 칸막이 끝부분까지의 면적)은 그 층의 해당 용도로 쓰는 바닥면적의 30/100 이내일 것(최대 100m²를 초과할 수 없다)
- 칸막이는 구조적으로 안전할 것(「건축사법」에 따라 등록한 건축사 또는 「기술사법」에 따라 등록한 건축구조기술사의 구조안전에 관한 확인을 받아야 한다)
- 구획하는 공간은 열린 공간구조로 하여 피난에 지장이 없을 것
- 구획하는 칸막이의 내부 마감재료는 「건축물의 피난·방화구조 등의 기준에 관한 규칙」 제24조에 따른 불연재료, 준불연재료 또는 난연재료로 할 것. 다만, 건축물의 주요구조부가 내화구조로서 스프링클러 그 밖에 이와 비슷한 자동식 소화설비를 설치한 경우 그러하지 아니한다.
- 구획하는 공간의 돌출부 등에는 충돌·끼임 등 안전사고를 방지할 수 있는 완충재료를 사용하거나 모서리면을 둥글게 처리할 것
- 계단, 경사로 등은 미끄럼 사고 등을 방지하기 위해 미끄럼 방지 또는 식별표시 처리는 제5조 제1호, 제4호 및 제5호를 준용할 것

- 구획하는 공간에서 추락사고 방지하기 위해 안전난간 및 안전시설의 설치는 제6조를 준용할 것. 이 경우 안전난간의 높이는 구획된 공간의 바닥면에서 천장까지 높이의 2분의 1 이상으로 완화할 수 있다.

복층구조가 허용된 용도의 건축물에 대해서는 건축물의 평면도, 단면도 등에 구획하는 부분의 경계선 또는 음영 등의 표시를 하여 건축허가, 신고, 사용승인을 신청할 수 있으며, 기존 건축물의 일부를 복층구조로 하고자 할 경우에는 「건축물대장의 기재 및 관리 등에 관한 규칙」 제18조에 따라 건축물대장의 표시사항 변경(변경도면 포함)을 통하여 진행할 수 있습니다. (「실내건축의 구조·시공방법 등에 관한 기준」 제9조 제4항)

3.13 건축사가 해야 하는 건축물의 설계 (「건축법」 제23조 제1항)

건축허가를 받아야 하거나 제14조 제1항에 따라 건축신고를 하여야 하는 건축물 또는 「주택법」 제66조 제1항 또는 제2항에 따른 리모델링을 하는 건축물의 건축 등을 위한 설계는 건축사가 아니면 할 수 없습니다.

다만, 아래의 경우에 한하여는 반드시 건축사가 설계해야 하는 것은 아닙니다.
- 바닥면적의 합계가 85㎡ 미만인 증축·개축 또는 재축
- 연면적이 200㎡ 미만이고 층수가 3층 미만인 건축물의 대수선
- 읍·면지역(시장 또는 군수가 지역계획 또는 도시·군계획에 지장이 있다고 인정하여 지정·공고한 구역은 제외한다)에서 건축하는 건축물 중 연면적이 200㎡ 이하인 창고 및 농막(「농지법」에 따른 농막을 말한다)과 연면적 400㎡ 이하인 축사, 작물재배사, 종묘배양시설, 화초 및 분재 등의 온실
- 건축조례로 정하는 가설건축물

[축사]

[가설건축물(주차관리실)]

3.14 용도별 건축물의 용도변경

❶ 반지하 주택의 용도변경

현재의 「건축법」에서는 지하층을 '건축물의 바닥이 지표면 아래에 있는 층으로서 바닥에서 지표면까지 평균 높이가 해당 층 높이의 2분의 1 이상인 것'으로 정의하고 있으며(「건축법」 제2조), 지하층 등 일부 공간을 주거용으로 사용하거나 거실을 설치하는 것이 부적합하다고 인정되는 경우에는 건축위원회의 심의를 거쳐 신축건물에 대해 건축허가를 제한하고 있습니다. (「건축법」 제11조 제4항)

[반지하 주택사례 (출처: 영화 「기생충」)]

1971년 12월 13일 「건축법 시행령」 개정 당시 '지상의 연면적이 200㎡ 이상의 건축물에는 그 연면적의 10분의 1 이상의 지하층'을 의무적으로 설치하도록 하여, 지하층을 전쟁 시 시가전 방공호로 사용하고자 하였습니다. 당시의 지하층은 창고로 쓰이다가 이후 저렴한 도심지 주거수요의 대안이 되어 왔습니다. 1984년 12월 31일 「건축법」 개정 때에는 '다세대주택 및 단독주택의 경우에는 바닥으로부터 지표면까지의 높이가 당해 층의 천정까지의 높이의 2분의 1 이상 되면 지하층으로 본다.'라고 하면서 반지하 주택을 합법화할 뿐만아니라 권장하기도 했었습니다.

※ 기존법령에서 지하층은 '당해 층의 천장까지의 높이의 3분의 2 이상'이었음.

[반지하 주택 차수시설]　　　　　　　　[주택침수사례 (출처: 영화 「기생충」)]

현재 서울시에만 반지하 주택이 20만 가구가 있으며, 2022년 8월 폭우피해 이후 정부는 반지하 가구에 대해 일몰제를 적용해서 10~20년 안에 비주거용도로 용도변경을 유도하기로 계획을 세우고 있는데, 반지하 주택의 용도변경 과정은 다음과 같습니다.

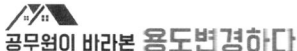

[1단계]	건축물 대장 확인	* 위법사항 확인 (위법사항이 있는 경우 다가구주택은 용도변경이 불가, 다세대 주택은 지하층의 위반사항만 없다면 지상 위반사항과 상관없이 용도변경 가능)

[2단계]	용도변경 허가검토	* '주거업무시설군'에서 '근린생활시설군'으로의 '용도변경허가' 사항 * 사용승인 후 15년 이상 노후화된 건축물은 '리모델링' 완화규정 적용 가능 * 용도지역 내 건축물의 용도제한 검토

[3단계]	용도변경 허가신청 (도면변경)	* 주차장	사용승인 후 5년 이상 경과하고, 연면적 1,000㎡ 미만인 경우 주차장 추가설치 예외 적용
		* 정화조 용량확인	정화조 용량부족 시 년2회 정화조 청소 시행
		* 소방서	다중이용업소의 경우에는 영업신고나 영업허가시 소방서로부터 '소방완비증명서' 발급
		* 직통계단이 2개소 필요한지 검토	• 지하층 면적 200㎡ 이상의 경우 • 당구장 등 다중이용시설은 50㎡ 이상의 경우
		* 장애인 편의시설	• 소규모 근린생활시설의 장애인편의시설 의구설치 적용기준 만족

[4단계]	용도변경 사용승인	* 용도변경 부분의 바닥면적 합계가 100㎡ 이상인 경우 사용승인이 필요하나, 용도변경 하려는 부분 합계가 500㎡ 미만으로서 대수선에 해당되는 공사를 수반하지 아니하는 경우에는 사용승인 과정이 없음

[반지하 주택(다가구·다세대)의 용도변경 절차]

[반지하 주택 사례 1]

[반지하 주택 사례 2]

❷ 다세대주택을 다가구주택으로의 용도변경 (건축물대장 합병)

다세대주택을 다가구주택으로 변경하는 것은 용도변경처럼 보이지만, 행정절차로는 건축물대장 합병에 해당합니다. 건축물대장 합병 신청 시 추가적으로 다세대주택을 다가구주택으로 변경하는 내용의 건축물대장 표시변경서류([서식 13] 건축물대장 합병신청서)를 첨부하여야 합니다.

일반적으로 4개층의 다세대주택의 경우 1개층에 대해 우선적으로 근린생활시설로 용도변경을 진행하고, 이후 3개층에 대해서 건축물대장 합병신청을 진행합니다.

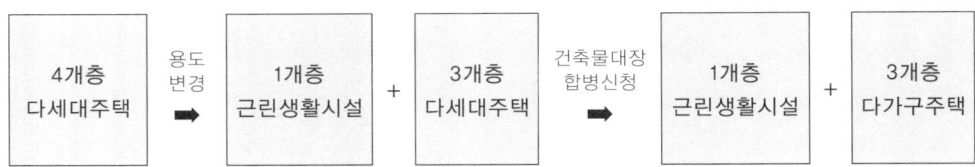

[다세대 주택을 다가구 주택으로 변경 과정]

[다가구주택]   [다세대주택]

❸ 다가구주택을 다세대주택으로의 용도변경 (건축물대장 전환)

다가구주택을 다세대주택으로 변경하는 것도 용도변경처럼 보이지만, 행정절차로는 건축물대장 전환신청([서식 14] 건축물대장 전환신청서)을 해야 하며, 건축물대장 전환 신청 시 추가적으로 다가구주택을 다세대주택으로 변경하는 내용의 건축물대장 표시변경서류를 첨부하여야 합니다([서식 10] 건축물 표시 변경 신청서). 건축물대장 전환신청을 하기 위해서는 추가적으로 대지안의 공지 등 「건축법」 규정과 소방과 관련해서 인접대지경계선으로부터 1.5m 이내 거리에 방화창을 설치하는 규정, 정북방향사선적용 등 관련법규를 충족해야만 다가구주택을 다세대주택으로 변경하는 건축물대장의 전환이 가능합니다.

■ 다세대주택과 다가구주택의 비교표

구분	용도군	바닥면적	층수	세대수	소유자	대지안의 공지	정북일조	주차장
다세대주택	공동주택	660㎡ 이하	4개층 이하	제한 없음	구분소유주	1m	도로중심기준	• 전용 85㎡ 이하: 1/75×전용면적 • 전용 85㎡ 초과: 1/65 * 단, 세대당 1대가 미달될 경우에는 세대당 1대, 세대당 전용면적 30㎡ 이하: 세대당 0.5대, 세대당 전용면적 60㎡ 이하: 세대당 0.8대
다가구주택	단독주택	660㎡ 이하	3개층 이하 (지하층 제외)	19세대 이하	1인	0.5m	도로반대편기준	

다세대주택과 다가구주택 모두 1층의 전부 또는 일부를 필로티 구조로 하여 주차장으로 사용하고 나머지 부분을 주택 외의 경우에는 해당 층을 주택의 층수에서 제외 하지만, 건물의 층수에는 변함이 없습니다.

종합부동산세를 경감받기 위해서는 산정기준일이 되는 당해연도 6월 1일 이전에 용도변경(건축물대장 합병)이 되어야 하며, 양도소득세를 경감받기 위해서는 용도변경일(건축물대장 합병)을 기준으로 3년이 경과되어야 합니다. 참고로 부동산 관련 세금은 등기가 아닌 건축물대장상의 소유주에게 부과됩니다.

다세대주택에서 다가주주택으로 용도변경(건축물대장 합병) 시 다세대주택 한 동 전체의 소유주가 1인 경우에는 건축물대장과 등기정리에 어려움이 없으나, 다수인소유의 경우 건축물대장 변경은 가능하지만, 「부동산등기법」상 근저당 금융지분과 소유지분이 같아야만 등기가 정리되는 이유(「부동산등기법」 제42조)로, 등기정리가 되지 않아 본래의 용도로 돌아가는 경우도 있습니다.

※ 건축협정(정북방향 사선제한 예외대상): 정북방향으로 접하고 있는 대지의 소유자와 합의한 경우에는 정북방향 사선제한 대신 정남방향으로 사선제한을 적용할 수 있습니다.(「건축법」 제61조 제3항 제8호)

❹ 스크린골프장으로의 용도변경 (출처: 「2012 주차장법 민원 처리 매뉴얼」 국토해양부)

스크린골프장으로 용도변경 할 경우 주차대수산정은 바닥면적 합계가 500㎡ 미만의 경우에는 「건축법」상 제2종 근린생활시설에 해당하여 134㎡당 1대 설치(※ 각 지역 조례 참조)하고, 바닥면적 합계가 500㎡ 이상은 운동시설에 해당하여 1타석당 1대의 주차구획을 설치해야 합니다.

❺ 다중생활시설(고시원)으로의 용도변경

고시원은 「건축법」에서는 다중생활시설로 분류되었습니다. 다중생활시설이 500㎡ 이하일 경우에는 근린생활시설로 분류되고, 500㎡를 초과할 경우에는 숙박시설로 분류되며, 설치기준은 다음과 같습니다.

[고시원 사례 1]

[고시원 사례 2]

① 다중생활시설(고시원)에 대한 실별 최소 면적, 창문의 설치 및 크기 등의 기준 (「서울특별시 건축 조례」 제3조의 2)
- 최소 생활 실 면적은 전용공간만 조성하는 경우 7㎡ 이상으로 하고, 전용공간에 개별화장실을 포함하는 경우 9㎡ 이상으로 할 것
- 전용공간은 외기에 창문을 설치해야 하고 창문크기는 탈출 가능한 유효폭 0.5m 이상, 유효높이 1.0m 이상 크기로 설치할 것

② 다중생활시설(고시원) 건축기준 (「다중생활시설 건축기준」 국토교통부)
- 각 실별 취사시설 및 욕조는 설치하지 말 것(단, 샤워부스는 가능)
- 다중생활시설(공용시설 제외)을 지하층에 두지 말 것
- 각 실별로 학습자가 공부할 수 있는 시설(책상 등)을 갖출 것
- 시설 내 공용시설(세탁실, 휴게실, 취사시설 등)을 설치할 것

- 2층 이상의 층으로서 바닥으로부터 높이 1.2m 이하 부분에 여닫을 수 있는 창문(0.5㎡ 이상)이 있는 경우 그 부분에 높이 1.2m 이상의 난간이나 이와 유사한 추락방지를 위한 안전시설을 설치할 것
- 복도 최소폭은 편복도 1.2m 이상, 중복도 1.5m 이상으로 할 것
- 실간 소음방지를 위하여 「건축물의 피난·방화구조 등의 기준에 관한 규칙」 제19조에 따른 경계벽 구조 등의 기준과 「소음방지를 위한 층간 바닥충격음 차단 구조 기준」에 적합할 것
- 범죄를 예방하고 안전한 생활환경 조성을 위하여 「범죄예방 건축기준」에 적합할 것

③ 다중생활시설(고시원) 서울시 건축기준[「서울특별시 도시계획 조례」 제28조 제5항 제1호 거목(제2종 일반주거지역 안에서 건축할 수 있는 건축물)]
- 다중생활시설(고시원)은 제2종 일반주거지역의 경우 바닥면적의 합계가 500㎡ 미만인 것으로서 너비 12m 이상인 도로에 접한 대지에 건축하는 것에 한정하고 있습니다.

※ 3종일반주거지역에는 다중생활시설(고시원)설치 가능

④ 같은 건물에 설치할 수 없는 건축물의 용도
[「건축법 시행령」 제47조 제2항(방화에 장애가 되는 용도의 제한)]
단독주택(다중주택, 다가구주택에 한정한다), 공동주택, 제1종 근린생활시설 중 조산원 또는 산후조리원과 제2종 근린생활시설 중 다중생활시설(고시원)은 같은 건물에 설치할 수 없습니다.

❻ 근린생활시설 세부용도별 면적제한 규정 개정

근린생활시설의 세부용도별 면적합산과 관련해서 종전에는 건축물 전체의 용도면적을 합산하였으나, 별도의 지침을 마련하여 소유자(임차인)별로 합산으로 개정되었습니다. (「건축법시행령」 [별표 1] 비고)

[제1종 근린생활시설(부동산중개사무소)]

[제2종 근린생활시설(학원)]

(종전) 건축물 전체 합산 → (개정) 소유자(임차인)별 합산

[근린생활시설의 세부용도별 면적제한 산정방식 변경]

부동산중개소, PC방, 학원 등에 대해 건축물 입점규제를 완화하고자, 집합건축물과 일반건축물 모두 소유자(임차인)별로 독립하여 운영하는 경우 각각의 면적에 대하여 용도분류하는 것으로 완화되었지만 창업 이후 공동운영하는 등의 편법 방지를 위해 기존시설과 신설시설을 연계하여 실제 운영하는 경우에는 완화규정에서 제외되게 됩니다.

■ 근린생활시설의 세부용도별 면적제한 비교표

구 분	종 전	개 정
총량제 차이	건축물 내 업종별 총량제	건축물 내 소유자(임차인 포함) 총량제
특 징	기존 동일업종 존재 시 신규업자 창업 제약	기존 동일업종이 존재하여도 신규창업 가능
사 례	제2종 근린생활시설 건물에 학원은 총 500㎡만 허용 (※ 500㎡가 넘는 순간 교육연구시설로 용도변경 해야 함)	각 학원별로 소유자나 임차인이 다른 경우에는 면적의 제한 없이 또 다른 학원의 입점 가능
그림 비교	학원은 업종합산 500㎡ 미만까지만 인정	학원은 창업자별 500㎡ 미만까지 인정

❼ 주택을 근린생활시설(상가)로 용도변경

최근 1가구 1주택 이상 다주택자에 대한 종합부동산세와 관련해서 누진과세가 부과됨에 따라서 다가구주택이나 다세대주택을 근린생활시설(상가)로 바꾸는 경우가 많이 있는데, 부설주차장, 정화조용량, 소방시설 등 관련법규사항을 확인해야 하고, 관련 계약을 하기 전에 건축물대장 통해 불법건축 여부를 반드시 확인해야 합니다.

[상가주택 사례 1]

[상가주택 사례 2]

■ 주택을 근린생활시설(상가)로 용도변경 하는 경우 장단점

구 분	장 점	단 점
수익성	• 임대료 수익 증대 • 다양한 업종 운영 가능 (카페 등)	• 공실 위험
부동산 가치	• 상권이 형성된 중심지일 경우 부동산 가치 상승	• 상가로 용도변경 후 매수 수요 감소
활용도	• 자가 영업, 투자 목적 등 다목적 활용	• 주거의 편의성 상실
세금	• 주택 수 감소로 다주택자 중과세 회피	• 양도소득세 비과세 혜택 상실 • 취득세율과 재산세, 종부세 증가

※ 1세대 1가구 특례 요건은 매매 계약일 기준 (「소득세법 시행령」 제154조 제1항)

❽ 위락시설로의 용도변경 제한

위락시설의 사전적 의미는 '지역주민들에게 위안과 안락감을 주기 위해 설치하는 시설'로서, 일반유흥음식점, 무도·유흥음식점, 특수목욕탕, 유기장업법에 의한 유기·기원, 기타 이와 유사한 것으로서 근린생활시설에 해당하지 아니한 것, 투전기업소 등이 있는데, 대부분의 위락시설은 청소년에게 유해한 시설로 분류됩니다. 서울시의 경우 일반숙박시설과 위락시설은 주거지역 경계로부터 50m 초과 200m까지는 건축물의 용도·규모 또는 형태가 주거환경·교육환경 등 주변환경에 부적합하다고 허가권자가 인정하는 경우에는 해당 도시계획위원회 심의를 거쳐 건축 또는 용도변경을 제한할 수 있습니다. (「서울특별시 도시계획조례」 제31조 제2항)

3.15 폐지되거나 변경된 법령 등

❶ 도로사선제한(건축법 제정 ~ 2015.5.17.) 폐지

도로 사선 규제는 1962년 건축법 제정 당시부터 도시 개방감과 미관을 위해 도입되었으나, 전면도로 폭의 1.5배 이하로 건축물 높이를 획일적으로 제한하여 기형적인 계단형 건물이 양산되어 오히려 도시미관을 해치고 준공(사용승인) 후 계단형태의 부분에 대해 증축하는 불법을 부추기는 문제가 있었습니다. 도로 폭이 작으면 허용 용적률로 개발이 어렵고, 도로사선 제한에 따라 건축물의 형태가 계단형 또는 대각선으로 건축되어 도시미관도 저해되었는데, 도로사선제한이 폐지됨에 따라서 토지 효용성이 증대되었으며, 거리 미관을 향상하는 효과가 있습니다. (출처: 국토교통부 보도참고자료 부분인용, 2015. 4. 30)

도로사선제한이 폐지되었음에도 불구하고, 합법화 절차를 진행하지 않아서 여전히 이행강제금을 납부하고 있는 건축물이 있는 경우가 있는데, 해당건축물이 용적률에 여유가 있거나, 「소방법」, 「주차장법」 등에 저촉되지 않는 경우에는 불법사항을 합법적인 부분으로 변경할 수 있는 경우도 있습니다. 주택의 지붕이 없는 테라스 부분에 지붕과 벽체를 설치해서 발코니 용도로 사용했다면, 도면변경이 포함한 표시변경을 통해서 양성화 할 수 있으며, 근린생활시설의 테라스 부분에 지붕과 벽체를 설치해서 거실의 용도로 사용하고 있는 경우에는 증축 추인의 절차를 통해 위반부분을 합법화시킬 수도 있습니다. 이러한 경우 추가적으로 화재안전, 단열성능, 구조의 안전에 대하여 고려해야 하는 경우도 있습니다.

※ 폐지되기 전 도로사선제한 법령내용: 높이가 정하여지지 아니한 가로구역의 경우 건축물 각 부분의 높이는 그 부분으로부터 전면도로의 반대쪽 경계선까지의 수평거리의 1.5배를 넘을 수 없다. (「건축법」 제60조(건축물의 높이 제한) 제3항)

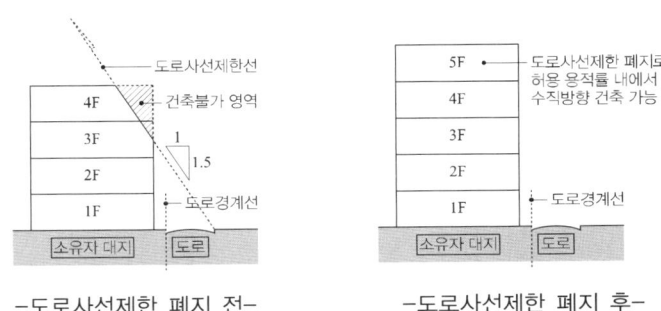

[도로사선제한 폐지 전후 비교]

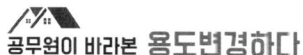

❷ 정북방향 사선제한의 변경

정북방향 사선제한은 전용주거지역이나 일반주거지역에 위치한 건물에 대해 건축물의 북쪽 방향에 위치한 건물의 일조권을 보장하기 위한 법적인 조치라 할 수 있습니다. 시대에 따라서 저층부와 관련한 규정이 변경되기도 하는데, 이는 저층에 대한 규정을 2층에서 3층으로 확장하는 의미라 할 수 있으며, 단열 규정이 강화되면서 높이 9m 내에서는 3층 건물을 만들기가 곤란해 짐에 따라서 저층부 높이를 10m로 확대하였습니다. 한편, 예외적으로 정북방향의 소유자의 동의를 얻는 경우에는 정북방향 사선제한을 받을 수 있으며, 해당 대지가 너비 20미터 이상의 도로에 접하거나, 건축협정구역 안에서 대지 상호간에 건축하는 건축물이거나 정북 방향의 인접 대지가 전용주거지역이나 일반주거지역이 아닌 용도지역인 경우에는 정북방향 사선제한 규정을 적용하지 않습니다.

「건축법시행령」 개정일	저층부	고층부
1976. 4. 15.	건축물의 높이 8m 이하인 부분에 대해서는 인접대지 경계선까지의 수평거리의 4배 이하까지 건축	건축물의 높이 8m를 초과하는 부분에 대해서는 인접대지경계선으로부터 건축물 각 부분 높이의 2분의 1이상 이격
1992. 6. 1.	• 1층으로서 높이 4m 이하인 부분은 인접대지경계선으로부터 1m 이상 이격 • 2층으로서 높이 8m 이하인 부분은 인접대지경계선으로부터 2m 이상 이격	3층 이상인 건축물은 인접대지경계선으로부터 당해 건축물 각 부분 높이의 2분의 1이상 이격
2013. 2. 23.	건축물의 높이 9m 이하 부분에 대해서는 인접대지경계선으로부터 최소 1.5m 이격	건축물의 높이 9m 초과 부분에 대해서는 인접대지경계선으로부터 건축물 건축물 각 부분 높이의 2분의 1이상 이격
2023. 9. 12.	건축물의 높이 10m 이하 부분에 대해서는 인접대지경계선으로부터 최소 1.5m 이격	건축물의 높이 10m 초과 부분이 대해서는 인접대지경계선으로부터 건축물 각 부분 높이의 2분의 1이상 이격

[정북방향 사선제한 주요 변경내용]

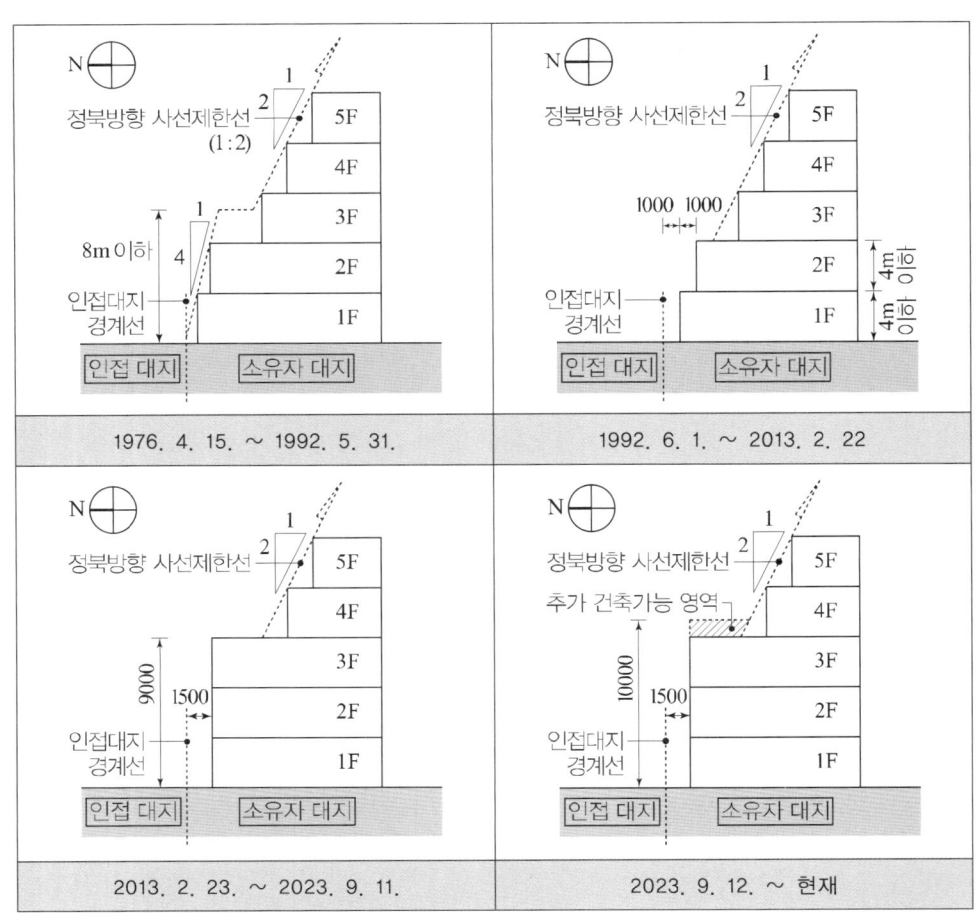

[정북방향 사선제한 변경]

❸ 일반주거지역의 종 세분화

서울시는 일반주거지역 내에서 무분별한 개발을 방지하기 위해서 2003. 9. 29.부터 일반주거지역을 1~3종으로 세분화하여 건폐율, 용적률, 층수 등을 차등적으로 적용하고 있습니다. 종 세분화 이전에 건축된 건축물 중에는 건폐율과 용적률이 현재의 허용 건폐율과 용적률을 넘는 경우가 있는데, 이러한 경우 추가적인 증축은 불가합니다. 간혹 건폐율은 허용 건폐율을 넘어간 상태이지만 용적률에 여유가 있을 때가 있는데, 이러한 경우에는 증축되는 부분을 허용 건폐율 내에서 수평 증축하면서 허용 용적률 내에서 상부로의 수직증축은 가능합니다.

일반주거지역의 종 세분화는 도시의 무분별 개발을 방지하고 주거지 성격 유지에 기여하는 긍정적인 효과가 있는 반면에 편향된 도시개발에 따라 일부 지역의 땅값이 과도하게 상승하는 단점이 있었습니다.

04 위반건축물 및 이행강제금

공무원이 바라본 용도변경하다

04 위반건축물 및 이행강제금

4.1 위반건축물

❶ 건축물대장을 통한 위반사항 확인

건축물대장은 대지위치, 지번, 명칭 및 번호, 호명칭, 장번호, 전유부분(구분, 층별, 구조, 용도, 면적), 공용부분(구분, 층별, 구조, 용도, 면적), 소유자현황(성명, 주민등록번호, 주소, 소유권지분, 변동일자/변동원인), 변동사항(변동일자, 변동내용 및 원인), 건축물현황도, 기타 기재사항, 축척, 도면 작성자 등에 관한 사항을 기록하고 있습니다.

건축물대장에 포함된 도면은 건축주만 발급받을 수 있지만, 배치도에 한해서는 발급제한이 없으며, 건축물대장 현황도면 발급 동의(위임)서를 작성하여([서식 4] 건축물대장 현황도면 발급 동의(위임)서)를 제출하면 위임을 받은 자도 현황도서를 발급받을 수 있습니다.

건축물의 위반사항은 건축물대장(갑)지 오른편에 노란색 박스형태로 '위반건축물'로 표시되며, 위반사항에 대한 자세한 설명은 (을)지 하단분 표에 상세히 기록됩니다. 건축주는 위반건축물에 대해 행정관청으로부터 위반건축물의 철거나 위반건축물에 대해 양성화 요구, 이행강제금 부과 등의 조치를 받게 됩니다.

건축물대장에 '위반건축물'로 표시되면 용도변경을 비롯한 건축행위가 제한됩니다. (「건축법」제79조). 대출이 불가하고, 신규사업관련 허가와 관련해서 허가제한이 되는 등 많은 부분에 있어서 불이익이 있으며, 부과된 이행강제금을 납부하지 않을 경우 납부의무자의 동산이나 부동산이 압류될 수 있습니다.

■ 건축물대장의 종류

구분	세부용도
일반 건축물대장	단독주택, 다가구주택(원룸), 상가주택 등
집합 건축물대장	아파트, 다세대주택, 연립주택 등

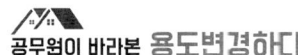

[위반건축물 일반건축물대장 갑지]

[위반건축물 일반건축물대장 을지]

❷ 위반사항의 종류

① 사전에 허락 없는 무단 증축

건축물대장에 등재된 면적 이상으로 건축물의 일부를 무단으로 증축하거나, 옥탑층의 일부를 구획하여 무단으로 사용하는 행위는 무단증축에 해당됩니다.

[무단증축 사례 1]

[무단증축 사례 2]

② 사전에 허락 없는 발코니 확장

주택 발코니의 구조를 변경하기 위해서는 공사 전에 「발코니 등의 구조변경 절차 및 설치기준」에 적합하게 진행해야 하며, 동별 입주민의 1/2 이상의 동의를 받아 행위허가서를 비롯한 구비서류(구조안전확인서, 변경 전·후 도면, 소유권 증빙서류, 비내력벽 철거사유서 등)를 작성해서 관련 행정기관에 접수한 후 공사를 진행해야 합니다.

※ 30세대 이상 사업승인 대상 공동주택의 발코니 확장은 행위허가 신고를 통해 진행하며, 30세대 미만의 건축허가 대상 공동주택의 발코니 확장은 건축신고를 통해 진행하는데, 발코니를 안전하게 확장하기 위해서는 별도의 '발코니 구조변경(비내력벽 철거) 일반조건'을 준수해야 합니다.

[발코니 확장 전 내부사진]

[발코니 확장 전 외부사진]

③ 사전에 허락 없는 용도변경

근린생활시설에도 계약서에 '주거로 사용'이라고 명시되는 경우 전입신고와 확정일자 신청이 가능한 경우도 있지만, 근린생활시설을 단독주택이나 공동주택으로 용도변경 하지 아니하고 주택으로 개조하여 사용하는 행위는 위법입니다. 필로티 주차장의 일부를 용도변경 하지 않고 근린생활시설로 사용하거나, 주택의 일부를 용도변경 하지 않고, 임의로 근린생활시설로 사용하는 것도 위법행위입니다.

④ 사전에 허락 없는 시설의 불법 변경

다중주택(하숙집)의 경우에는 독립된 주거의 형태를 갖추지 않은 것(각 실별로 욕실은 설치할 수 있으나, 취사시설은 설치하지 않은 것)으로 제한하고 있는데, 임의로 취사시설을 설치하는 것은 불법이며, 지하층의 채광과 환기를 위해 설치한 드라이에어리어(D.A)에 설치된 창을 별도의 기계적 환기장치 없이 막는 것도 위법사항에 해당 됩니다.

⑤ 사전에 허락 없는 세대 나누기

다가구주택은 단독주택 군에 속한 소유자 1인의 건축물이며, 전체 세대수는 19세대 이하로 제한되어 있습니다. 그런데, 건축주가 임의로 전체 세대수를 19세대를 초과하여 세대를 쪼개는 것은 불법입니다.

※ 세대(가구)수를 합법적으로 늘리기 위해서는 법정 주차대수 요건을 만족해야 하는데, 주거시설의 전체 면적에 증가가 없다 하더라도, 세대(가구)가 증가하면 주차구획을 늘려줘야 해서, 세대 나누기가 안되는 경우가 많습니다.

❸ 위반건축물로 적발되는 경우

① 담당 공무원의 현장 점검에 의한 적발

불법건축물의 무분별한 발생을 막기 위해 '국토교통부', '서울시', '해당 구청'에서는 연차별 점검이나 긴급점검 등의 점검계획을 가지고 각 건축물에 대해 위법사항을 조사하고 있는데, 이러한 정기점검을 통해 위반사항이 적발됩니다. 부설주차장의 일부를 점유하여 상업용도로 사용하거나 주차장에 물건을 적치하면 위반시설로 적발됩니다.

② 항측판독(항공촬영에 의한 위성사진)에 의한 적발

발코니 불법확장, 가설건축물 임의설치, 점포앞 무단건축물 설치 등에 대해 전년도 위성사진의 비교를 통해 위법사항이 확인되며, 불법건축물의 원상회복에 대한 안내문이 건축주에게 발송되어, 원상회복을 이행하거나 이행강제금이 부과될 수 있음을 안내받게 되는데, 담당공무원은 위반 면적의 정확한 산정을 위해서 위반건축물을 직접 방문하여 확인합니다.

[가설건축물(이동형 화장실)]　　　　[가설건축물(주차관리실)]

③ 민원 요청에 의한 적발

민원인이 '국민신문고', 구청 홈페이지 민원신청사이트를 통해 민원을 접수([서식 6] 고충(진정·질의·건의) 민원신청서)하거나, 고충민원신청서를 작성하여 불법건물에 대해 민원을 접수할 경우, 관련 부서(건축과 또는 주택과)로 해당민원이 이관되며, 불법건축물에 대해 현장조사가 이루어지게 됩니다.

행정관청별로 차이가 있으나, 일반적으로 다소 복잡한 법령 위반사항은 건축과에서 담당하며, 육안으로 확인되는 단순 위반사항은 주택과에서 담당하게 됩니다.

❹ 불법건축물을 매매하거나 임대할 경우 유의사항

① 불법건축물의 매매

건축물대장을 확인을 하고 위반건축물임을 감안하고 매수를 하고자 할 경우, 반드시 잔금 지급 전에 원상회복에 관한 특약서 작성이 필요합니다.

② 불법건축물의 임대

위반건축물에 대해서는 임대계약을 피하는 것이 좋습니다. 집합건축물의 경우 소유자가 호별로 다르기 때문에 해당 호에 위반사항이 없는 경우에는 다른 호의 위반 여부와는 상관없이 사업자등록이 되기도 하지만 불법건축물에 대해서 양성화 이후 임대계약이 바람직합니다.

건축물대장에 기록된 위반사항 중 일부를 시정한 후 시정완료보고서([서식 7] 시정완료 보고서)를 작성하여 제출하면 해당 부분에 대해서 건축물대장을 부분수정 할 수도 있습니다.

4.2 이행강제금(履行强制金) (「건축법」 제80조)

허가권자는 시정명령을 받은 후 시정기간 내에 시정명령을 이행하지 아니한 건축주 등에 대하여는 그 시정명령의 이행에 필요한 상당한 이행기한을 정하여 그 기한까지 불법사항에 대한 시정명령을 이행하지 아니하면 이행강제금을 부과하고 있습니다.

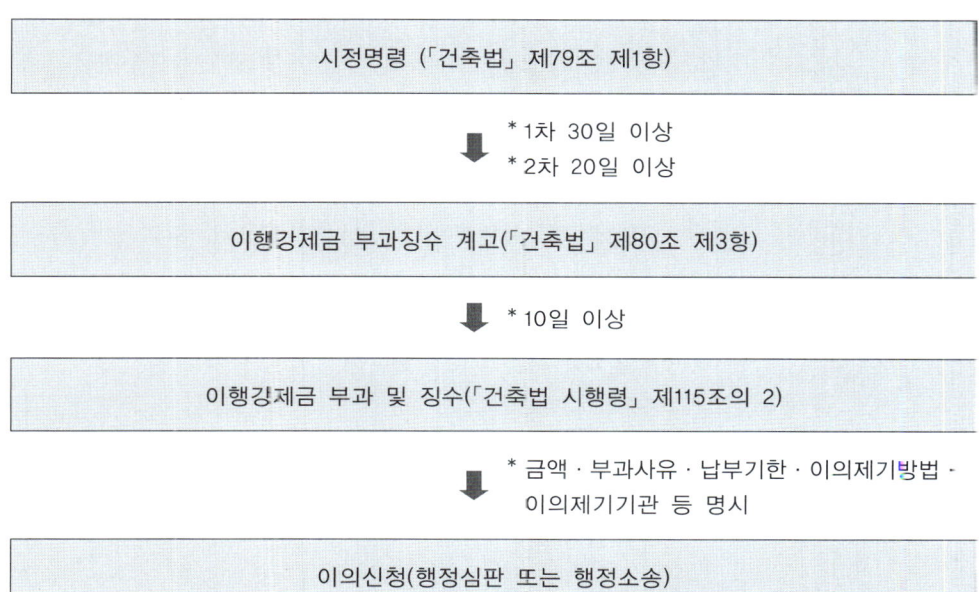

[이행강제금 부과 절차 (출처: 그림으로 이해하는 건축법)]

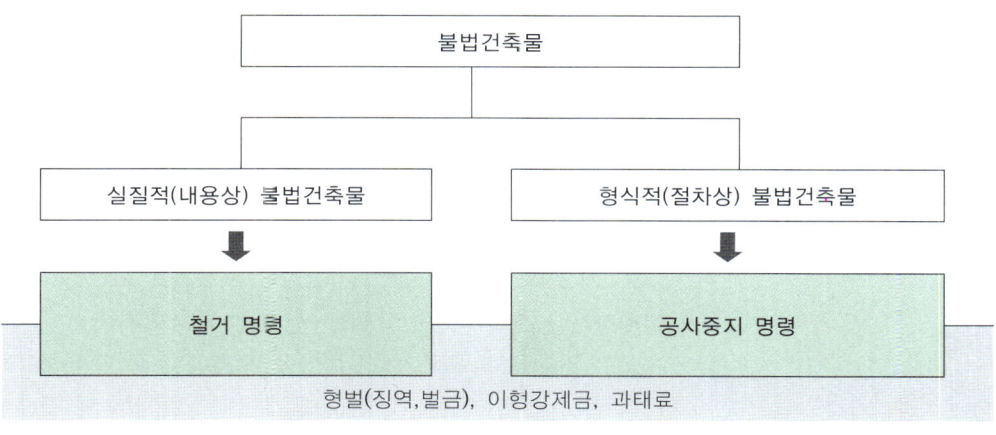

[불법건축물의 개념 (출처: 그림으로 이해하는 건축법)]

❶ 이행강제금 관련 주요 경과규정

이행강제금 총5회 납부 시 이행강제금을 더 이상 납부하지 않던 조항이 2019년 4월 23일 부로 개정되어 불법사항이 시정될 때가지 지속적으로 납부해야 하는 것으로 바뀌었습니다.

영리를 목적으로 하는 상습위반의 경우에는 이행강제금이 100% 가중되기도 하며, 2019년 4월 23일을 기준으로 시행일 이전에 이행강제금을 부과받았을 경우에는 종전처럼 5회에 걸쳐 종전의 규정을 따르게 되며, 이행강제금을 납부했다고 해서 불법사항이 인정되는 것이 아니고, 불법사항은 여전히 존재하나 이행강제금만 부과되지 않는 것입니다. 85㎡ 이하 주거용 건축물(불법 발코니 확장)의 경우 경과규정 적용 전에는 1년에 2회 이내로 5년간 납부하였으나, 경과규정 적용일 이후부터는 기한 없이 매년 납부하고 있습니다.

■ 이행강제금 관련 주요 경과규정

조문	개정 전 (법률 제16380호, 2019. 4. 23.)	개정 후
제80조 제1항 단서	다만, 연면적(공동주택의 경우에는 세대면적을 기준으로 한다)이 85㎡ 이하인 주거용 건축물과 제2호 중 주거용 건축물로서 대통령령으로 정하는 경우에는 다음 각 호의 어느 하나에 해당하는 금액의 2분의 1의 범위에서 해당 지방자치단체의 조례로 정하는 금액을 부과한다.	다만, 연면적(공동주택의 경우에는 세대면적을 기준으로 한다)이 60㎡ 이하인 주거용 건축물과 제2호 중 주거용 건축물로서 대통령령으로 정하는 경우(사용승인 위반, 조경 위반, 높이제한 위반)에는 다음 각 호의 어느 하나에 해당하는 금액의 2분의 1의 범위에서 해당 지방자치단체의 조례로 정하는 금액을 부과한다.
제80조 제2항	허가권자는 영리목적을 위한 위반이나 상습적 위반 등 대통령령으로 정하는 경우에 제1항에 따른 금액을 100분의 50의 범위에서 가중할 수 있다.	허가권자는 영리목적을 위한 위반이나 상습적 위반 등 대통령령으로 정하는 경우에 제1항에 따른 금액을 100분의 100의 범위에서 가중할 수 있다.
제80조 제5항 단서	다만, 제1항 각 호 외의 부분 단서에 해당하면 총 부과 횟수가 5회를 넘지 아니하는 범위에서 해당 지방자치단체의 조례로 부과 횟수를 따로 정할 수 있다.	삭제

※ 이행강제금 개정후 연면적 60m²는 기존 세대면적에 위반면적을 합한 것을 의미하며, 옥탑을 거실로 사용하거나, 옥탑을 증축하는 등 공용부문의 위반에 대해서는 적용되지 않고, 일반적으로 베란다의 불법확장의 경우에 적용됩니다.

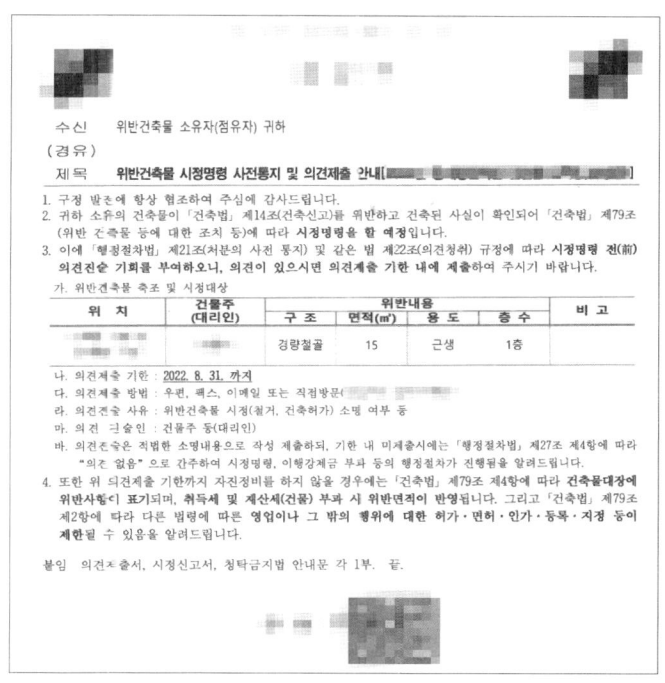

[위반건축물 시정명령 사전통지 및 의견서 제출 안내서]

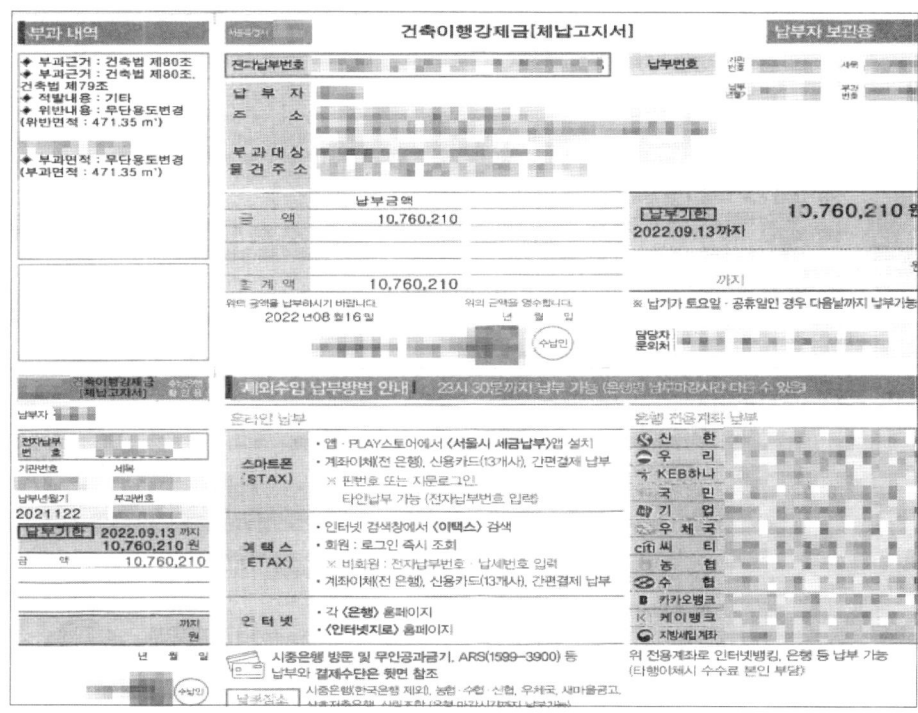

[건축이행강제금 고지서]

위반건축물은 주로 기존건축물에서 영업공간의 부족이나 주거공간의 부족에 따라 발생되는데, 행정기관에서는 위반건축물에 이행강제금을 부과해서 위반건축물이 증가 되는 것을 방지하고 있고, 10·29 이태원 참사 이후 위반건축물에 대한 처벌을 더욱 강화하고 있습니다.

[상업지역 사례]

[주거지역 사례]

❷ 이행강제금 산정방식 (※ 자치단체별로 적용 요율이 다를 수 있음)

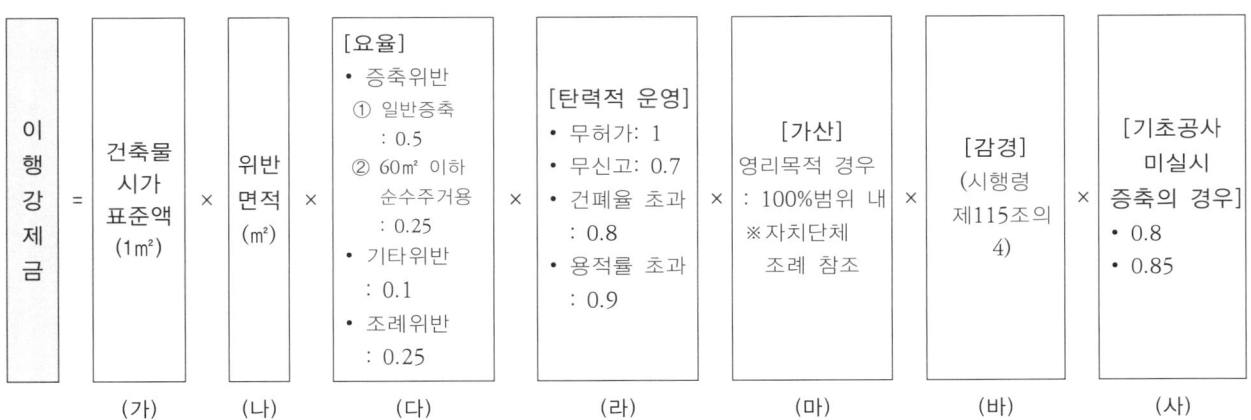

[이행강제금(履行强制金) 산정방식(「건축법」 제80조)]

(가) 건축물 시가표준액

과세 시가표준액은 세액산출의 기초가 되는 과세물건의 수량 또는 가액을 말하며, 현재 취득세, 등록세, 재산세, 종합토지세, 도시계획세, 공동시설세 등의 지방세의 부과기준으로 이용되고 있으며(출처: 네이버 지식백과), 일반적으로 농촌지역에 비해 도심 밀집지역의 건축물의 시가표준액이 높습니다.

[도심 밀집지역 사례]   [농촌지역 사례]

(나) 위반면적

위반건축물이란 「건축법」과 「주택법」등 관련법에서 규정하고 있는 건축물의 용도나 구조 등을 위반한 건축물을 말하고, 위반면적은 '평' 단위가 아닌 '㎡' 단위로 산정합니다.

위반건축물 취득세 납부는 위반건축물을 사용하는 건축주가 위반건축물의 사용일로부터 60일 이내에 해당구청 세무과에 취득세 자진신고 후 고지서를 발급받아 납부하는 방식인데, 건축주가 신고기한을 넘겨 위반사항이 발각되면 가산세를 납부해야 합니다.

위반건축물도 위반면적에 따라서 취득세를 납부하는데, 취득세를 납부했다고 해서 위반사항이 삭제되는 것은 아니며, 취득세는 이행강제금 부과 여부와 상관없이 위반건축물에 대해서 4.4~4.6% 부과됩니다.

(다) 요율(「건축법」 제80조 제1항)

이행강제금 산정 요율은 증축 위반과 증축 이외의 기타 위반, 조례 위반으로 구분됩니다.

■ 위반사항별 이행강제금 산정 요율

구 분	적용 요율	위반 사항
증축 위반	50/100	건폐율/용적률 초과 위반 (「건축법」 제80조 제1항 제1호)
	25/100	연면적(전용면적 + 위반면적)이 60㎡ 이하 순수주거용 건축물 (「건축법」 제80조 제1항 단저조항)
기타 위반	10/100	증축 이외 용도변경, 대수선 등의 경우

■ 기타 위반과 관련한 요율

위반건축물	관련 근거	이행강제금의 금액
1. 허가를 받지 않거나 신고를 하지 않고 제3조의 2 제8호에 따른 증설 또는 해체로 대수선을 한 건축물	법 제11조, 법 제14조	시가표준액의 100분의 10에 해당하는 금액
1의 2. 허가를 받지 아니하거나 신고를 하지 아니하고 용도변경을 한 건축물	법 제19조	허가를 받지 아니하거나 신고를 하지 아니하고 용도변경을 한 부분의 시가표준액의 100분의 10에 해당하는 금액
2. 사용승인을 받지 아니하고 사용 중인 건축물	법 제22조	시가표준액의 100분의 2에 해당하는 금액
3. 대지의 조경에 관한 사항을 위반한 건축물	법 제42조	시가표준액(조경의무를 위반한 면적에 해당하는 바닥면적의 시가표준액)의 100분의 10에 해당하는 금액
4. 건축선에 적합하지 아니한 건축물	법 제47조	시가표준액의 100분의 10에 해당하는 금액
5. 구조내력기준에 적합하지 아니한 건축물	법 제48조	시가표준액의 100분의 10에 해당하는 금액
6. 피난시설, 건축물의 용도·구조의 제한, 방화구획, 계단, 거실의 반자 높이, 거실의 채광·환기와 바닥의 방습 등이 법령 등의 기준에 적합하지 아니한 건축물	법 제49조	시가표준액의 100분의 10에 해당하는 금액
7. 내화구조 및 방화벽이 법령등의 기준에 적합하지 아니한 건축물	법 제50조	시가표준액의 100분의 10에 해당하는 금액
8. 방화지구 안의 건축물에 관한 법령 등의 기준에 적합하지 아니한 건축물	법 제51조	시가표준액의 100분의 10에 해당하는 금액
9. 법령 등에 적합하지 않은 마감재료를 사용한 건축물	법 제52조	시가표준액의 100분의 10에 해당하는 금액
10. 높이제한을 위반한 건축물	법 제60조	시가표준액의 100분의 10에 해당하는 금액
11. 일조 등의 확보를 위한 높이제한을 위반한 건축물	법 제61조	시가표준액의 100분의 10에 해당하는 금액
12. 건축설비의 설치·구조에 관한 기준과 그 설계 및 공사감리에 관한 법령 등의 기준을 위반한 건축물	법 제62조	시가표준액의 100분의 10에 해당하는 금액
13. 그 밖에 이 법 또는 이 법에 따른 명령이나 처분을 위반한 건축물		시가표준액의 100분의 3 이하로서 위반행위의 종류에 따라 건축조례로 정하는 금액(건축조례로 규정하지 아니한 경우에는 100분의 3으로 한다)

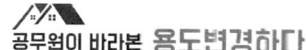

■ 조례위반과 관련한 요율

구분	적용 요율	위반사항(「서울특별시 건축 조례 제45조」)
조례위반	25/100	• 사용승인 위반, 조경위반, 높이제한 위반, 일조 등의 확보를 위한 건축물의 높이 제한 위반 • 건축물대장 기재사항의 변경을 신청하지 않은 경우 • 가설건축물 신고를 하지 않은 경우 • 착공신고를 하지 않은 경우 • 맞벽 건축기준에 위반한 경우

(라) 이행강제금의 탄력적 운영(「건축법 시행령」 제115조의 3 제1항)

적용 지수		세부 기준
1	무허가	① 85㎡ 초과 증축, 개축, 재축 ② 100㎡ 초과 신축
0.7	무신고	① 85㎡ 이하 증축, 개축, 재축(「건축법」 제14조 제1항 제1호) ② 100㎡ 이하 신축(「건축법」 제14조 제1항 제5호 및 시행령 제11조 제3항 제1호)
0.8		건폐율 초과(「건축법 시행령」 제115조의 3 제1항 제1호)
0.9		용적율 초과(「건축법 시행령」 제115조의 3 제1항 제2호)

(마) 이행강제금의 가산(「건축법 시행령」 제115조의 3 제2항)
  : 100% 범위 내(지방자치단체 조례 참조)
  ① 임대 등 영리를 목적으로 법 제19조를 위반하여 용도변경을 한 경우(위반면적이 50㎡를 초과하는 경우로 한정한다)
  ② 임대 등 영리를 목적으로 허가나 신고 없이 신축 또는 증축한 경우(위반면적이 50㎡를 초과하는 경우로 한정한다)
  ③ 임대 등 영리를 목적으로 허가나 신고 없이 다세대주택의 세대수 또는 다가구주택의 가구수를 증가시킨 경우(5세대 또는 5가구 이상 증가시킨 경우로 한정한다)
  ④ 동일인이 최근 3년 내에 2회 이상 법 또는 법에 따른 명령이나 처분을 위반한 경우
  ⑤ 제1호부터 제4호까지의 규정과 비슷한 경우로서 건축조례로 정하는 경우

(바) 이행강제금의 감경(「건축법 시행령」 제15조의 4)
  ① 위반행위 후 소유권이 변경된 경우 50% 감경
  ② 임차인이 있어 현실적으로 임대기간 중에 위반내용을 시정하기 어려운 경우 50% 감경
  ③ 위반면적이 30㎡ 이하인 경우 50% 감경
  ④ 집합건축물의 구분소유자가 위반한 면적이 5㎡ 이하인 경우 50% 감경
  ⑤ 사용승인 당시 존재하던 위반사항으로서 사용승인 이후 확인된 경우 50% 감경 등

[공사현장 가설건축물]

[맞벽 건축물]

(사) 증축 시 기초공사 유무에 따른 요율(「2022년도 부동산 시가표준액표(서울시)」)

불법 증축과 관련해서 일반적으로 수직증축은 기초공사가 미실시되는 경우이고, 수평증축은 기초공사가 되었다고 간주합니다.

■ 증축시 기초공사 유무에 따른 요율(구조번호: 구조형식별 구조지수 참조)

구분 구조번호	m²당 시가표준액 산정비율 (%)			비 고
	기초공사를 한 건축물	기초공사를 하지 않은 건축물	기초공사를 하지 않은 건축물 중 중층건축물	
1	0.1	0.8	0.6	
2	0.1	0.8	0.6	
3	0.1	0.8	0.6	
4	0.1	0.8	0.6	
5	0.1	0.8	0.6	• 중층건축물이란 1개 층을 복층으로 증축하는 것을 말한다.
6	0.1	0.85	0.65	• '기초공사를 한 건축물'이란 건축 시 건물의 하중을 견딜 수 있도록 토지에 공사를 한 경우로 본다.
7	0.1	0.85	0.65	
8	0.1	0.85	0.65	
9	0.1	0.85	0.65	
10	0.1	0.85	0.65	
11	0.1	0.85	0.65	
12	0.1	0.85	0.65	
13	0.1	0.85	0.65	

[수직증축 사례]

[기초공사를 위한 철근배근]

4.3 건축물 시가 표준액 (1㎡ 기준) (「지방세법」 제4조(부동산 등의 시가표준액) 제2항)

건축물 시가 표준액은 건물신축가격기준액에 구조·용도·위치지수와 경과연수별 잔가율을 곱하여 ㎡당 금액으로 산정합니다.

산정한 ㎡당 금액에서 1,000원 미만 숫자는 버리지만, ㎡당 금액이 1,000원 미만일 때는 1,000원으로 합니다. 내용연수가 경과된 건축물은 최종연도의 잔가율을 적용합니다. (출처: 「2022년도 건축물 시가표준액 책자」 서울시)

적용지수는 각각의 용도별도 다른데, 편의상 오피스텔 이외의 경우를 사례로 하였습니다.

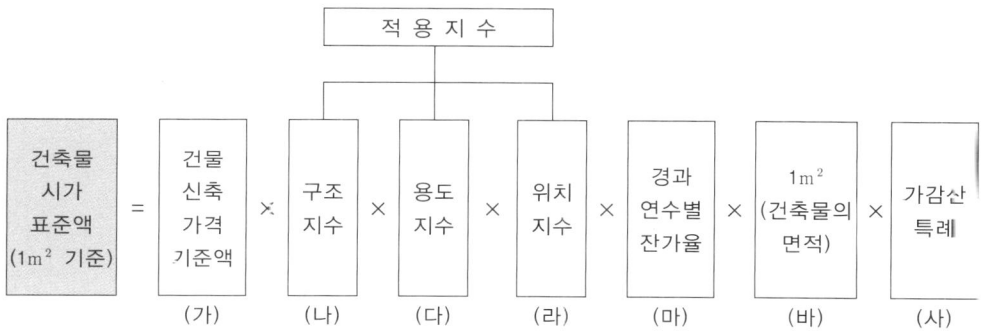

[건축물의 시가 표준액 산정식]

(가) 건물신축가격 기준액

건물신축가격 기준액은 국세청장이 행정안전부장관과 협의하여 매년 결정·고시하는데, 2023년 6월 1일 기준 상업용 건축물의 신축가격 기준액은 800,000원/㎡입니다.
※ 건물신축가격 기준액은 건축물의 용도와 년도별로 다릅니다.

(나) 구조지수

철근콘크리트구조가 구조지수의 기준이며(구조지구: 1), 통나무조가 '1.35'로 가장 높고, 컨테이너건물과 철파이프조가 '0.3'으로 가장 낮은 구조지수를 가지고 있습니다.

[철근콘크리트조 건축물]   [목구조 건축물]

- 구조형식별 구조지수

구조번호	구조별	지수
1	통나무조	1.35
2	목구조	1.25
3	철골·철근 콘크리트조	1.20
4	철근콘크리트조, 라멘조, 석조, 스틸하우스조, 프리캐스트 콘크리트조, 철골조, 연와조	1.00
5	보강콘크리트조, 보강블록조	0.95
6	황토조, ALC조, 시멘트벽돌조	0.90
7	목조	0.83
8	경량철골조	0.65
9	시멘트블록조, 와이어패널조	0.60
10	조립식패널조, FRP 패널조	0.55
11	석회 및 흙벽돌조, 돌담 및 토담조	0.35
12	컨테이너건물	0.30
13	철파이프조	0.30

(다) 용도지수(일부수록)

- 건축물의 용도별 용도지수

구 분	용 도		번호	대 상 건 물	지 수
Ⅰ	주거용 건물	주거 시설	2	아파트	1.10
			3	•단독주택(노인복지주택 제외) •다중주택, 다가구주택, 연립주택, 다세대주택, 기숙사(학생복지주택 포함) 등 기타 주거용 건물 •도시형 생활주택	1.00
Ⅱ	상업용 및 업무용 건물	근린 생활 시설	39	•상점(슈퍼마켓과 일용품 소매점 등) •일반음식점, 휴게음식점, 제과점, 기원, 서점 •이용원, 미용원, 세탁소 •의원, 치과의원, 한의원, 침술원, 접골원, 조산원, 산후조리원 및 안마원 •각종 사무실용 건물(금융업소, 사무소, 부동산중개사무소, 결혼상담소, 소개업소, 출판사 등) •사진관, 표구점, 학원(무도학원 제외), 장의사, 동물병원, 독서실, 총포판매소 등 •다중생활시설 •안마시술소, 노래연습장 ------------- 이 하 생 략 -------------	1.17

(라) 위치지수

건물부속 토지가격에 따라 지역번호를 1~31로 구분하였는데, 도심의 중심지로 갈수록 토지가격이 상승하며, 이에 따라 위치지수도 증가됩니다. 참고로 개별공시지가(단위 : 원/㎡)는 토지대장을 발급받아 확인할 수 있습니다.

■ **건축물의 위치별 위치지수** (단위: 천 원/㎡)

지역번호	건물부속 토지가격	지수	지역번호	건물부속 토지가격	지수
1	10 이하	0.80	17	3,000 초과 ~ 4,000 이하	1.18
2	10 초과 ~ 30 이하	0.82	18	4,000 초과 ~ 5,000 이하	1.21
3	30 초과 ~ 50 이하	0.84	19	5,000 초과 ~ 6,000 이하	1.24
4	50 초과 ~ 100 이하	0.86	20	6,000 초과 ~ 7,000 이하	1.27
5	100 초과 ~ 150 이하	0.88	21	7,000 초과 ~ 8,000 이하	1.30
6	150 초과 ~ 200 이하	0.90	22	8,000 초과 ~ 9,000 이하	1.33
7	200 초과 ~ 350 이하	0.92	23	9,000 초과 ~ 10,000 이하	1.36
8	350 초과 ~ 500 이하	0.94	24	10,000 초과 ~ 20,000 이하	1.40
9	500 초과 ~ 650 이하	0.96	25	20,000 초과 ~ 30,000 이하	1.45
10	650 초과 ~ 800 이하	0.98	26	30,000 초과 ~ 40,000 이하	1.50
11	800 초과 ~ 1,000 이하	1.00	27	40,000 초과 ~ 50,000 이하	1.55
12	1,000 초과 ~ 1,200 이하	1.03	28	50,000 초과 ~ 60,000 이하	1.60
13	1,200 초과 ~ 1,600 이하	1.06	29	60,000 초과 ~ 70,000 이하	1.63
14	1,600 초과 ~ 2,000 이하	1.09	30	70,000 초과 ~ 80,000 이하	1.66
15	2,000 초과 ~ 2,500 이하	1.12	31	80,000 초과	1.69
16	2,500 초과 ~ 3,000 이하	1.15			

[토지대장 사례]

(마) 경과연수별 잔가율

시간이 경과했을 때 건물의 가치가 건축 당시의 가치에 비해 얼마나 되느냐를 산정하기 위한 비율을 경과연수별 잔가율이라고 하며, 구조형식에 따라 내용연수와 최종연도 잔가율이 달라지는데, 경과연수별 잔가율은 주로 건물의 기준시가 적용에 활용됩니다.

■ 경과연수별 잔가율

구 분 \ 건축물 구 조	철골 (철골철근) 콘크리트조, 통나무조	철근콘크리트조, 라멘조, 석조, 프리캐스트 콘크리트조, 목구조	철골조, 스틸하우스조, 보강 콘크리트조, 보강블록조, 황토조, 시멘트벽돌조, 목조, ALC조, 와이어패널조	시멘트블록조, 경량철골조, 조립식패널조, FRP 패널조	석회 및 흙벽 돌조, 돌담 및 토담도, 철파이프조, 컨테이너건물
내용연수	50	40	30	20	10
최종연도 잔가율	20%	20%	10%	10%	10%
매년 상각률	0.016	0.020	0.030	0.045	0.090
경과연수별 잔가율 산정	1−(0.016 ×경과연수)	1−(0.020 ×경과연수)	1−(0.030 ×경과연수)	1−(0.045 ×경과연수)	1−(0.090 ×경과연수)

[석조 건축물]

[철골조 건축물]

(바) 1㎡(건축물의 면적)

1㎡당 건축물 시가 표준액을 산출하기 위해서는 건축물의 면적을 '1m²' 으로 합니다. 건축물 전체에 대한 시가표준액을 별도로 산정하고 할 경우에는 건축물 전체 연면적을 곱해 주면 됩니다.

(사) 가감산 특례: 불법건축물의 이행강제금 등을 차등하게 부과하여 위하 불법 내용에 따라 가산 또는 감삼율을 적용하며, 가산대상과 감산대상이 중복될 경우 각각을 더하여 중복적용 합니다. (출처: 서울시, 2021년도 부동산 시가표준액표)

① 가산대상 건축물 및 가산율(부분수록)

가산대상은 주로 건축물의 1~2층에 해당되며, 높은 건물의 1층일 경우 가산율은 증가하게 됩니다.

■ 가산대상 건축물 및 가산율(일부수록)

구분	가산율 적용대상 건축물 기준	가산율	가산율적용 제외부분
Ⅲ	※ 지하층 및 옥탑 등은 층수계산시 제외 (3) 5층 미만 건물 • 1층 상가부분	15/100	• 단층건물 • 오피스텔(용도번호 1,28), 제조시설을 지원하기 위한 공장구 내의 사무실(용도번호 38)
	(4) 5층 이상 10층 이하 건물 • 1층 상가부분	25/100	
	(5) 11층 이상 20층 이하 건물 • 1층 상가부분	30/100	
	(6) 21층 이상 30층 이하 건물 • 1층 상가부분	35/100	
	(7) 30층 초과 건물 • 1층 상가부분	45/100	
Ⅳ	※ 지하층 및 옥탑 등은 층수계산 시 제외 (8) 11층 이상 20층 이하 건물 • 2층 상가부분	3/100	• 오피스텔(용도번호 1,28) 제조시설을 지원하기 위한 공장구 내의 사무실(용도번호 38)
	(9) 21층 이상 30층 이하 건물 • 2층 상가부분	4/100	
	(10) 30층과 건물 • 2층 상가부분	5/100	

[저층상가 가로]

[고층상가 가로]

② 감산대상 건축물 및 감산율

■ 감산대상 건축물 및 감산율

구분	감산율 적용대상 건축물 기준	감산율	감산 제외대상
Ⅰ	[단독주택] (1) 1구의 연면적이 60㎡ 초과 85㎡ 이하 (2) 1구의 연면적이 60㎡ 이하	5/100 10/100	다가구주택
Ⅱ	(3) 주택의 차고	50/100	복합건축물의 차고
Ⅲ	(4) 특수구조 건물 • 무벽 면적비율 1/4 이상~2/4 미만 • 무벽 면적비율 2/4 이상~3/4 미만 • 무벽 면적비율 3/4 이상	20/100 30/100 40/100	—
Ⅳ	※ 지하층 및 옥탑 등은 층수계산시 제외 (5) 지하 2층 이상 상가부분 (6) 지하 1층 상가부분 • 10층 이하 건물 • 10층 초과 건물 (7) 5층 이상 10층 이하 건물 • 5층 이상 상가부분 (8) 11층 이상 20층 이하 건물 • 5층 이상 상가부분 (9) 21층 이상 30층 이하 건물 • 5층 이상 상가부분 (10) 30층 초과 건물 • 5층 이상 상가부분	30/100 20/100 15/100 10/100 3/100 2/100 1/100	오피스텔 (용도번호 1. 28)
Ⅴ	※ 지하층 및 옥탑 등은 층수 계산 시 제외 (11) 주차장 • 주차장으로 사용되고 있는 2층 이상 건축물	10/100	지하층
Ⅵ	(12) 철골조 건축물(벽면구조) • 조립식패널, 컬러강판, 시멘트블록. 슬레이트벽 (13) 연면적30㎡ 이하 컨테이너 구조 가설건축물 ※ 2개 이상의 컨테이너를 상하 또는 좌우로 붙여서 한곳에 설치한 경우에는 모두 합산하여 연면적을 계산함	10/100 20/100	

05
대수선·리모델링 가설건축물·추인

 공무원이 바라본 **용도변경하다**

05 대수선·리모델링·가설건축물·추인

'건축물의 준공'을 「건축법」에서는 '사용승인' 이라고 합니다. 사용승인 후 건축물은 원래의 목적에 맞추어 사용되기도 하고, 시대와 상황의 변화에 따라 최초의 용도가 아닌 다른 용도로 변화되기도 합니다. 이때 건축주는 관련 법령에 따라 용도변경을 진행한 후 변화된 용도에 맞게 건축물을 사용해야 합니다. 때로는 건축물의 구조와 형태를 바꾸거나 면적을 증가하는 행위가 동시에 수반되기도 합니다. 이러한 경우 건축주는 상황에 따라 대수선·리모델링·가설건축물축조·추인 등의 절차를 진행해야 합니다.

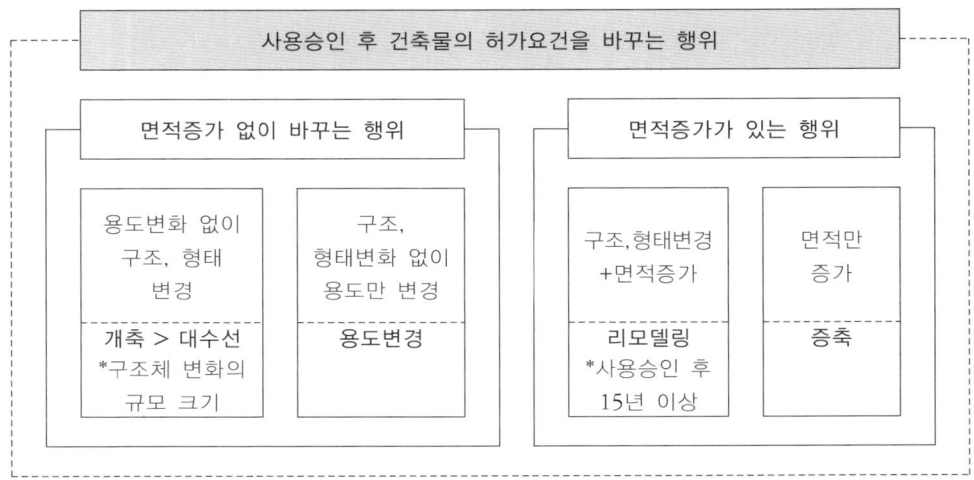

[사용승인 후 건축물의 허가요건을 바꾸어 수선하는 행위개념 (출처: 그림으로 이해하는 건축법)]

5.1 대수선 (「건축법」 제2조 제1항 제9호)

'대수선' 이란 건축물의 기둥, 보, 내력벽, 주계단 등의 구조나 외부형태를 수선·변경하거나 증설하는 것으로서 대통령령으로 정하는 것을 말합니다.

[외벽 마감재료 변경]

[목재 지붕틀 변경]

❶ 대수선의 범위 (「건축법 시행령」 제3조의 2)

- 내력벽을 증설 또는 해체하거나 그 벽면적을 30㎡ 이상 수선 또는 변경하는 것
- 기둥을 증설 또는 해체하거나 세 개 이상 수선 또는 변경하는 것
- 보를 증설 또는 해체하거나 세 개 이상 수선 또는 변경하는 것
- 지붕틀(한옥의 경우에는 지붕틀의 범위에서 서까래는 제외한다)을 증설 또는 해체하거나 세 개 이상 수선 또는 변경하는 것
- 방화벽 또는 방화구획을 위한 바닥 또는 벽을 증설 또는 해체하거나 수선 또는 변경하는 것
- 주계단·피난계단 또는 특별피난계단을 증설 또는 해체하거나 수선 또는 변경하는 것
- 다가구주택의 가구 간 경계벽 또는 다세대주택의 세대 간 경계벽을 증설 또는 해체하거나 수선 또는 변경하는 것
- 건축물의 외벽에 사용하는 마감재료(「건축법」 제52조 제2항에 따른 마감재료를 말한다)를 증설 또는 해체하거나 벽면적 30㎡ 이상 수선 또는 변경하는 것

※ 기존 건축물에 추가로 승강기를 설치하는 경우도 대수선에 해당되는데, 이 경우 자치단체별로 건축심의를 하기도 합니다.

※ 외벽의 마감재료를 바꾸는 사항은 대수선에 포함되지만, 「건축법」 부칙 〈법률 제9858호, 2009. 12. 29.〉에 건축물의 외부 마감재 사용에 관한 적용례의 규정에 따라서 2010년 12월 30일 이전에 최초로 건축허가를 신청하거나 건축신고 한 건축물의 외관 변경은 대수선의 범위에서 제외됩니다.

※ 바닥의 해체는 대수선의 범위에 포함되어 있지 않지만, 건축법에서는 바닥을 주요구조부로 분류하고 있습니다. (「건축법 시행령」 제11조 제2항)

[철골조 지붕틀]

[보 수선(구조보강)]

대수선은 허가와 신고로 구분되는데, 대수선 허가는 건축물의 구조와 안전에 직접적인 영향을 미치는 건축물의 주요구조부에 해당하는 내력벽, 기둥, 보, 지붕틀, 방화벽 등을 해체하거나 설치하는 경우에 해야 하는 행정행위이며, 대수선 신고는 주요구조부를 건드리지 않는 범위 내에서의 수선을 하고자 하는 경우에 진행하는 행정행위라 할 수 있습니다.

수선대상 구분	허가대상	신고대상
내력벽 30㎡ 이상	증설, 해체, 변경	수선
기둥 3개 이상		
보 3개 이상		
지붕틀(한옥 서까래 제외) 3개 이상		
방화벽 또는 방화구획을 위한 바닥 또는 벽		
주계단 · 피난계단 또는 특별피난계단		
가구 간(세대 간)경계벽		
외벽 30㎡ 이상 또는 마감재료*		

* 모든 건축물의 일정 외벽 수선이 해당하는 범위는 아니고, 1. 상업지역(근린상업지역은 제외)에 건축하는 일정건축물(① 제1종 근린생활시설, 제2종 근린생활, 문화 및 집회시설, 종교시설, 판매시설, 의료시설, 교육연구시설, 운동시설 및 위락시설의 용도로 쓰는 건축물로서 그 용도로 쓰는 바닥면적의 합계가 2,000㎡ 이상인 건축물. ② 공장[화재 위험이 적은 공장은 제외]으로부터 6m 이내에 위치한 건축물) 2. 의료시설, 교육연구시설, 노유자시설 및 수련시설 3. 3층 이상 또는 높이 9m 이상인 건축물. 4. 1층의 전부 또는 일부를 필로티 구조로 설치하여 주차장으로 쓰는 건축물. 5. 공장, 창고시설, 위험물 저장 및 처리 시설(자가난방과 자가발전 등의 용도로 쓰는 시설을 포함한다), 자동차 관련 시설의 용도로 쓰는 건축물에만 국한하는 규정이다(법 제52조 제2항 및 동법 시행령 제61조 제2항 참조).

❷ 「건축법」에서 개축과 대수선 비교

「건축법」에서 '개축(renovation)'과 '대수선(substantial repair)'은 건축 안전이라는 측면에서 개념적으로 구분하고 있습니다. '개축'은 건축물 전체를 철거하거나 그에 준하는 정도로 철거하는 수선으로서 가장 큰 범위의 수선으로 판단하여 건축행위의 범위에 포함하고 있습니다. 반면에 '대수선'은 건축물의 주요구조부를 변경하지만 건축물을 철거하는 수준에는 미치지 않는 정도의 수선으로 규정하여 '개축' 보다는 수선의 범위가 작습니다. 따라서 건축행위에는 포함되지 않습니다.

(출처:「그림으로 이해하는 건축법」)

건축물의 슬래브의 경우 불필요한 슬래브의 임의 철거는 개축이나 대수선에 해당하지 않습니다.

- **개축과 대수선의 범위** (출처: 그림으로 이해하는 건축법)

주요구조부	개축(일부 철거의 경우)	대수선
내력벽	○	○
기둥	○	○
보	○	○
지붕틀	○	○
주계단	×	○
슬래브	×	×

[슬래브(데크슬러브) 신설]

[슬래브 해체]

대수선은 일반적으로 건축물의 주요구조부(기둥, 보, 내력벽, 지붕틀 등)를 변경하거나 해체하는 공사를 의미하며, 원칙적으로 허가 또는 신고 대상입니다. 하지만 건축법령에는 일부 예외사항이 존재하여, 대수선 허가나 신고가 면제되거나 적용되지 않는 경우도 있습니다.

- **건축법상 대수선 예외사항**

예외사항	내용
비내력벽의 경미한 구조변경	방화구획의 변경이 없으면서 건축물의 구조안전에 영향을 미치지 않는 비내력 벽체의 경미한 변경의 경우에는 대수선 허가나 신고 불필요(단, 대규모로 내부벽체를 철거하는 경우 지방자치단체별로 별도의 규정 적용)
기존 창호 단순 교체	구조에 영향이 없는 기존 창호를 동일한 크기와 형태로 교체하는 것은 대수선 예외사항 (커튼월 제외: 커튼월 자체는 내력벽이 아니더라도, 교체 시 구조안전, 화재안전, 에너지성능 등에 영향을 줄 수 있어 대수선으로 간주)
국가 또는 지방자치단체가 시행하는 긴급 복구, 문화재 보호를 위한 수선	긴급복구와 문화재청 승인 또는 고시된 방식에 따라 이루어지는 경우 별도의 예외규정 적용

5.2 리모델링 (「건축법」 제2조 제1항 제10호)

'리모델링'이란 건축물의 노후화를 억제하거나 기능 향상 등을 위하여 대수선하거나 건축물의 일부를 증축 또는 개축하는 행위를 말하는데, 사용승인 후 15년 이상 노후화된 건축물에 한하여 완화규정을 적용하고 있으며, 리모델링을 권장하기 위해 인센티브 제도가 있는데, 관련 심의를 통해 대지 안의 조경, 공개공지, 건축선, 건폐율, 용적률, 대지안의 공지, 건축물의 높이제한, 일조권 사선제한 등에 대해 적용완화를 받을 수 있습니다.

리모델링을 정책적으로 활성화하기 위해서 다음과 같은 인센티브를 부여하고 있으며, 리모델링 관련 인센티브를 적용받기 위해서는 관련 심의를 받아야 합니다.

■ **「건축법」상 리모델링 관련 인센티브 규정** (출처: 그림으로 이해하는 건축법)

규정	인센티브 내용
법 제8조 (리모델링에 대비한 특례 등)	리모델링이 쉬운 구조로 공동주택의 건축허가를 신청하면 제56조, 제60조 및 제61조에 따른 기준을 120/100의 범위에서 완화 적용할 수 있다. (주택법령에 의한 공동주택 증축 리모델링)
영 제6조 (적용의 완화) 제1항 제6호	사용승인을 받은 후 15년 이상이 되어 리모델링이 필요한 건축물인 경우 완화 적용 규정 • 제42조(대지의 조경) • 제43조(공개 공지 등의 확보) • 제46조(건축선의 지정) • 제55조(건축물의 건폐율) • 제56조(건축물의 용적률) • 제58조(대지 안의 공지) • 제60조(건축물의 높이 제한) • 제61조 제2항(공동주택의 일조권)에 따른 기준
영 제119조 제1항 제3호(바닥면적) 사목	건축물을 리모델링하는 경우로서 미관 향상, 열의 손실 방지 등을 위하여 외벽에 부가하여 마감재 등을 설치하는 부분은 바닥면적에 산입하지 아니한다.
* 리모델링이 쉬운 구조란 • 각 세대는 인접한 세대와 수직 또는 수평 방향으로 통합하거나 분할할 수 있을 것 • 구조체에서 건축설비, 내부 마감재료 및 외부 마감재료를 분리할 수 있을 것 • 개별 세대 안에서 구획된 실의 크기, 개수 또는 위치 등을 변경할 수 있을 것 (「건축법 시행령」 제6조의 5)	

[리모델링 사례(서울공예박물관)]

[리모델링 사례(대한민국역사박물관)]

5.3 가설건축물 (「건축법 시행령」 제15조 제5항)

일반적으로 건축물은 토지에 정착되고, 가설건축물은 토지에 정착되지 않는 것을 기준으로 합니다. 공사현장 컨테이너, 주차관리실, 경비실 등이 대표적인 가설건축물이며, 아래와 같은 가설건축물은 가설건축물 축조신고([서식 11] 가설건축물 축즈신고서)를 해야 합니다.

[가설건축물(주차관리실)]

[가설건축물(가설점포)]

- 재해가 발생한 구역 또는 그 인접구역으로서 특별자치시장·특별자치도지사 또는 시장·군수·구청장이 지정하는 구역에서 일시사용을 위하여 건축하는 것
- 특별자치시장·특별자치도지사 또는 시장·군수·구청장이 도시미관이나 교통소통에 지장이 없다고 인정하는 가설흥행장, 가설견람회장, 농·수·축산물 직거래용 가설점포, 그 밖에 이와 비슷한 것
- 공사에 필요한 규모의 공사용 가설건축물 및 공작물
- 전시를 위한 견본주택이나 그 밖에 이와 비슷한 것
- 특별자치시장·특별자치도지사 또는 시장·군수·구청장이 도로변 등의 미관정비를 위하여 지정·공고하는 구역에서 축조하는 가설점포(물건 등의 판매를 목적으로 하는 것을 말한다)로서 안전·방화 및 위생에 지장이 없는 것
- 조립식 구조로 된 경비용으로 쓰는 가설건축물로서 연면적이 10㎡ 이하인 것
- 조립식 경량구조로 된 외벽이 없는 임시 자동차 차고
- 컨테이너 또는 이와 비슷한 것으로 된 가설건축물로서 임시사무실·임시창고 또는 임시숙소로 사용되는 것(건축물의 옥상에 축조하는 것은 제외한다. 다만, 2009년 7월 1일부터 2015년 6월 30일까지 및 2016년 7월 1일부터 2019년 6월 30일까지 공장의 옥상에 축조하는 것은 포함한다)
- 도시지역 중 주거지역 상업지역 또는 공업지역에 설치하는 농업·어업용 비닐하우스로서 연면적이 100㎡ 이상인 것
- 연면적이 100㎡ 이상인 간이축사용, 가축분뇨처리용, 가축운동용, 가축의 비가림용 비닐하우스 또는 천막(벽 또는 지붕이 합성수지 재질로 된 것과 지붕 면적의 2분의 1 이하가 합성강판으로 된 것을 포함한다) 구조 건축물

- 농업·어업용 고정식 온실 및 간이작업장, 가축양육실
- 물품저장용, 간이포장용, 간이수선작업용 등으로 쓰기 위하여 공장 또는 창고시설에 설치하거나 인접 대지에 설치하는 천막(벽 또는 지붕이 합성수지 재질로 된 것을 포함한다), 그 밖에 이와 비슷한 것(이하 생략)
- 유원지, 종합 휴양업 사업지역 등에서 한시적인 관광·문화행사 등을 목적으로 천막 또는 경량구조로 설치하는 것
- 야외전시시설 및 촬영시설
- 야외흡연실 용도로 쓰는 가설건축물로서 연면적이 $50m^2$ 이하인 것
- 그 밖에 건축조례로 정하는 건축물

서울시의 경우 「서울특별시 건축 조례」 [별표 2의 2]에서 가설건축물의 구조와 면적 등에 대해 별도의 규정으로 가설건축물을 제한하고 있습니다. 기준이상의 가설건축물은 가설건축물이 아닌 일반건축물로 분류되며, 강남구의 경우 주차관리실의 용도로 쓰이는 가설건축물은 관련 심의([별첨 10] 강남구 건축위원회 심의자문대상)를 거쳐야만 설치 가능합니다.

■ **서울시 조례에서 정한 가설건축물** (출처: 「서울특별시 건축 조례」 별표 2의 2)

용도	구조	면적	기타
관리사무실 (주차장, 화원, 체육시설 및 공동주택 단지 내 근로자 근무환경 개선을 위한 휴게·경비등 시설)	조립식	$30m^2$ 이하	• 1층으로 한정 • 옥상설치 불가 • 독립적으로 설치한 것으로서 도시미관상 지장이 없는 것 • 공연장 매표소는 문화지구에 해당하고 공연장이 위치한 부지 경계선 내에 설치하는 것 • 생활폐기물 보관함을 설치하고자 하는 집합건물(공동주택 제외)은 '구분소유 300호' 이상, 「집합건물의 소유 및 관리에 관한 법률」에 따른 관리인이 선임된 경우로 한정
제품야적장		$500m^2$ 이하	
기계보호시설		$300m^2$ 이하	
공연장 매표소		$5m^2$ 이하	
생활폐기물 보관함		$100m^2$ 이하	
차양시설·비가리개시설	제한 없음	제한 없음	• 시장 또는 구청장이 시장환경을 위하여 지정·공고한 기존 재래시장 및 「농수산물 유통 및 가격안정에 관한 법률」 제2조 제2호에 따른 농수산물도매시장의 공지 또는 도로(점용허가를 받은 도로로 한정한다)에 설치하는 것 • 「학교시설사업 촉진법」 제3조에 따른 학교 내에 설치하는 것
가설점포	컨테이너 또는 이와 비슷한 것	제한 없음	• 정비사업과 기존시장 정비사업의 이주대책을 위하여 설치하는 사업 준공까지의 임시가설 점포

※ 서울특별시는 가설건축물의 존치기간을 3년으로 하였으며, 공익목적 이외에는 연장 횟수를 1회로 한정하였습니다. (「서울특별시 도시계획 조례」 제26조)

5.4 추인 (「건축법 시행령」 제15조 제5항)

추인(追認)의 사전적 의미는 '지나간 사실을 소급하여 추후에 인정함'이며, 건축물의 추인이란 건축 관련 법령을 위반한 건축물에 대하여 현행 법률에 적법하도록 조치하는 행위로, 법령에 위반된 건축물을 해체하는 것보다는 추인행위를 함으로써 존치하는 것이 개인적으로나 국가적으로 도움이 된다고 인정하는 경우에 행해지는 사후 행정을 말합니다.

1985년 1월 1일부터 1992년 5월 31일 기간 중의 위법건축물의 경우 위반시점이 객관적으로 증명이 가능한 경우에는 과태료 1회 부과 후 추인이 가능하며, 1992년 6월 1일 이후부터의 위반사항에 대해서는 고발조치와 1회의 이행강제금 부과 후 추인이 가능합니다. 과태료나 이행강제금은 적발일을 기준으로 하지 않고, 위반 건축행위 발생일을 기준으로 합니다. 모든 위법 건축행위에 대해서 추인이 가능한 것은 아니며, 건폐율, 용적률, 건축용도 제한 등 현행법이나 완화규정에 적법한 경우에만 추인이 가능하고, 건축행정 처리는 일반적으로 증축이나 대수선으로 처리합니다.

■ 추인 절차

현장조사(대지경계선 확인 등)

관련법 확인(건축물의 용도, 건폐율, 용적률, 주차, 일조권 사선제한 등)

추인도서 작성

증축 또는 대수선 신청 (이행강제금 납부영수증, 지적현황측량성과도, 건축물 구조안전확인서 등)

필증 수령

[주택가 골목]

[공동주택 발코니]

06 위반건축물의 양성화

 공무원이 바라본 용도변경하다

06 위반건축물의 양성화

6.1 위반건축물의 양성화

위반건축물을 양성화한다는 의미는 위반건축물을 현행법이나 특별법 등 관련 법령에 따라 추인(증축, 용도변경 등)이나 특정건축물 심의 등의 절차를 통해서 적법한 건축물로 인정하는 행위를 말합니다.

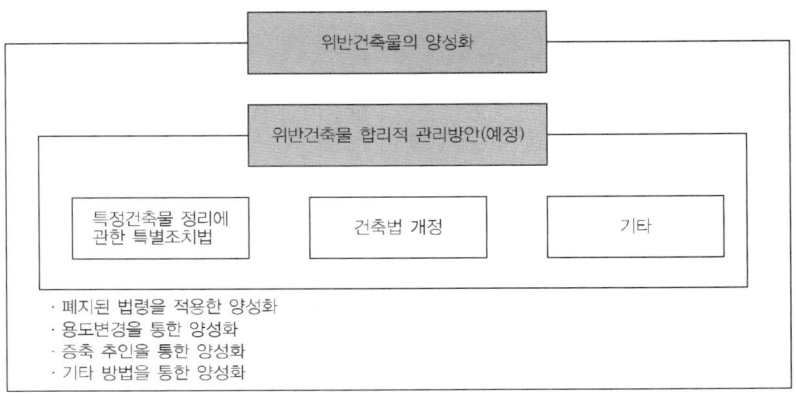

[위반건축물의 양성화 방안]

❶ 위반건축물 확인 방법

건축물대장을 통해 건축물의 위반사항을 확인할 수 있는데, 일반건축물은 일반건축물대장 갑지에 위반건축물이 표기되며, 집합건축물은 집합건축물대장 표제부 갑지와 전유부 갑지에 호(세대)별로 위반건축물이 표기됩니다.

[일반건축물대장의 위반건축물]

[집합건축물대장의 위반건축물]

❷ 위반건축물의 행위 제한

일반건축물은 건축물 일부에 위반사항이 있으면 어떠한 건축행위도 할 수 없지만, 집합건축물은 공유부에 위반사항이 있는 경우를 제외하고, 개별 건축물의 위반사항에 대해 공동으로 책임을 지지는 않기 때문에 다른 호(세대)에 위반사항이 있다 하더라도 다른 호(세대)는 각각 용도변경 등의 건축 행정행위를 할 수 있습니다.

구 분	행위 제한 내용	비 고
일반건축물	용도변경, 증축 등 건축 행정행위 불가	이행강제금 반복 납부
	신규사업을 위한 영업허가 등에 대해 제한	
	담보대출 및 전세자금 대출 제한	
	주택연금 가입 제한 등	
집합건축물	호(세대)별로 행위 제한 ※ 행위 제한 내용은 일반건축물과 동일	

[위반건축물의 행위 제한 내용]

❸ 위반건축물의 적발 방향

위반건축물의 적발은 민원 요청에 따라 담당 공무원의 현장점검에 의한 적발, 정기적인 항공 측량 판독이나 규모별 점검계획에 따라 행해지고 있는데, 앞으로는 AI 기술을 활용하여 건축물의 변화 이력을 3차원으로 분석하여 실태조사를 확대할 예정입니다.

[항공사진 기반 변화 이력 추적 자동화 예시(3차원 분석)]
(출처: 「불법 건축관행 근절을 위한 위반건축물 합리적 관리방안」. 2025. 10. 국토교통부)

❹ 위반건축물의 유형

건축물의 주요 위반사항은 베란다, 중간층, 옥탑층, 1층 필로티 외부공간의 무단 증축과 세대수가 증가하는 대수선, 본래의 용도로 건축물을 사용하지 않고 다른 용도로 사용하는 무단 용도변경 등으로 구분할 수 있습니다. (출처:「불법 건축관행 근절을 위한 위반건축물 합리적 관리방안」. 2025. 10. 국토교통부)

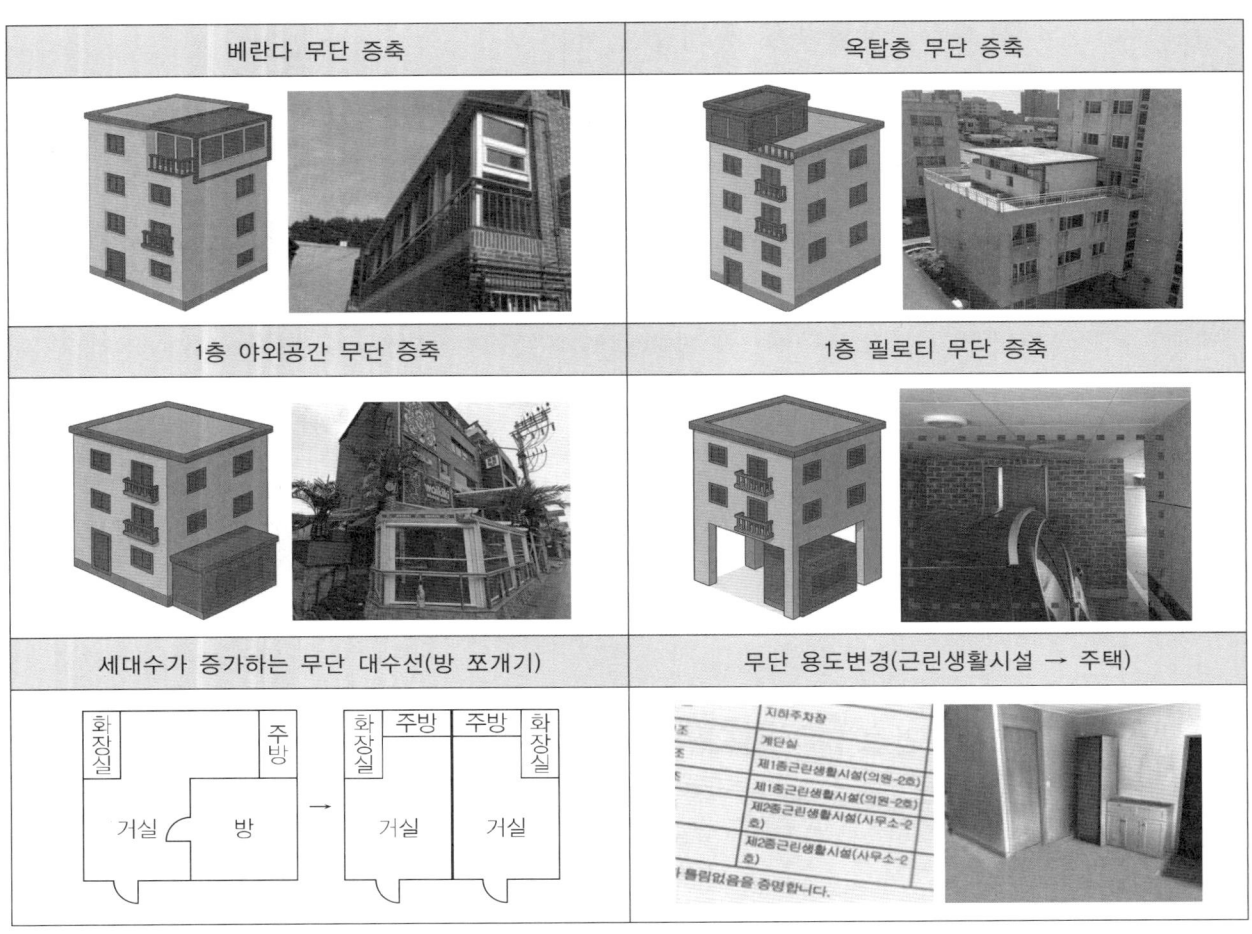

[위반건축물 유형](출처: 「불법 건축관행 근절을 위한 위반건축물 합리적 관리방안」. 2025. 10. 국토교통부)

2024년 12월 기준 전국에 위반건축물은 14.8만 동이 있는데, 이중 주거동은 83,458동(56.5%)이며, 비 주거동은 64,268동(43.5%) 인 것으로 확인되었습니다.

전체 (단위: 동수)		주거용 건축물 (단위: 동수)	
주거용	83,458 (56.5%)	단독	30,515 (36.6%)
비 주거용	64,268 (43.5%)	다가구	34,080 (40.8%)
		다세대	14,382 (17.2%)
		기타	4,481 (5.4%)
총계	147,726 (100%)	소계	83,458 (100%)

[위반건축물 현황]
(출처: 「불법 건축관행 근절을 위한 위반건축물 합리적 관리방안」. 2025. 10. 국토교통부)

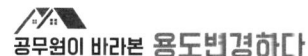

구 분	세부 위반사항
베란다 무단 증축	용적률과 일조사선 등 높기 기준 등을 위반하여 면적과 높이 증가
옥탑층 무단 증축	용적률과 높이, 층수, 주차장 기준 등을 위반하여 면적과 높이, 세대수 증가
1층 야외공간 무단 증축	용적률과 건폐율, 건축선 기준 등을 위반하여 면적증가
1층 필로티 무단 증축	용적률과 주차장 기준 등을 위반하여 면적증가
세대수가 증가하는 무단 대수선 (방 쪼개기)	대수선 기준과 주차장 기준 등을 위반하여 세대(호)수 증가
무단 용도변경	지역 지구와 주차장 설치기준 등을 위반하여 세대수를 증가시키거나 기준에 맞지 않는 영업행위
중간층 무단 증축	용적률과 주차장 기준 등을 위반하여 면적증가
가설건축물 무단 축조	가설건축물 축조 신고하지 않은 상태로 가설건축물을 설치하여 면적증가
주요구조부 무단 해체(대수선)	내력벽이나 주계단 등을 구조검토 없이 무단으로 해체
주차장 무단 용도변경	옥내·외 주차장을 훼손하여 사용 면적증가
조경 면적 훼손	조경을 훼손하여 사용 면적증가
공개공지 사용기준 위반	공개공지를 훼손하여 사용 면적증가
기타	

[위반건축물의 분류]

건축 관련 행정기관에서는 "기존 위반건축물의 일시적 해소를 위한 합리적 대안을 제시하는 한편, 신규 불법행위는 원천 차단할 수 있도록 선제적 관리체계를 구축하는 「위반건축물 합리적 관리방안」을 마련"(국토교통부 보도자료 2025.10.1.) 하는 등 불법 건축행위를 근절하기 위해 다양한 방법을 모색하고 있습니다.

6.2 「특정건축물 정리에 관한 특별조치법」을 통한 양성화(2014년 기준)

「특정건축물 정리에 관한 특별조치법」의 목적은 '특정건축물을 선별하여 사용을 승인함으로써 국민의 재산권을 보호함'이라고 명시되어 있습니다. 특별법을 통해 위반건축물이 양성화되면, 건물주는 이행강제금(과태료)을 더 이상 납부하지 않아도 되며, 대출제한이 해지되고, 임대수요가 증가하게 되며, 건축물의 가치가 상승하는 긍정적인 효과가 있지만, 위법건축물을 나중에라도 합법화할 수 있다는 생각으로, 법령과 절차를 무시하고 먼저 위반하고 나중에 처리해도 된다는 안일한 생각을 조장하는 부정적인 효과도 있다고 할 수 있습니다.

❶ 「특정건축물 정리에 관한 특별조치법」 적용 범위(2014년 기준)

「특정건축물 정리에 관한 특별조치법」은 모든 건축물에 적용되는 특별법이 아니며, 특별법에 적용이 예외 되는 구역이 있으며, 건축물별로 제한된 용도와 제한된 면적 기준 등을 포함하고 있습니다. 특별법이 시행되는 경우 일반적으로 세부 시행지침도 같이 발표됩니다.

구 분	적용 면적	비 고
다세대주택	세대당 전용면적 85㎡ 이하	-
단독주택	연면적 165㎡ 이하	다가구 주택 제외
단독주택	연면적 330㎡ 이하	다가구 주택 한정

※ 2012. 12. 31 당시 사실상 완공된 주거용 특정건축물에 한함(주거용 특정건축물: 특정건물 중 해당 건축물의 연면적의 100분의 50 이상이 주거용인 건축물)
※ 적용 면적은 증축·대수선한 부분으로서 사용승인을 받지 못한 부분 포함
※ 적용 예외 구역·부지: 도시·군계획시설, 개발제한구역(예외사항 있음), 군사기지 및 군사시설 보호구역(예외사항 있음), 접도구역, 도시개발구역(예외사항 있음), 정비구역(예외 사항 있음), 보전산지, 상습재해구역, 환경정비 구역

[「특정건축물 정리에 관한 특별조치법」 적용 범위(2014년 기준)]

```
신고요령 통지 및 신고유도(허가권자)
            ↓
건축사 의뢰(건축주, 소유자 등)
※ 첨부서류: 건축사가 작성한 설계도서 및 현장 조사서 등
            ↓
특정건축물 신고접수(건축주, 소유자 등)
            ↓
양성화 대상 건축물 여부 판단(허가권자)
            ↓
건축위원회 심의(지방 건축위원회)
※ 구조·안전·위생·소방·도시계획·건축법 등 심의
            ↓
사용승인 대상 여부 확정(허가권자)
            ↓
사용승인신청서 제출(건축주, 소유자 등)
            ↓
사용승인신청서 입력(세움터)(허가권자)
※ 이행강제금 납부 확인 및 부과
            ↓
사용승인서 교부(허가권자)
※ 건축물대장 등재
```

[특정건축물 정리에 관한 특별조치법 처리 절차(2014년 기준)]

❷ 「특정건축물 정리에 관한 특별조치법」의 시행 기간(2014년 기준)

「특정건축물 정리에 관한 특별조치법」은 2013. 7. 16에 공포되었으며, 공포 후 6개월이 경과한 날부터 시행하고 1년간 효력을 가진다는 부칙에 의해서 시행 기간은 2014. 1. 17 ~ 2015. 1. 16.이며, 30일의 심의 기간을 고려해서 서류접수 기간은 2014. 1. 17. ~ 2014. 12. 16.입니다.

❸ 「특정건축물 정리에 관한 특별조치법」의 사용승인 기준(2014년 기준)

일반적으로 건축물은 건축설계 후에 인허가 절차 이후에 인허가 도서 그대로 공사를 완료한 이후에 사용승인(준공)을 신청하여, 관련 법령에 적합하면 사용승인(준공)을 받게 됩니다. 하지만 위반건축물은 관련 법령을 위반했을 뿐만 아니라 이미 공사도 완료된 상태이기 때문에 현행법에 적합한 건축물로 올릴 수 없습니다.

「특정건축물 정리에 관한 특별조치법」을 통해 사용승인(준공)을 받기 위해서는 대지, 도로, 구조 안전, 위생, 방화, 일조권 등에 대해 별도의 건축심의 과정을 거쳐야만 합니다.

구 분	세부 기준	비 고
대지	자기 소유의 대지 또는 국유지·공유지(관계 법률에 따라 그 처분 등이 제한되어 있지 아니한 경우에 한정한다)에 건축한 건축물	사용 승낙을 받은 타인 소유의 대지를 포함한다.
도로 최소너비	3미터	
구조안전·위생·방화와 도시계획사업의 시행 및 인근 주민의 일조권	현저한 지장이 없는 건축물	소방에 지장이 없다고 인정되는 경우 예외 사항 있음
과태료	이행강제금의 체납이 없을 것	건축주 또는 소유자가 과태료 또는 이행강제금을 1년 이내에 모두 납부하는 조건으로 사용승인서를 내줄 수 있다.

[「특정건축물 정리에 관한 특별조치법」 사용승인 기준(2014년 기준)]

6.3 건축법 개정을 통한 양성화(예정)

위반건축물로 가장 많이 적발되는 부분이 정북방향 일조사선에 따른 건축물 후퇴 부분에 무단으로 증축하는 경우가 제일 빈번해서 정북방향 일조사선과 관련한 법령이 개정될 예정이며, 외부계단 비가림지붕과 옥상 비가림 지붕, 보일러실과 관련해서는 법령에 면적산정 특례사항을 신설할 예정입니다. (출처:「불법 건축관행 근절을 위한 위반건축물 합리적 관리방안」. 2025. 10. 국토교통부)

❶ 정북방향 일조사선 규정 개정(예정)

「건축법 시행령」 제86조(일조 등의 확보를 위한 건축물의 높이 제한)에는 전용주거지역이나 일반주거지역에서 건축물을 건축할 때는 법 제61조 제1항에 따라 건축물의 각 부분을 정북(正北) 방향으로의 인접 대지경계선으로부터 의무적으로 떨어져야 하는 거리를 명시하고 있습니다.

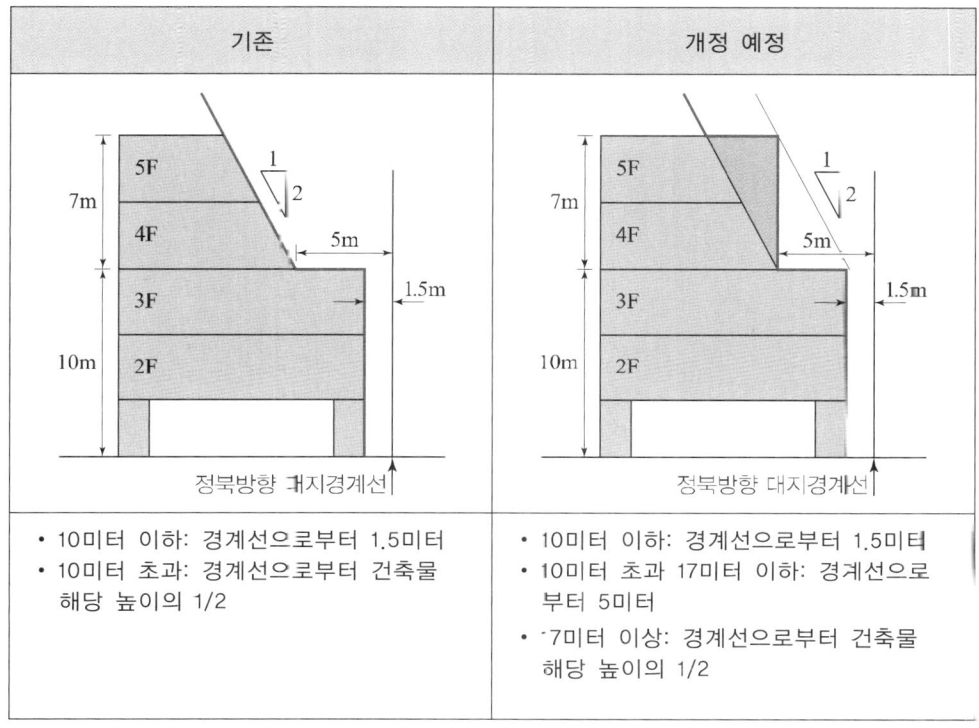

[정북방향 일조사선 개정 예정사항 비교]
(출처: 「불법 건축관행 근절을 위한 위반건축물 합리적 관리방안」, 2025. 10. 국토교통부)

정북방향 일조사선 규정이 조금씩 개정되면서 추가로 법령이 개정되면 기존 베란다를 경량 구조물과 샤시를 사용하여 거실이나 다용도실 등의 위반건축물로 사용하던 공간을 합법적인 공간으로 만들 수도 있습니다. 현행 4~5층 높이(10~17미터)에서 사선으로 적용하던 정북방향 일조사선 규정을 해당 구간에 대해 수직선으로 변경할 경우 해당구간에 무단으로 증축한 부분에 대해서 합법적인 공간으로 편입시킬 수도 있습니다.

❷ **외부계단 비가림지붕·옥상비가림 지붕·보일러실 면적산정 특례(신설예정)**

단독·다가구·다세대주택의 외부 계단 이용의 편의를 위해 설치한 계단 비가림 지붕, 옥상 방수 문제를 해결하고자 설치한 옥상 비가림 지붕과 보일러의 보호를 위해 샤시 등으로 별도로 구획한 보일러실은 기존법규에 건폐율, 용적률, 건축물의 층수 규정 등에 위배 되어 위반건축물로 분류되는데, 이러한 비가림 지붕과 보일러실에 대해 면적산정 특례를 신설하여 합법화할 예정입니다.

  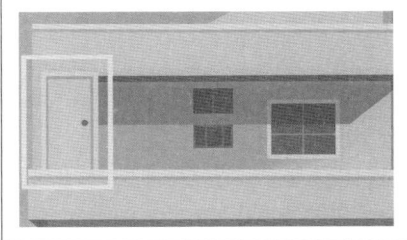

[외부계단 비가림 지붕]　　　　[옥상 비가림 지붕]　　　　[보일러실]

(출처:「불법 건축관행 근절을 위한 위반건축물 합리적 관리방안」, 2025. 10. 국토교통부)

6.4 근린생활시설 세부 용도별 면적 제한 규정 개정

「건축법 시행령」[별표 1]에는 각 건축물을 유사한 용도를 묶어서 29개의 시설로 분류하고 있으며, 사용자의 필요로 시설군을 변경하려면 관련 법규를 고려하여 용도변경 신고나 허가 절차를 받아야 합니다.

건축물의 용도 분류가 최초에는 해당 건축물에 입주한 시설면적의 총합계를 기준으로 하여 분류되었는데, 예를 들어 학원은 500㎡ 미만이면 제2종 근린생활시설의 학원으로 분류되지만, 동일 건축물에 입주한 학원시설의 합계가 500㎡ 이상이 되면 교육연구시설로 시설분류가 변경되어야만 했는데, 근린생활시설이 다른 시설로 바뀌게 되면 주차장, 소방, 장애인 등의 요건을 변경된 시설조건에 맞춰야만 용도변경이 가능했습니다. 근린생활시설의 면적합산이 업종별 총량제에서 소유자(임차인 포함) 총량제로 변경됨으로써 허용 면적산정 시 기존 창업자의 면적을 제외함으로써 신규 창업자의 창업 가능 범위를 확대하였습니다.

※ 참고: 장애인, 소방 등 건축 이외의 분야는 종전 용도별 총량제 규정의 적용을 받는 경우가 있으니, 이에 대해서 관련 부서와 협의가 필요합니다.

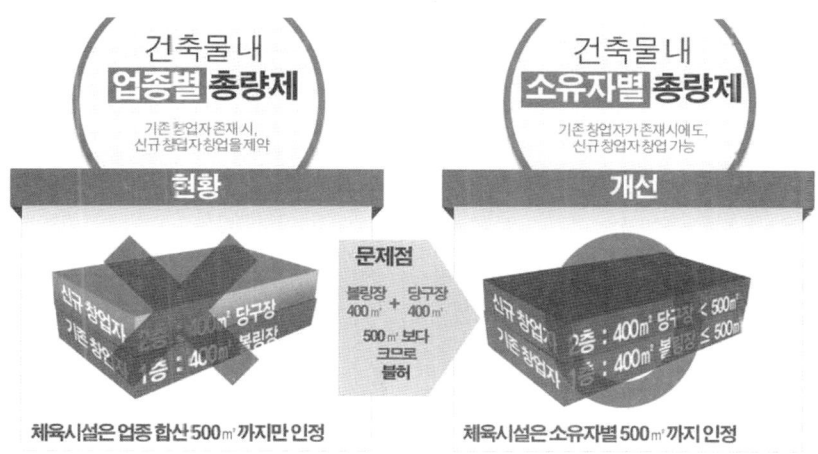

[업종별 총량제에서 소유자(임차인 포함) 총량제로 변경]
(출처: 국토교통부 보도자료. 2014.3.17.)

6.5 지하층 출입계단 상부지붕 면적규정 개정

지하층으로 내려가는 외부계단은 최초 허가 시 건폐율 산정에서 제외하기 위해서 지붕을 씌우지 않고서 허가받았지만, 외부에 노출된 계단을 통해 빗물이 유입하게 되자 추가로 지붕을 씌워서 사용의 편의를 고려하였지만, 해당 건축물은 위반건축물로 단속되는 경우가 많았습니다. 외부 환경에 노출된 지하 계단에서 많은 문제점이 발생하자 「건축법 시행령」 제119조(면적 등의 산정 방법) 제1항 제2호 다목 5)에 "건축물 지하층의 출입구 상부(출입구 너비에 상당하는 규모의 부분을 말한다)는 건축면적에 제외한다"라는 내용을 추가 하게 되었습니다. 이러한 경우 계단실 부분은 건축면적에는 제외되나 지하층 바닥면적에는 포함하여야 하며, 계단과 연계된 썬큰 부분은 이러한 예외 규정에 해당하지 않으니 주의해야 합니다. 지하층은 용적률 산정에서 제외되고, 지하층 바닥면적 증가에 따른 주차구획 설치는 증축시 0.5대 미만 주차장 설치 예외 규정을 적용하여 해당부분을 합법화할 수도 있습니다.

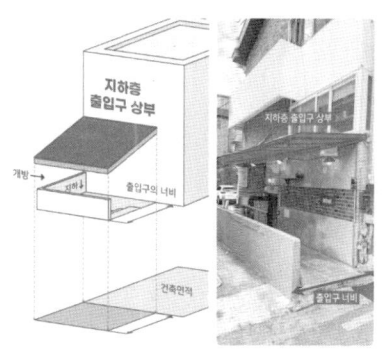

[지하층 출입계단 상부지붕 건축면적 제외]   [지하층 출입계단 상부지붕]

※ 출처: 법제처(한눈보기)

6.6 폐지된 법령을 적용한 양성화

도시의 개방감과 미관을 위해 "높이가 정하여지지 아니한 가로구역의 경우 건축물 각 부분의 높이는 그 부분으로부터 전면도로의 반대쪽 경계선까지의 수평거리의 1.5배를 넘을 수 없다."라는 내용의 도로사선제한은 2015년 5월에 폐지되었습니다.

❶ 도로사선 규정 폐지

도로사선제한으로 인해 건축물의 상부층은 하부층에 비해 뒤쪽으로 후퇴하여 건축되는데, 이러한 부분에 지붕이 없는 베란다가 자연스럽게 만들어졌습니다. 이러한 베란다에 샤시를 씌워서 보일러실이나 세탁실을 만들었다가 위반건축물로 등재되는 경우가 많이 있었는데, 도로사선과 관련된 법령이 폐지되었기 때문에 건축행정 절차를 통해 합법적인 건축물로 만들 수도 있습니다.

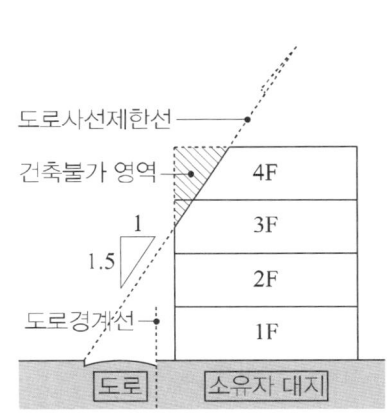
[도로사선제한 개념도]

[도로사선제한 사례]

베란다는 지붕이 없는 테라스와 같은 공간을 의미하며, 발코니는 지붕이 있는 캔틸레버구조 형식의 공간을 의미합니다. 베란다 상부에 투명한 유리나 렉산 등을 사용하여 빛이 투과되는 시설이라 하더라도 도로사선제한의 적용을 받아 법적으로는 위반건축물로 단속되었습니다.

도로사선제한이 폐지되면서 건축이 가능하지 않았던 위치에 추가로 건축이 가능해지게 되었고, 추가로 위반으로 건축된 부분의 용도와 규모에 따라서 건축물 표시변경이나 증축 등의 추인 절차를 통해 합법적인 공간으로 사용할 수도 있습니다.

6.7 용도변경을 통한 양성화

근린생활시설을 주택으로 무단으로 사용하거나, 주택을 근린생활시설로 무단으로 사용하는 행위, 근린생활시설을 숙박시설로 무단으로 사용하는 것처럼 본래의 용도 이외의 목적으로 사용하는 행위는 건축법 위반사항이라 할 수 있습니다. 다만 다중이용시설이 아닌 근린생활시설 상호 간 임의로 사용(「건축법 시행령」 제14조 제4항 제2호)하는 경우는 예외로 하고 있습니다. 용도변경을 하기 위해서는 용도별로 주차, 소방, 정화조, 대지 안의 공지, 지역 및 지구별 용도제한 등 관련 규정을 만족해야 합니다.

자유업종의 경우 관할세무서에 신고만 하면 사업자등록증이 나오기 때문에 건축물의 세부적인 용도에 제한이 없다고 판단할 수 있지만, 건축법적으로는 임의의 경우를 제외하고는 모두 건축법 위반으로 단속 대상이 될 수도 있습니다.

❶ 근린생활시설을 주택으로 용도변경

근린생활시설을 주택으로 용도변경을 하려는 주된 이유는 임차인확보의 어려움 때문에 상대적으로 임차 선호가 높은 주택으로 변경하기 위함인데, 이러한 용도변경을 진행할 때 추가로 주차구획을 확보해야 하는데, 1층 근린생활시설 일부를 실내주차장으로 변경하여 용도변경을 진행할 수 있지만, 상대적으로 임대료가 비싼 1층의 일부를 주차장으로 변경하면서 용도변경을 해야 하는지에 대한 고민이 필요합니다.

❷ 주택을 근린생활시설로 용도변경

주택을 근린생활시설로 변경하는 용도변경은 상대적으로 어렵지는 않지만, 때에 따라서는 한번 근린생활시설로 바꾼 주택이 변경된 법령 기준에 의해서 최초의 주택으로 용도변경이 불가한 때도 있으니 충분한 검토 후에 용도변경을 진행해야 합니다.

❸ 주택·근린생활시설을 숙박시설로 용도변경

관광객 증가와 기존 숙박시설의 부족으로 인해 주택이나 근린생활시설을 숙박시설로 용도변경 하고자 하는 경우가 있는데, 지역지구, 개구부 규정, 소방, 조경, 주차, 정화조, 장애인편의시설, 대지안의 공지 등의 규정에 대한 세부적인 검토가 진행되어야 합니다.

❹ 오피스텔을 근린생활시설로 용도변경

오피스텔은 업무시설에 해당하며, 업무시설은 근린생활시설과 분리되는 별도의 출입구를 설치해야 하는 등의 규정을 만족해야 하며, 이와 별도로 구분소유자의 동의도 필요하여 사실상 용도변경이 어려운 경우가 많습니다.

❺ 용도변경 시 확인 사항

건축물의 용도를 변경하기 위해서는 건축물이 위치한 대지의 지역지구, 대지안의 공지, 전면도로 기준, 주차장, 피난계단 등의 요건이 모두 충족되어야만 합니다.

예를 들어 해당 용도로 쓰이는 바닥면적의 합계가 200㎡ 이상의 학원을 건축물의 3층 이상의 층에서 하기 위해서는 직통계단이 2개소 이상 있어야 하며, 서울시에서는 제2종 일반주거지역에서 청소년게임제공업소(PC방)를 하기 위해서는 해당 용도로 사용하는 바닥면적의 합계는 500㎡ 미만이어야 하면서 전면도로가 12미터 이상이어야 하는 등 건축법 이외의 각종 법령도 만족해야만 합니다.

구 분	세부 내용	관련 법령
지역지구	지역지구에 따라 용도 제한	도시계획조례
대지안의 공지	용도에 따라 대지안의 공지 차이	건축조례
교육환경 보호	절대·상대 정화구역 고려	교육환경 보호에 관한 법률
전면도로 기준	노래연습장, 청소년게임제공업소, 다중생활시설, 오피스텔 등	도시계획조례
장애인편의시설	용도에 따라 장애인편의시설 대상	편의증진법
주차장	용도별 주차기준 고려	주차장 설치 및 관리조례
정화조 (원인자부담금)	용도별 정화조 용량 고려	건축물의 용도별 오수발생량 및 정화조 처리대상 인원산정기준
소방시설	다중이용시설 소방시설 확대	소방법
구조(건축물 하중기준)	용도별 하중기준 고려	건축구조기준 설계하중
2개 이상의 피난계단 설치	용도와 위치에 따라 2개 이상의 피난계단 설치 필요	건축법 시행령
동일건축물에 금지 용도	동일건축물에 설치를 금지하는 용도 고려	학교보건법 등
기타	에너지(단열) 기준, 방화창, 소방관 진입창 등	건축물의 피난·방화구조 등의 기준에 관한 규칙 등

[용도변경 시 확인 사항]

건축물은 관련 법령에 따라서 동일 건축물에 설치를 금지하는 시설이 있는데, 예를 들어 병원(의원)관련 시설은 교차오염과 위생상의 문제로 식품제조시설과 관련한 용도의 시설을 추가로 설치하는 것을 금지하고 있으니 용도변경 시 주의해야 하겠습니다.

용도 금지 조합	금지 조합 주된 사유	관련 법령
주유소 + 병원	화재 · 폭발 위험	위험물안전관리법
학교 + 유흥주점	교육환경 보호	학교보건법
음식점 + 세탁소 · 정비소	위생상 부적합	공중위생관리법 시행규칙
축사 + 주거시설	환경 위해 방지	가축분뇨법 시행규칙
미용실 · 목욕장 + 음식점	위생 기준 충돌	공중위생관리법 시행규칙
병원(의원) + 식품제조시설	교차오염, 위생상 부적절	공중위생관리법 시행규칙
교육연구시설(학교) + 유흥주점 · 단란주점	교육환경 저해	교육환경보호법 등

[용도 금지 조합 사례]

6.8 증축 추인을 통한 양성화

증축 추인은 종 상향, 용적률 상향 등 최초 인허가 이후로 완화된 적용기준을 반영하여 합법적으로 양성화하는 것을 의미하는데, 일반건축물은 소유주가 1인 이기 때문에 증축이 상대적으로 쉬울 수가 있지만, 집합건축물의 경우에는 서비스면적이 증가하는 것은 크게 상관이 없겠지만 전용면적이 증가하게 되면, 전체 호(세대)의 땅 지분이 변경되는 문제가 발생하기 때문에 집합건축물 소유자 100%의 동의가 필요합니다.

❶ 종 세분화 이후 종 상향 지역 검토

일반주거지역의 종 세분화가 「국토의 계획 및 이용에 관한 법률」 개정으로 2003년 7월부터 시행되었는데, 이는 도시 주거지역의 안정과 무분별한 개발을 방지하고 도시 환경과 자연경관을 보호하기 위해 일반주거지역을 1 · 2 · 3종으로 구분하여 건폐율과 용적률을 달리 적용하였습니다. 이때 서울시는 다른 지역에 비해 엄격한 세부 기준을 적용했었습니다.

[일반주거지역 사례]

종 세분화 이후 20년 이상 지나는 동안 지역별로 종 상향이 이루어지기도 했는데, 이러한 내용을 세부적으로 확인해서 늘어난 용적률 내에서 증축을 통해 위반건축물을 양성화를 할 수도 있지만, 정비사업구역 내 기존 건축물의 증축이나 용도변경이 제한되는 사항이 있으니 보다 면밀한 검토가 필요합니다.

❷ 용적률 한시적 상향 조례 활용

서울시는 도시계획조례를 개정하여 도심 내 소규모 건축물에 대해 제2·3종 일반주거지역 용적률을 한시적으로 완화하였는데, 제2종 일반주거지역은 허용 용적률을 200%에서 250%로 상향하며, 제3종은 일반주거지역은 250%에서 300%로 한시적으로 상향하였습니다. 해당 제도는 2028. 5. 18. 까지 3년간 한시적으로 시행되고 있습니다.

지역	기존 용적률	한시적 완화 용적률
제2종 일반주거지역	200%	250%
제3종 일반주거지역	250%	300%

[서울시 한시적 용적률 완화]

건축 인·허가시 기부체납이나 공공기여 등의 조건을 만족하는 경우 법에서 정한 조건 이상을 초과하여 용적률을 높일 수도 있는데, 이러한 초과 용적률 완화를 적용받기 위해서는 도시건축공동위원회 심의 등의 절차를 거쳐야만 합니다.

조건	(예시) 일반건축물, 제3종 일반주거지역	
구분	지구단위구역	지구단위구역 외
적용방법	상한용적률 500% (기부채납, 공공기여 등) 인센티브 중첩 360% (시행령 1.2배) 300% (시행령) 기준·허용 250% (서울시 조례기준)	인센티브 중첩 360% (시행령 1.2배) 300% (시행령) 용적률 250% (서울시 조례기준) ※ 한시적 완화 적용시 300%

[서울시 법상향 초과 용적률 적용사례] (출처 : 서울시)

❸ 주차장 0.5대 미만 예외규정 활용

「주차장법 시행령」[별표 1] 비고 6호에 "시설물을 증축하는 경우 먼저 증축하는 부분에 대하여 설치기준을 적용하여 산정한 수가 0.5 미만일 때에는 그 수와 나중에 증축하는 부분들에 대하여 설치기준을 적용하여 산정한 수를 합산한 수의 소수점 이하의 수. 이 경우 합산한 수가 0.5 미만일 때에는 0.5 이상이 될 때까지 합산해야 한다."라는 내용을 근거로 용도별 의무 주차대수의 0.5대 미만까지 주차구획을 추가로 설치하지 않고서도 증축할 수 있습니다. 예를 들면 서울시의 경우 「서울특별시 주차장 설치 및 관리 조례」에 따르면 근린생활시설은 134㎡ 당 1대의 주차구획을 의무적으로 설치해야 하는데, 만일 근린생활시설을 67㎡ 미만으로 증축하면 추가로 주차장을 설치하지 않고서도 증축이 가능하다는 의미입니다.

❹ 기존 PIT 면적 재산정

건축물 내부에는 인체의 혈관과도 같은 역할을 하는 전기설비와 기계설비 배관 등이 필요하며, 이러한 설비 배관의 유지관리를 위해서 평면적으로 별도의 PIT 공간을 구획하게 됩니다. PIT는 건축법적으로 바닥면적 산정 시 제외되는 부분이지만 건축 도면을 CAD로 작성하기 이전에 설계한 건축물의 경우에는 PIT 공간을 바닥면적에 포함하여 설계하는 경우가 종종 있었습니다. 기존에 면적에 산입했던 PIT 부분을 면적에서 제하여 위반된 부분의 면적으로 대처할 수도 있는데, 이러한 경우에는 자치단체의 자치 규정 등을 충족해야 합니다.

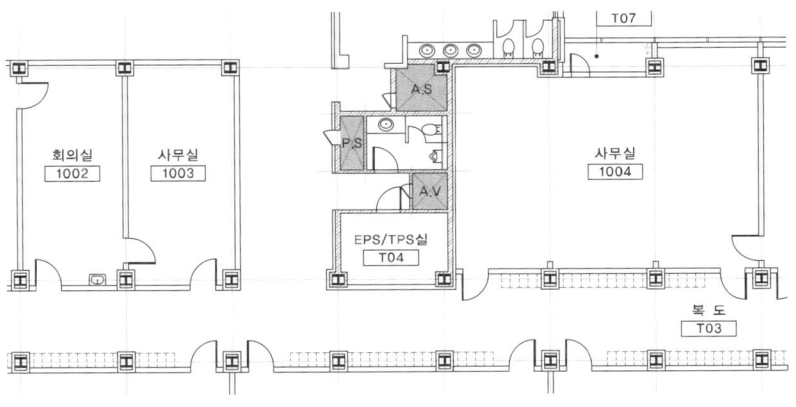

[PIT 면적 재산정]

❺ 옥탑층을 일반층으로 증축

과거에는 상수도의 공급수압이 낮아서 소규모 다세대주택이나 근린생활시설의 경우 고층까지 상수도 공급이 원활하지 않아서 각 건축물의 최상부에 물탱크실을 만들어서 각 층에서 상수도 사용을 원활하게 했었습니다. 하지만, 물탱크 내부의 수질이 오염되는 문제가 지속해서 발생하게 되자 상수도 계량화 사업을 통해 상수도 직결수압을 높여서 고층까지 직수로 상수도를 공급할 수 있게 되었습니다. 이러한 과정에서 물탱크실의 활용이 없어지자 건물주들은 물탱크실을 불법으로 옥탑방으로 만들어서 입차인들에게 상대적으로 저렴한 가격으로 주택시장에 공급하게 되었습니다. 이러한 부분을 양성화하기 위해서는 용적률, 정북방향 일조권사선제한, 다세대주택(4개층)·다가구주택(3개층) 요건 등에 대한 검토를 통해서 위반건축물을 양성화할 수도 있습니다.

[옥탑층(물탱크실)]

[옥탑방]

6.9 기타 방법을 통한 양성화

❶ 가설건축물 축조신고

무단으로 가설건축물(주차관리실) 설치하였을 때 합법적인 절차(가설건축물 축조신고)를 통해서 양성화할 수 있습니다. 「건축법」과 각 자치단체의 조례에는 가설건축물의 구조와 규모에 대해 정의하고 있는데, 가설건축물 중 위반건축물로 가장 많이 언급되는 경우는 주차관리를 위한 주차관리실의 설치라 할 수 있습니다. 가설건축물은 가설건축물 축조 신고를 통해서 합법화할 수 있는데, 각 자치단체별로 별도의 심의과정이 있는 때도 있는데. 서울시 강남구의 경우에는 20미터 이상의 간선도로에 접한 대지는 가설건축물 축조 신고 전에 건축위원회 심의를 별도로 받아야 합니다. 가설건축물은 행정기관에서 건축물대장에 올리지 않고, 가설건축물 관리대장을 통하여 별도로 관리되고 있습니다.

가설건축물 기준	가설건축물의 건축법 적용 제외 사항
철근콘크리트조 또는 철골철근콘크리트조가 아닐 것	건축물대장에 미포함되며 가설건축물 관리대장을 통해 별도로 관리 됩니다. 가설건축물의 아래의 건축법은 적용하지 않습니다. • 건축물의 공사감리 제외 • 건축물대장 작성 제외 • 등기촉탁 제외 • 조경산정 제외 • 건축물의 높이제한 제외 • 일조 등의 확보를 위한 건축물의 높이 제한 ※ 정북방향일조권은 인접대지의 건물주가 동의한 경우에만 적용에서 제외
존치기간은 3년 이내일 것. 다만, 도시·군계획사업이 시행될 때까지 그 기간을 연장할 수 있다.	
전기·수도·가스 등 새로운 간선 공급설비의 설치를 필요로 하지 아니할 것	
공동주택·판매시설·운수시설 등으로서 분양을 목적으로 건축하는 건축물이 아닐 것	

[가설건축물 적용기준 및 건축법 적용 제외 사항]

❷ 발코니 확장

주택의 발코니는 폭 1.5미터까지는 바닥면적에서 제외되며, 발코니 확장을 통해 서류로는 발코니이나 사용은 거실처럼 사용할 수도 있는 공간입니다. 기존주택 일부분이 발코니로 되어있지 않은 부분을 발코니로 변경하고, 변경할 때 제척 된 만큼의 바닥면적을 다른 부분의 위반사항을 해결하는 방안으로 활용할 수도 있습니다. 참고로 주택의 발코니에 설치하는 샤시는 바닥면적에서 제외되지만(질의회신 참조), 근린생활시설에 설치하는 발코니에 샤시를 설치하면 바닥면적에 포함되어야 합니다.

> **질의회신: 기존주택 발코니에 샤시 설치 시 바닥면적의 산입 여부**
> [국토교통부/ '12.02.24]
>
> [질 의]
> 기존주택의 발코니에 샤시를 설치한 경우 증축에 해당하는지 여부
>
> [회 신]
> 「건축법 시행령」제119조 제1항 제3호 나목에 따라 주택의 발코니 등 건축물의 노대나 그 밖에 이와 비슷한 것(이하 "노대 등"이라 한다)의 바닥은 난간 등의 설치 여부에 관계없이 노대등의 면적(외벽의 중심선으로부터 노대 등의 끝부분까지의 면적을 말한다)에서 노대 등이 접한 가장 긴 외벽에 접한 길이에 1.5미터를 곱한 값을 뺀 면적을 바닥면적에 산입하도록 하고 있음. 따라서, 기존주택의 발코니에 단순히 샤시를 설치한 것만으로 바닥면적에 산입되는 것은 아님.

❸ 주차장 인근 설치(「주차장법 시행령」 제7조 제2항)

건축물의 용도를 바꾸거나 증축하는 경우 부득이 추가로 주차구획을 설치해야 하는 경우가 있는데, 기존 대지에 여유 공간이 없는 경우 주차장을 인근에 설치할 수도 있습니다. 기존 대지의 법규에서 정한 직선거리나 도보거리 이내에 있는 자투리땅을 매입하여 주차장 부지로 대체할 수도 있습니다.

구 분	이격거리	비고
직선거리	300미터 이내	부설주차장의 소유권 취득 필요
도보거리	600미터 이내	

[부설주차장 인근설치 규정]

❹ 적용의 완화(「건축법 시행령」 제6조)

사용승인을 받은 후 15년 이상이 되어 리모델링이 필요한 건축물 건축물은 대지의 조경, 공개공지, 건축선, 건폐율, 용적률, 가로구역별 높이 기준, 채광일조권 등의 기준을 적용받지 않아도 된다는 규정을 활용하여 위반건축물을 양성화할 수도 있습니다. 적용의 완화 규정을 활용하여 용도에 따라 2개소 이상의 직통계단을 설치해야 하는 경우(「건축법 시행령」 제34조 제2항) 지상의 조경 부분에 직통계단을 설치하거나, 엘리베이터가 없는 건축물에 허용 건폐율과 용적률을 넘어가거나, 기존 조경 일부를 훼손하더라도 기존 건축물에 엘리베이터를 설치할 수도 있는데, 이러한 적용의 완화 규정을 적용받기 위해서는 별도의 심의를 받아야 합니다.

[외부계단 추가 설치]   [엘리베이터 신설]

❺ 옥상조경 설치

대지 면적이 200㎡ 이상이면 건축물의 용도와 규모에 따라 법에서 정한 면적 이상의 조경을 의무적으로 설치해야만 합니다. 만일 기존에 설치된 조경을 훼손하였으면 조경을 원상복구 하거나 조경 위치를 다른 곳으로 이동해주어야 합니다.

[옥상조경]

「건축법 시행령」의 적용의 완화 규정을 적용할 수 없는 상태에서 기존 지상조경의 일부를 훼손하여 위반건축물로 적발 된 경우에 법정 조경면적을 옥상조경으로 대처할 수도 있는데, 옥상조경은 전체 조경면적의 절반을 넘을 수 없으며, 옥상조경 면적의 3분의 2만 법정 조경면적으로 인정받을 수 있으며, 옥상조경은 국토교통부에서 고시한 「조경기준」을 충족해야 하고, 기존 건축물의 구조에도 이상이 없어야만 합니다.

❻ 원상복구

위반건축물로 적발되었을 때 가장 확실하면서 합리적인 방법은 건축물을 사용승인(준공) 당시의 조건으로 원상 복구하는 것입니다. 원상복구를 하고자 하는 경우, 건물소유자는 건축물의 위반사항에 대해 조치 전·후 사진을 첨부하여 시정완료 보고서를 작성해서 해당 관청에 접수하게 되면 담당자는 현장 확인 등의 절차를 통하여 위반건축물에 대한 원상복구 여부를 확인하며, 위반사항이 시정되었을 경우 위반건축물 해지 처리합니다. 참고로 원상복구 시 기존 위반시설의 기둥을 비롯한 구조 부재 일부를 남기는 경우가 있는데, 관공서 담당자는 반복적인 위반건축물의 발생을 막고자 구조부재를 포함한 위반건축물 전체에 대한 원상복구를 요구하고 있습니다.

참고로 2020년 ~ 2024년 기간 중 전체 위반건축물 시정명령 이후 약 40~50%의 위반건축물은 원상복구 처리되었습니다.

구 분	2020년	2021년	2022년	2023년	2024년
시정명령 건수 (허가권자가 기간을 정하여 원상복구 등 위반사항 시정명령)	63,905	58,414	56,004	47,989	66,901
원상복구 등 시정완료 건수	37,536 (58.7%)	29,781 (51.0%)	24,319 (43.4%)	23,487 (48.9%)	31,282 (46.8%)

단위:건수

[연도별 원상복구 등 시정완료 건수]
(출처:「불법 건축관행 근절을 위한 위반건축물 합리적 관리방안」. 2025. 10. 국토교통부)

07
별첨 1~11

[별첨 1] 건축물 면적, 높이 등 세부 산정기준
[별첨 2] 용도별 건축물의 종류(「건축물 시행령」 [별표 1])
[별첨 3] 편의시설의 구조·재질 등에 관한 세부기준
[별첨 4] 발코니 등의 구조변경절차 및 설치기준
[별첨 5] 부설주차장의 설치대상시설물 종류 및 설치기준
[별첨 6] 「장애인등 편의법」 일부조항 처리지침
[별첨 7] 승용승강기의 설치기준
[별첨 8] 건축물의 용도별 오수발생량 및 정화조 처리대상인원 산정기준
[별첨 9] 용도변경 관련 질의회신 사례
[별첨 10] 강남구 건축위원회 심의(자문)대상
[별첨 11] 건축 관련 참고 사이트

07 별첨

[별첨 1] 건축물 면적, 높이 등 세부 산정기준 (출처: 국토교통부 고시 제2021 - 1422호)

제1장 일반사항

1.1 목적
이 기준은 「건축법」 제84조 및 같은 법 시행령 제119조 제5항에 따라 건축물의 면적, 높이 및 층수 등의 산정방법에 관한 구체적인 적용사례 및 적용방법 등을 참고할 수 있도록 하는 데 그 목적이 있다.

제2장 건축물의 면적 산정기준

2.1. 대지면적
2.1.1. 대지면적은 대지의 수평투영면적으로 한다.

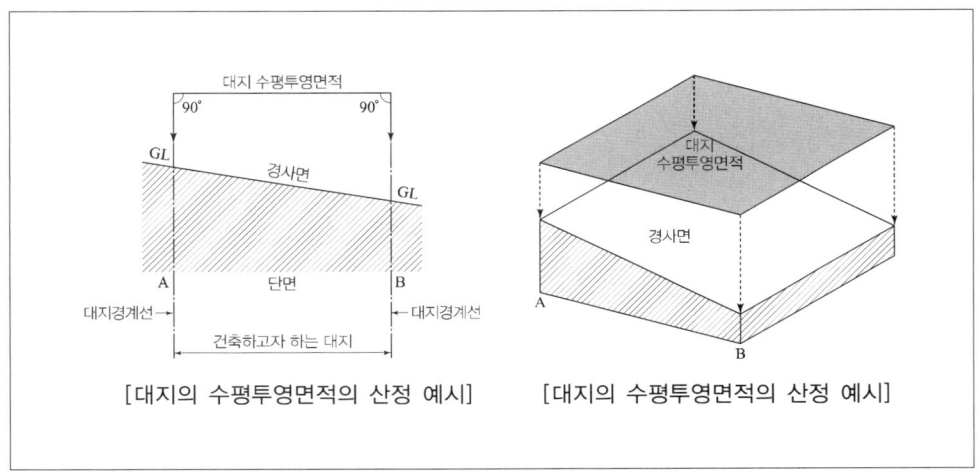

[대지의 수평투영면적의 산정 예시]   [대지의 수평투영면적의 산정 예시]

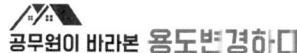

2.1.2. 다음 각 항목의 어느 하나에 해당하는 면적은 제외한다.
   1) 「건축법」 제46조 제1항 단서에 따라 대지에 건축선이 정하여진 경우: 그 건축선과 도로 사이의 대지면적

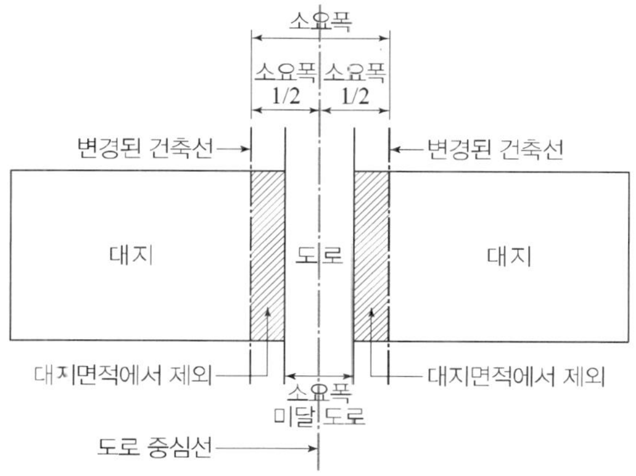

[소요너비에 못 미치는 너비의 도로의 경우 대지면적 산정 예시]

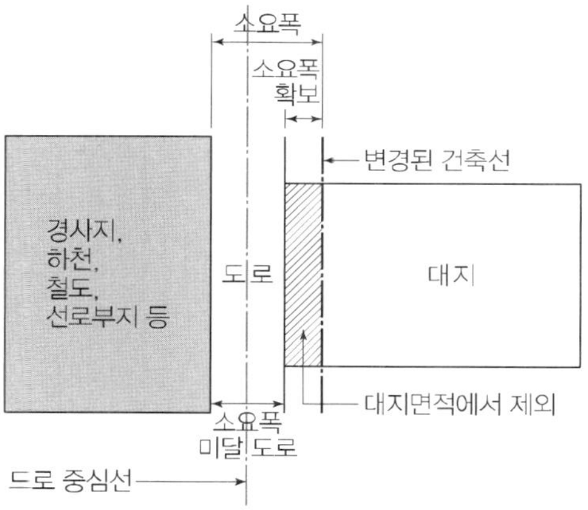

[소요너비에 못 미치는 너비의 도로 반대쪽에 경사지, 하천, 철도, 선로부지, 그 밖에 이와 유사한 것이 있는 경우 예시]

* 소요너비에 못 미치는 너비의 도로는 그 중심선으로부터 그 소요너비의 2분의 1의 수평거리만큼 물러난 선을 건축선으로 하되, 그 도로의 반대쪽에 경사지, 하천, 철도, 선로부지, 그 밖에 이와 유사한 것이 있는 경우에는 그 경사지 등이 있는 쪽의 도로경계선에서 소요너비에 해당하는 수평거리의 선을 건축선으로 하고, 그 건축선과 도로 사이의 면적은 대지면적에서 제외함.

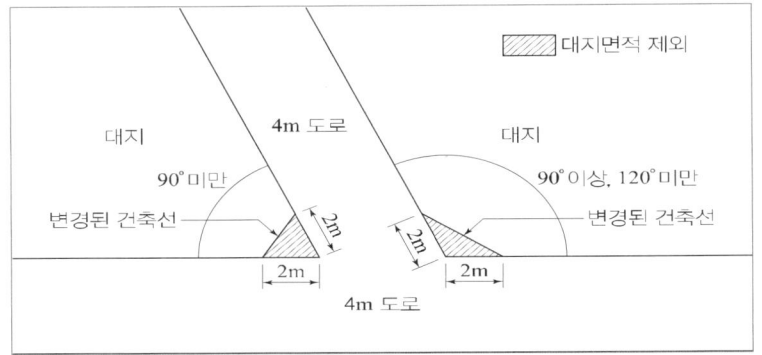

[너비 4m와 4m 교차도로의 경우 대지면적(건축선 결정) 예시]

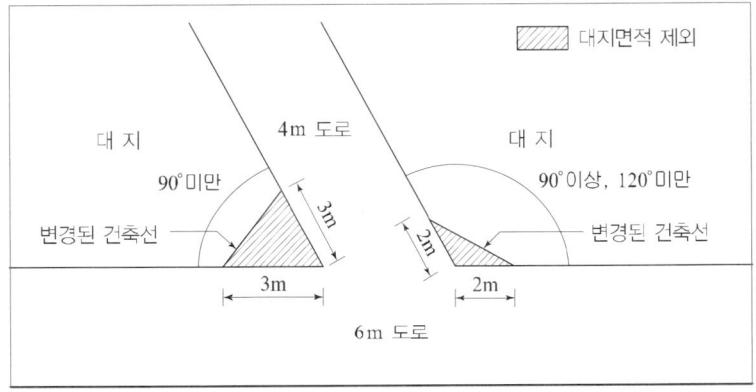

[너비 4m와 6m 교차도로의 대지면적(건축선 결정) 예시]

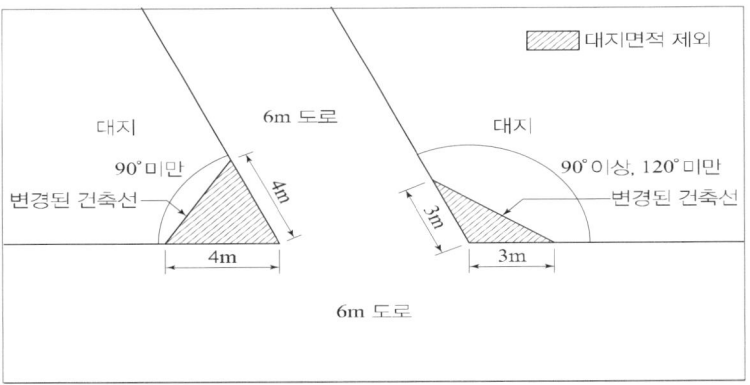

[너비 6m와 6m 교차도로의 대지면적(건축선 결정) 예시]

* 너비 8m 미만인 도로 모퉁이 부분의 건축선은 그 대지에 접한 도로경계선의 교차점으로부터 도로경계선에 따라 다음의 표에 따른 거리를 각각 후퇴한 두 점을 연결한 선으로 하고, 그 건축선과 도로 사이의 면적은 대지면적에서 제외함.

- 「건축법 시행령」 제31조 제1항에 따른 도로 모퉁이 부분의 건축선 지정 기준

도로의 교차각	해당 도로의 너비		교차되는 도로의 너비
	6m 이상 8m 미만	4m 이상 6m 미만	
90° 미만	4m	3m	6m 이상 8m 미만
	3m	2m	4m 이상 6m 미만
90° 이상 120° 미만	3m	2m	6m 이상 8m 미만
	2m	2m	4m 이상 6m 미만
120° 이상	적용하지 않음		

2) 대지에 도시·군계획시설인 도로·공원 등이 있는 경우: 그 도시·군계획시설에 포함되는 대지(「국토의 계획 및 이용에 관한 법률」 제47조 제7항에 따라 건축물 또는 공작물을 설치하는 도시·군계획시설의 부지는 제외)면적

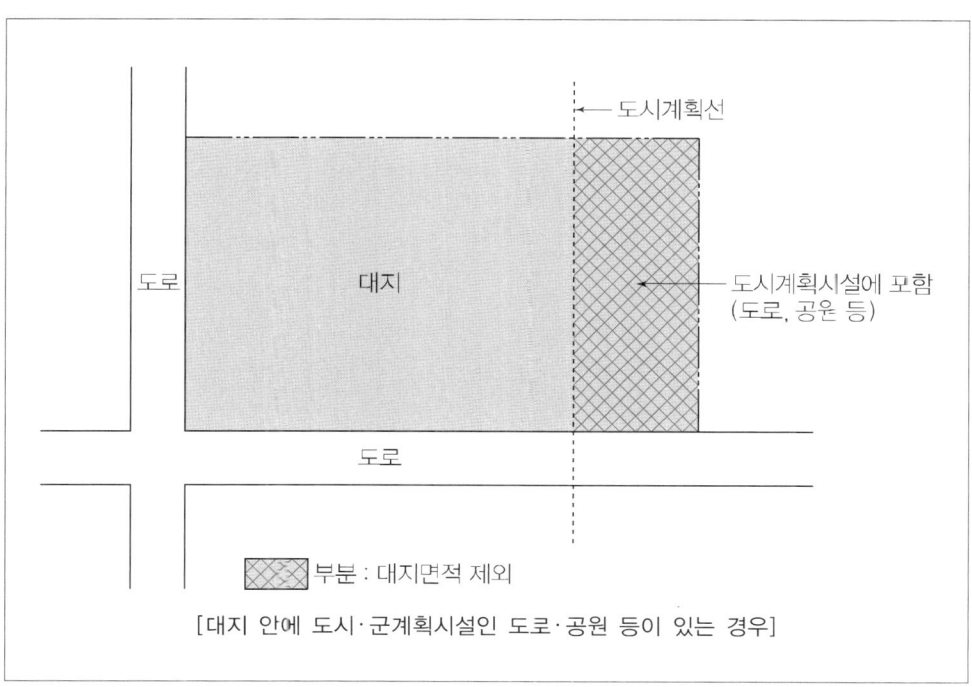

[대지 안에 도시·군계획시설인 도로·공원 등이 있는 경우]

2.2 건축면적
2.2.1. 건축면적은 건축물의 외벽(외벽이 없는 경우에는 외곽부분의 기둥으로 한다)의 중심선으로 둘러싸인 부분의 수평투영면적으로 한다.

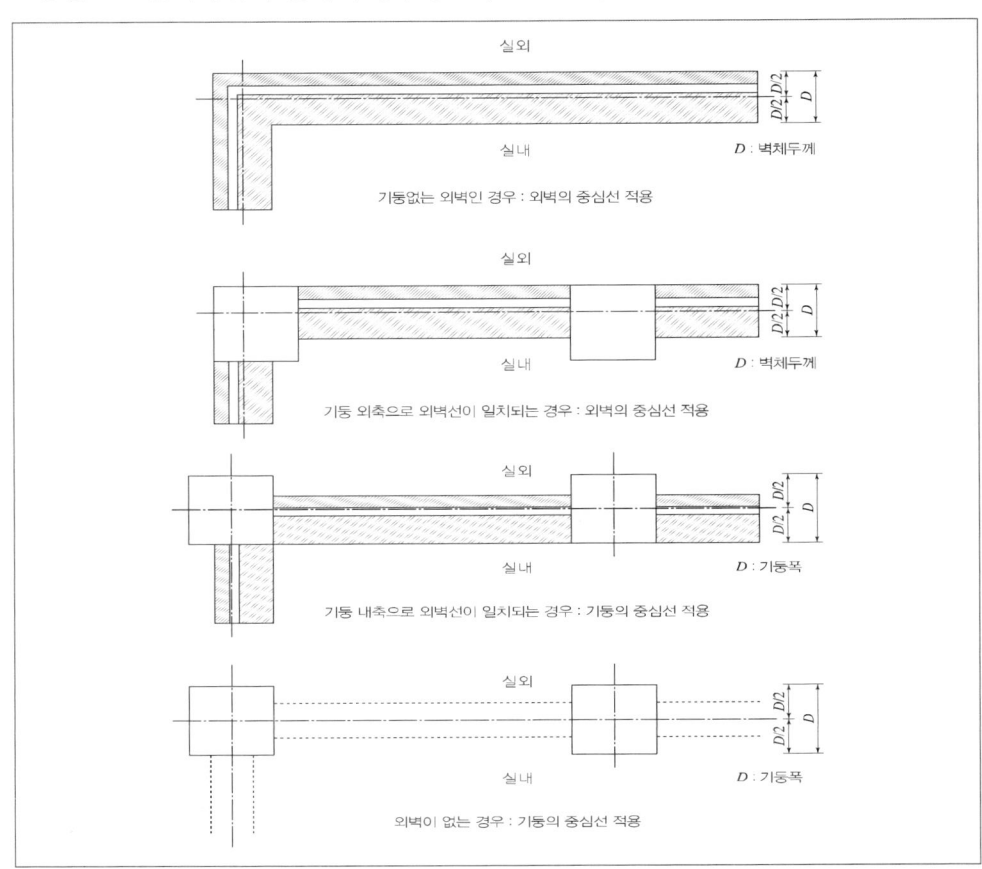

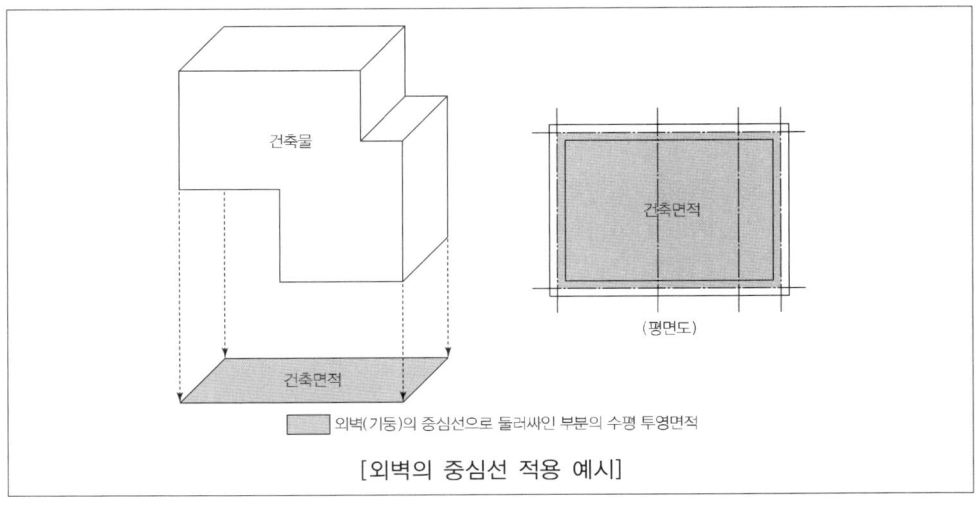

[외벽의 중심선 적용 예시]

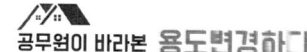

2.2.2. 다음 각 항목의 어느 하나에 해당하는 경우에는 각 항목에서 정하는 기준에 따라 산정한다.

1) 처마, 차양, 부연(附椽), 그 밖에 이와 비슷한 것으로서 그 외벽의 중심선으로부터 수평거리가 1m 이상 돌출된 부분이 있는 건축물의 건축면적은 그 돌출된 끝부분으로부터 다음의 구분에 따른 수평거리를 후퇴한 선으로 둘러싸인 부분의 수평투영면적으로 한다.

 (1) 「전통사찰의 보존 및 지원에 관한 법률」 제2조 제1호에 따른 전통사찰 : 4m 이하의 범위에서 외벽의 중심선까지의 거리

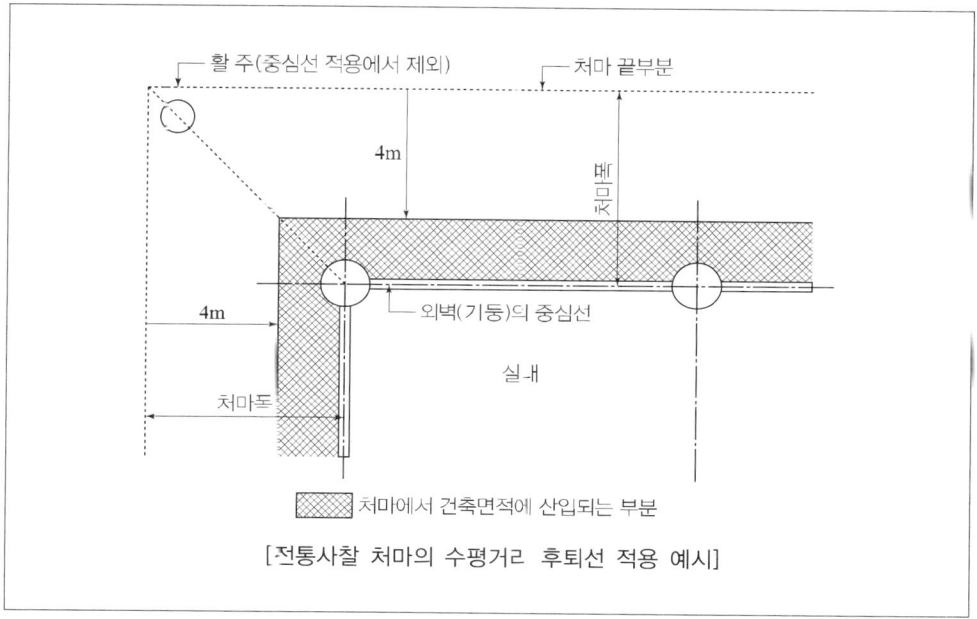

[전통사찰 처마의 수평거리 후퇴선 적용 예시]

 (2) 사료 투여, 가축 이동 및 가축 분뇨 유출 방지 등을 위하여 처마, 차양, 부연, 그 밖에 이와 비슷한 것이 설치된 축사: 3m 이하의 범위에서 외벽의 중심선까지의 거리(두 동의 축사가 하나의 차양으로 연결된 경우에는 6m 이하의 범위)

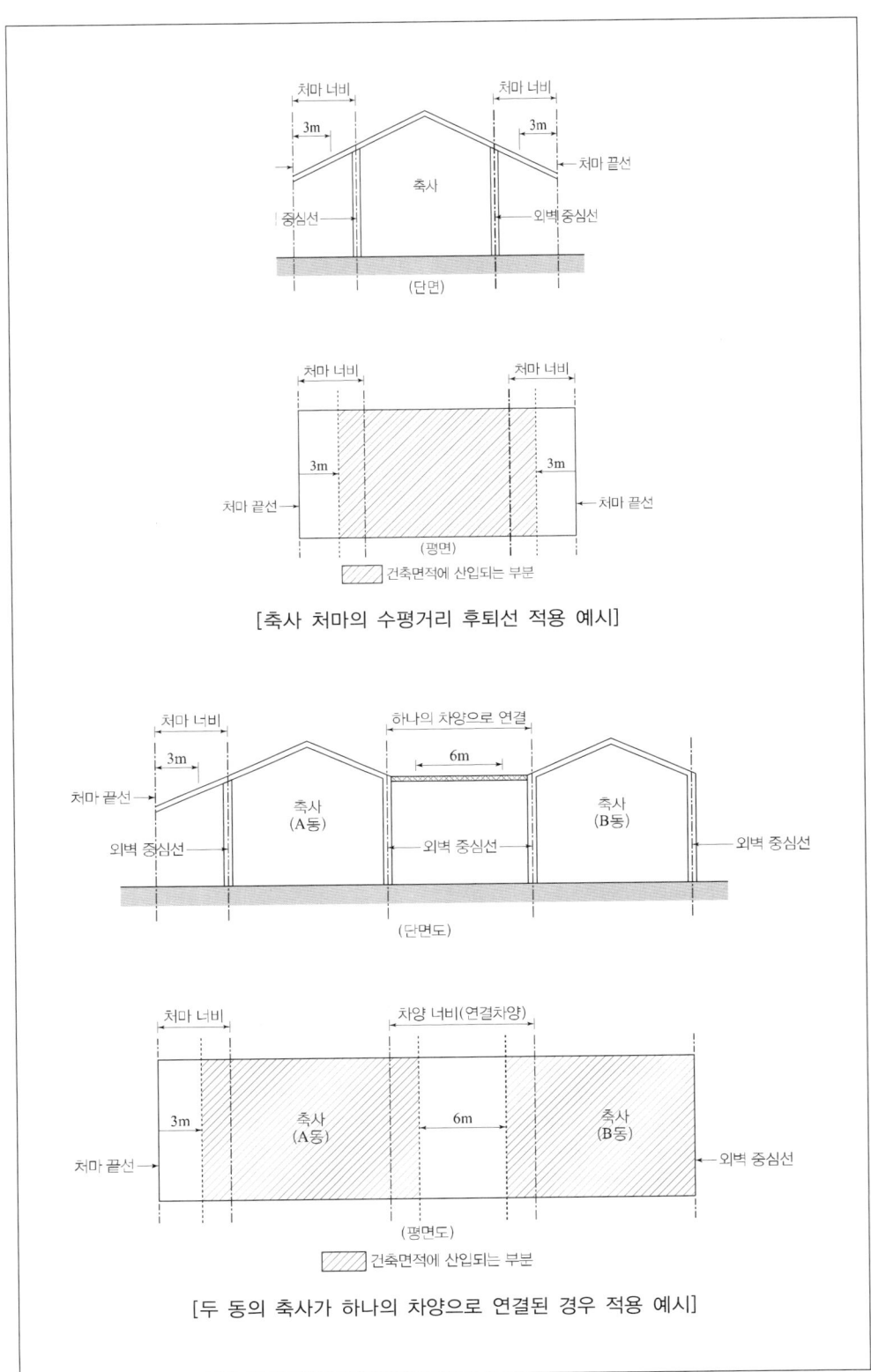

(3) 한옥 : 2m 이하의 범위에서 외벽의 중심선까지의 거리

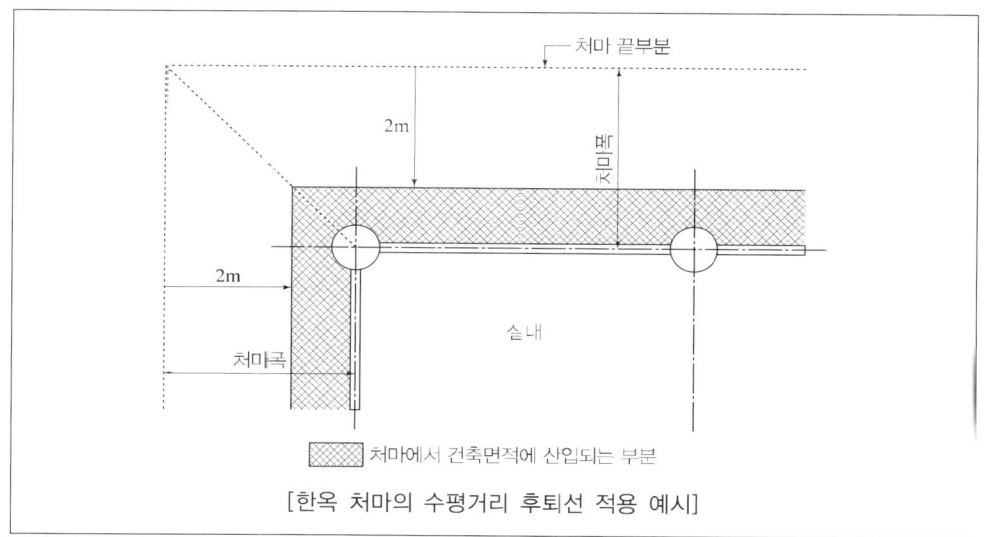
[한옥 처마의 수평거리 후퇴선 적용 예시]

(4) 「환경친화적자동차의 개발 및 보급 촉진에 관한 법률 시행령」 제18조의 5에 따른 충전시설(그에 딸린 충전 전용 주차구획을 포함)의 설치를 목적으로 처마, 차양, 부연, 그 밖에 이와 비슷한 것이 설치된 공동주택(「주택법」 제15조에 따른 사업계획승인 대상으로 한정): 2m 이하의 범위에서 외벽의 중심선까지의 거리

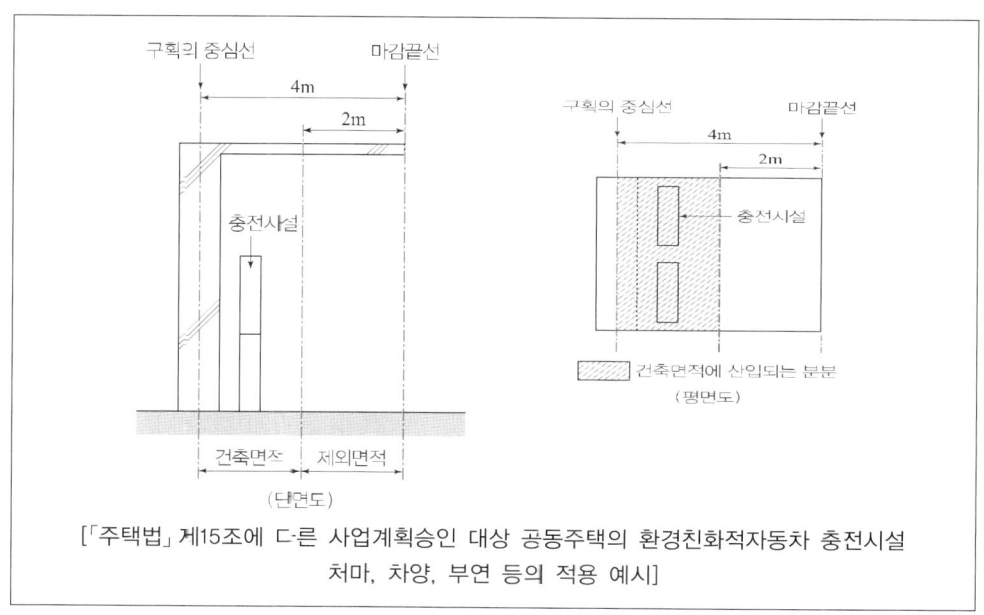
[「주택법」 제15조에 따른 사업계획승인 대상 공동주택의 환경친화적자동차 충전시설 처마, 차양, 부연 등의 적용 예시]

(5) 「신에너지 및 재생에너지 개발·이용·보급 촉진법」 제2조 제3호에 따른 신·재생에너지 설비(신·재생에너지를 생산하거나 이용하기 위한 것만 해당)를 설치하기 위하여 처마, 차양, 부연, 그 밖에 이와 비슷한 것이 설치된 건축물로서 「녹색건축물 조성 지원법」 제17조에 따른 제로에너지건축물 인증을 받은 건축물: 2m 이하의 범위에서 외벽의 중심선까지의 거리

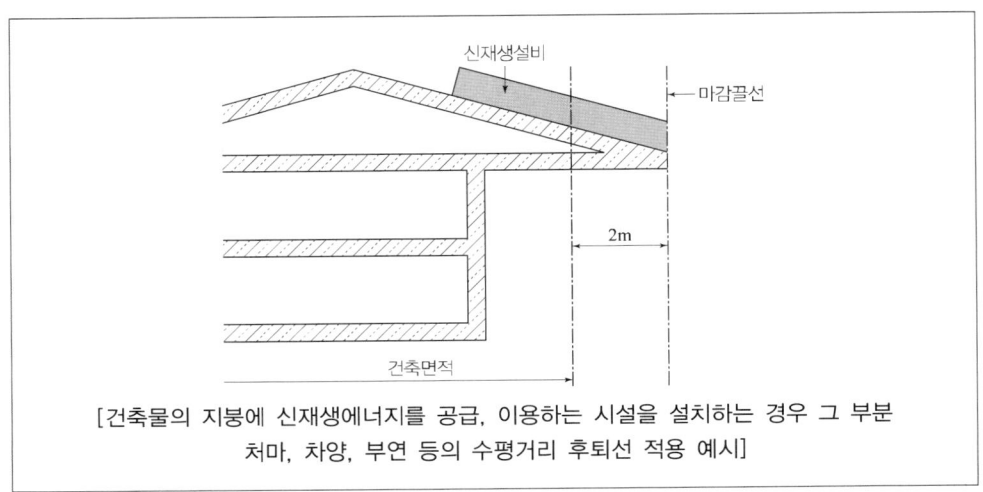

[건축물의 지붕에 신재생에너지를 공급, 이용하는 시설을 설치하는 경우 그 부분 처마, 차양, 부연 등의 수평거리 후퇴선 적용 예시]

(6) 그 밖의 건축물 : 1m 이하의 범위에서 외벽의 중심선까지의 거리

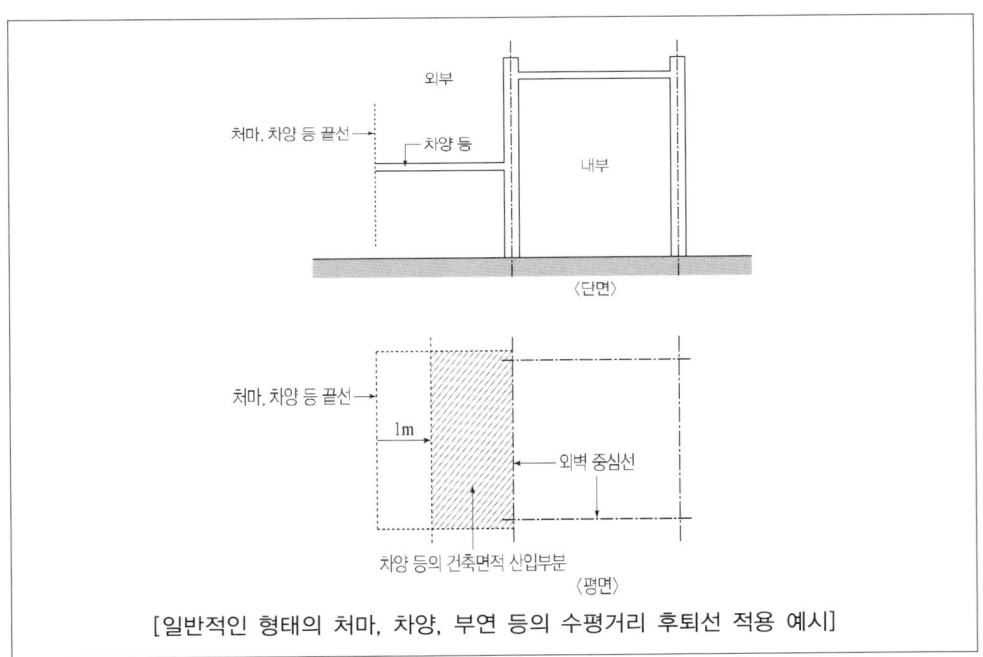

[일반적인 형태의 처마, 차양, 부연 등의 수평거리 후퇴선 적용 예시]

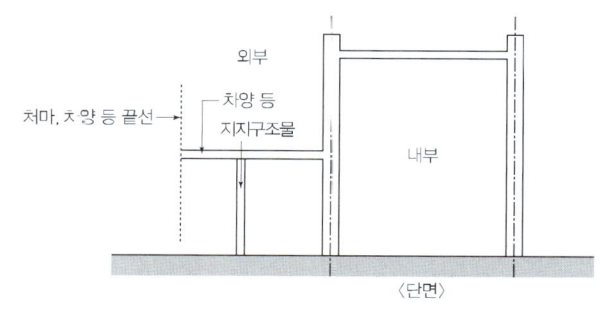

[벽기둥 등으로 지지되는 처마, 차양, 부연 등의 수평거리 후퇴선 적용 예시]

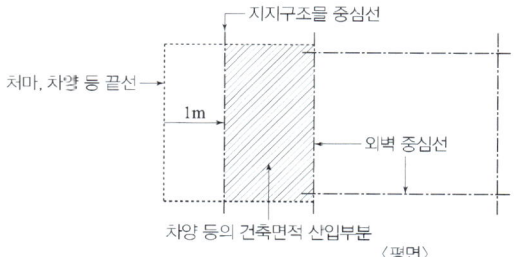

[기둥으로만 지지되는 개방된 구조의 경우 수평거리 후퇴선 적용 예시]

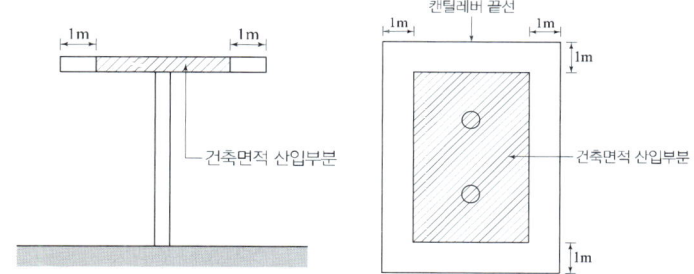

[기둥으로 구획된 개방된 구조의 수평거리 후퇴선 적용 예시]

* 지붕의 끝부분으로부터 1m를 후퇴한 선으로 둘러싸인 부분의 수평투영면적을 건축면적으로 하되, 벽·기둥 등으로 구획을 형성하는 부분은 중심선으로 구획된 부분을 건축면적에 모두 산입함.

2) 단열재를 구조체의 외기측에 설치하는 단열공법으로 건축된 건축물의 경우에는 건축물의 외벽 중 내측 내력벽의 중심선을 기준으로 산정한 면적을 건축면적으로 한다.

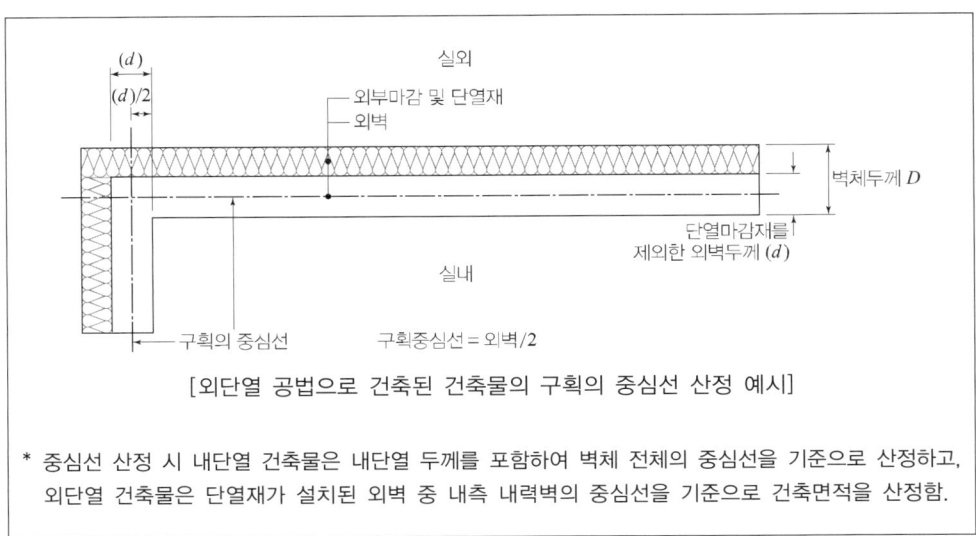

[외단열 공법으로 건축된 건축물의 구획의 중심선 산정 예시]

* 중심선 산정 시 내단열 건축물은 내단열 두께를 포함하여 벽체 전체의 중심선을 기준으로 산정하고, 외단열 건축물은 단열재가 설치된 외벽 중 내측 내력벽의 중심선을 기준으로 건축면적을 산정함.

3) 다음의 건축물의 건축면적은 각 항목에서 정하는 바에 따라 산정한다.
   (1) 「건축법 시행규칙」 제43조 제2항에 따라 창고 또는 공장 중 물품을 입출고하는 부위의 상부에 한쪽 끝은 고정되고 다른 쪽 끝은 지지되지 않는 구조로 된 돌출차양은 다음 각 호에 따라 산정한 면적 중 작은 값으로 한다.
   1. 해당 돌출차양을 제외한 창고의 건축면적의 10%를 초과하는 면적
   2. 해당 돌출차양의 끝부분으로부터 수평거리 6m를 후퇴한 선으로 둘러싸인 부분의 수평투영면적

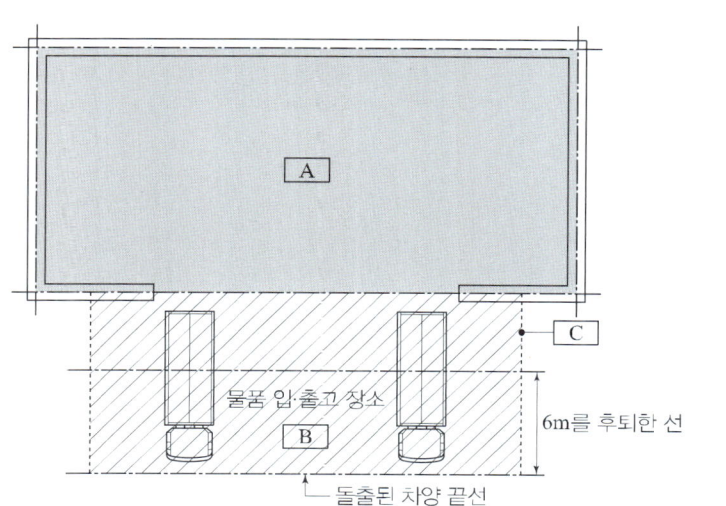

- A : 돌출차양을 제외한 창고의 건축면적
- B : 돌출차양 수평투영면적
- C : 돌출차양 끝부분으로부터 수평거리 6m를 후퇴한 선으로 둘러싸인 수평투영면적

EX 1) : 작은 값인 산정 1)의 값을 건축면적에 산입

산정 1) A면적=200㎡, B면적=30㎡
 −A면적×10%=20㎡
 ∴ 10%를 초과하는 면적=10㎡
 [(A면적×10%)−B]
산정 2) C면적=20㎡

EX 2) : 작은 값인 산정 2)의 값을 건축면적에 산입

산정 1) A면적=200㎡, B면적=40㎡
 −A면적×10%=20㎡
 ∴ 10%를 초과하는 면적=20㎡
 [(A면적×10%)−B]
산정 2) C면적=15㎡

[창고 또는 공장 중 물품을 입출고하는 부위 상부의 차양 건축면적 산정 예시]

* '돌출차양을 제외한 창고의 건축면적'을 A라 하고 '돌출차양의 수평투영면적'을 B라 하며 '해당 돌출차양을 제외한 창고의 건축면적의 10%를 초과하는 면적'은 B−A×10%, 그리고 '해당 돌출차양의 끝부분으로부터 수평거리 6m를 후퇴한 선으로 둘러싸인 부분의 수평투영면적'을 C, 이때 (B−A×10%) 〈 C 의 경우, 창고 또는 공장의 건축면적은 A+(B−A×10%)로 결정되며, (B−A×10%) 〉 C의 경우, 창고 또는 공장의 건축면적은 'A+C'로 결정함.

(2) 노대 등은 건축면적에 모두 산입한다. 다만, 건축구조 기준 등에 적합한 확장형 발코니 주택은 발코니 외부에 단열재를 시공 시 일반건축물 벽체와 동일하게 건축면적을 산정한다.

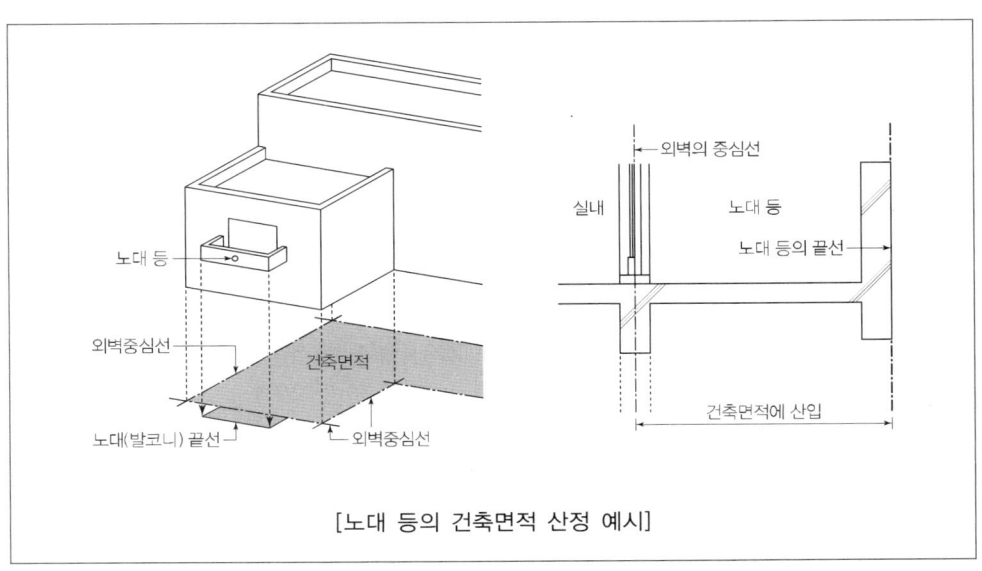

[노대 등의 건축면적 산정 예시]

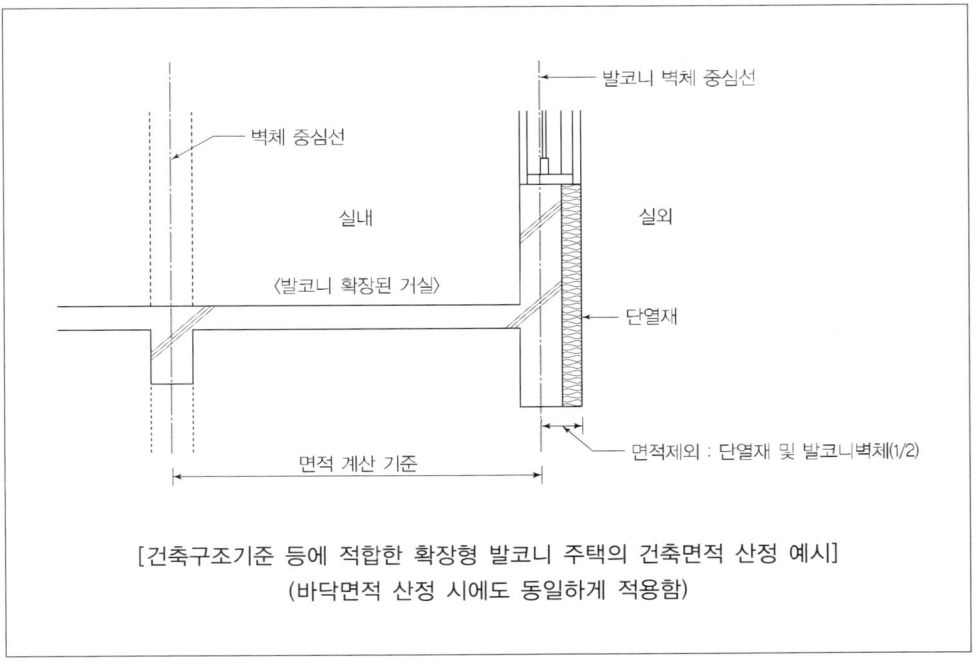

[건축구조기준 등에 적합한 확장형 발코니 주택의 건축면적 산정 예시]
(바닥면적 산정 시에도 동일하게 적용함)

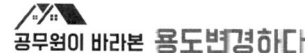

4) 다음의 경우에는 건축면적에 산입하지 않는다.
　(1) 지표면으로부터 1m 이하에 있는 부분(창고 중 물품을 입출고하기 위하여 차량을 접안시키는 부분의 경우에는 지표면으로부터 1.5m 이하에 있는 부분)

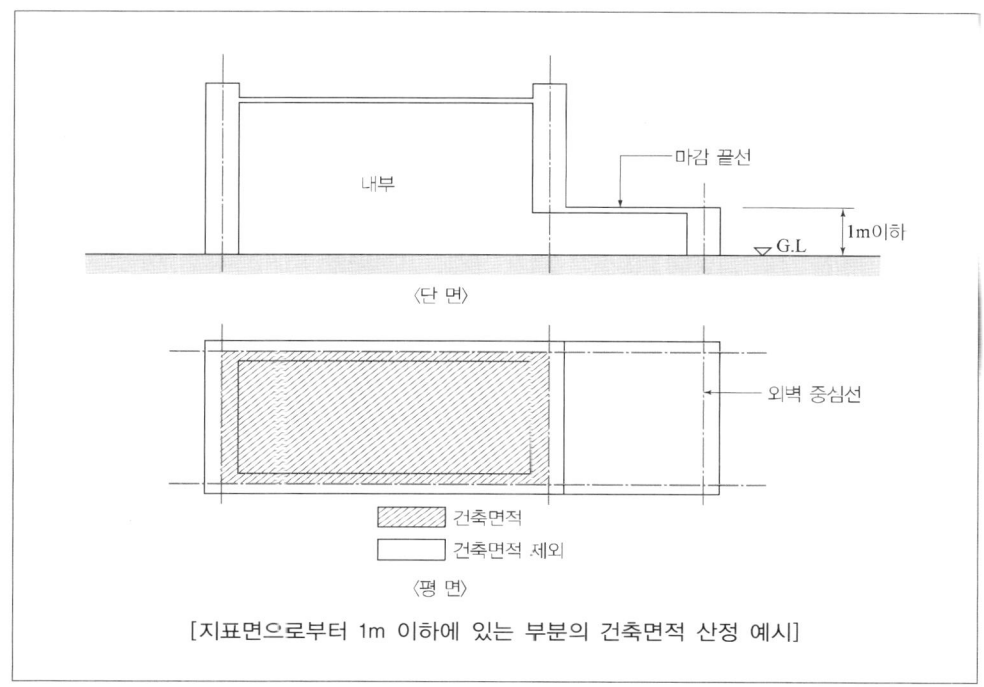

[지표면으로부터 1m 이하에 있는 부분의 건축면적 산정 예시]

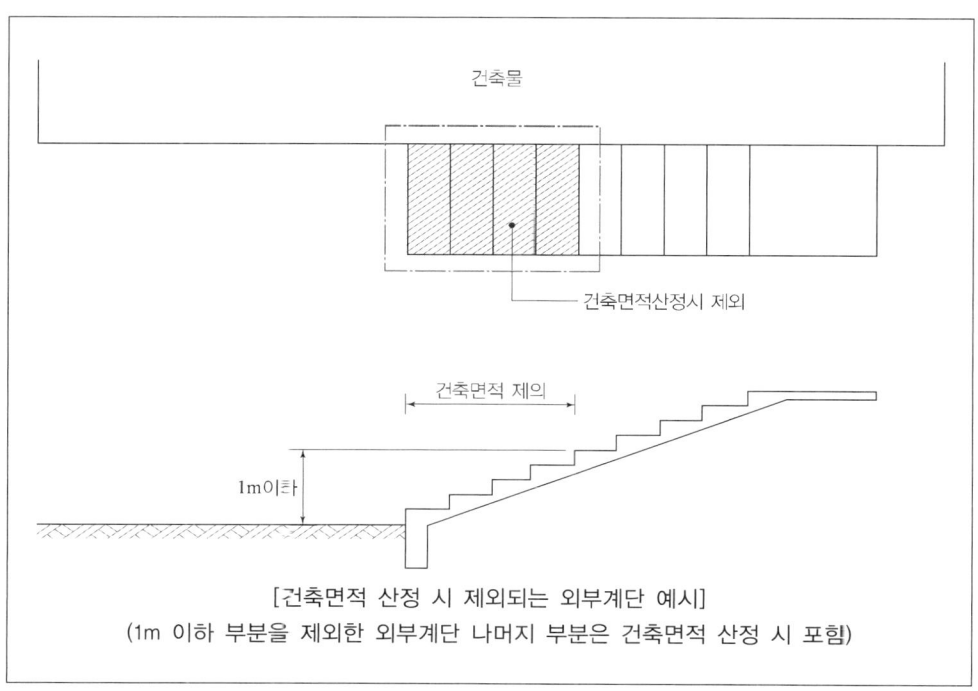

[건축면적 산정 시 제외되는 외부계단 예시]
(1m 이하 부분을 제외한 외부계단 나머지 부분은 건축면적 산정 시 포함)

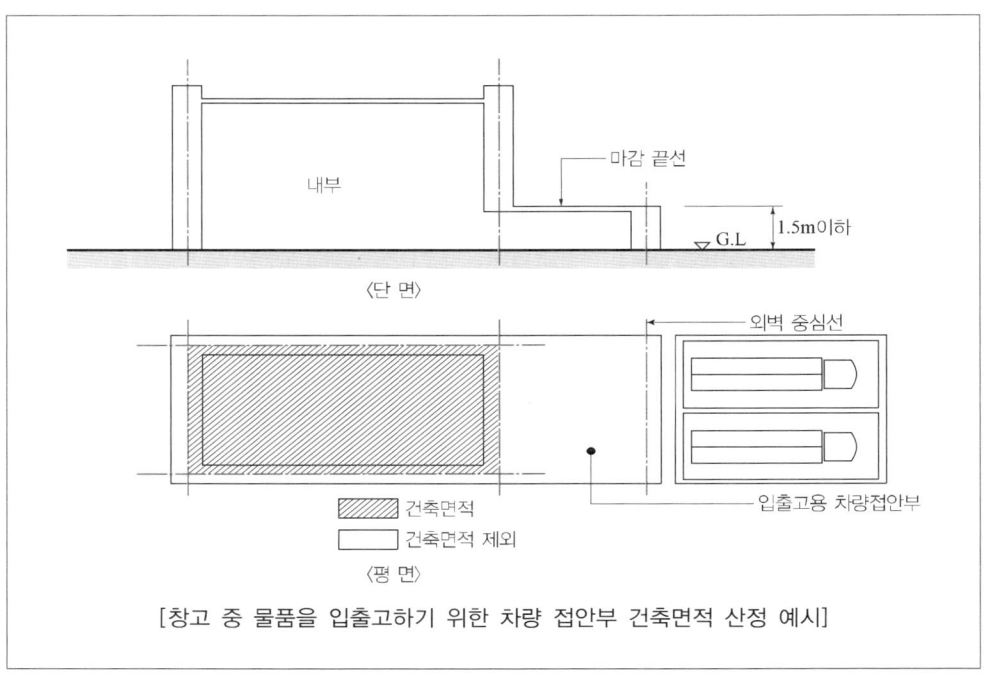

[창고 중 물품을 입출고하기 위한 차량 접안부 건축면적 산정 예시]

(2) 「다중이용업소의 안전관리에 관한 특별법 시행령」 제9조에 따라 기존의 다중이용업소(2004년 5월 29일 이전의 것만 해당)의 비상구에 연결하여 설치하는 폭 2m 이하의 옥외 피난계단(기존 건축물에 옥외 피난계단을 설치함으로써 법 제55조에 따른 건폐율의 기준에 적합하지 아니하게 된 경우만 해당)

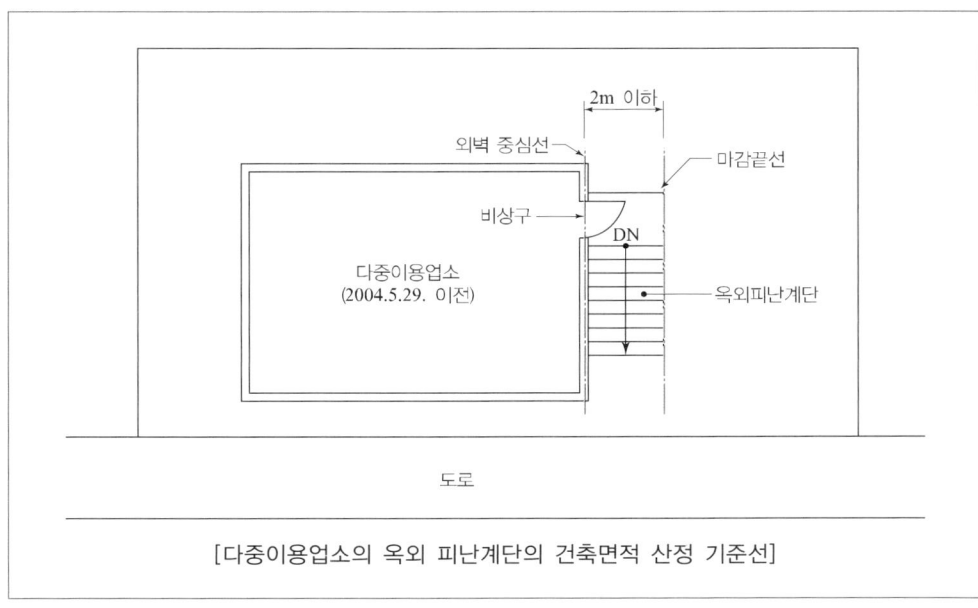

[다중이용업소의 옥외 피난계단의 건축면적 산정 기준선]

(3) 지하주차장의 경사로

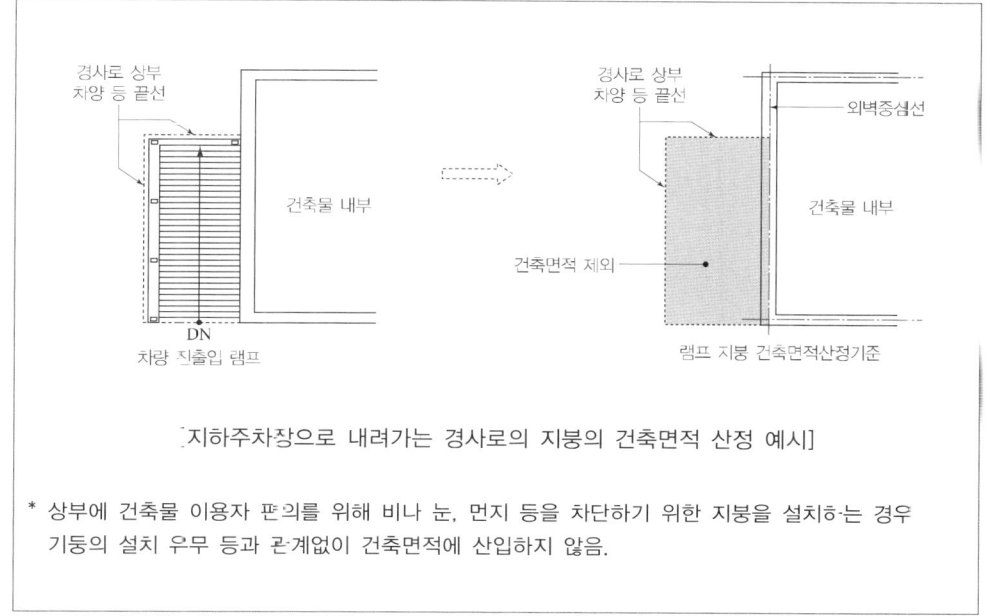

[지하주차장으로 내려가는 경사로의 지붕의 건축면적 산정 예시]

* 상부에 건축물 이용자 편의를 위해 비나 눈, 먼지 등을 차단하기 위한 지붕을 설치하는 경우 기둥의 설치 유무 등과 관계없이 건축면적에 산입하지 않음.

(4) 「장애인·노인·임산부 등의 편의증진 보장에 관한 법률 시행령」[별표 2]의 기준에 따라 설치하는 장애인용 승강기, 장애인용 에스컬레이터, 휠체어리프트 또는 경사로

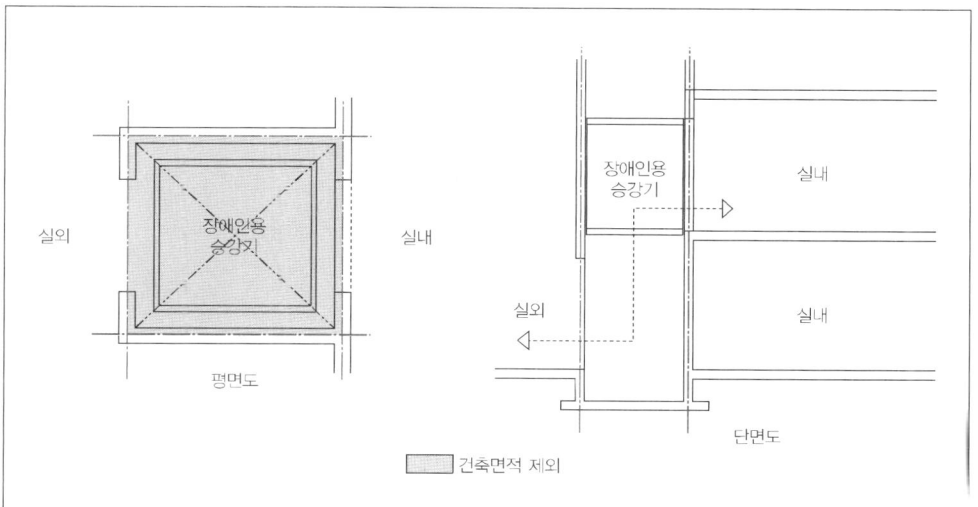

* 일반 승강기와 장애인용 승강기를 겸용으로 설치하는 경우에도 건축면적 산입에서 제외
다만, 장애인용 승강기의 승강장은 건축면적에 산입함(겸용으로 설치한 경우에도 동일하게 적용)

5) 다음의 요건을 모두 갖춘 건축물의 건폐율을 산정할 때에는 지방건축위원회의 심의를 통해 (2)에 따른 개방 부분의 상부에 해당하는 면적을 건축면적에서 제외할 수 있다.
   (1) 다음의 어느 하나에 해당하는 시설로서 해당 용도로 쓰는 바닥면적의 합계가 1천m² 이상일 것
   ① 문화 및 집회시설(공연장, 관람장, 전시장만 해당)
   ② 교육연구시설(학교, 연구소, 도서관만 해당)
   ③ 수련시설 중 생활권 수련시설, 업무시설 중 공공업무시설

   (2) 지면과 접하는 저층의 일부를 높이 8m 이상으로 개방하여 보행통로나 공지 등으로 활용할 수 있는 구조·형태일 것

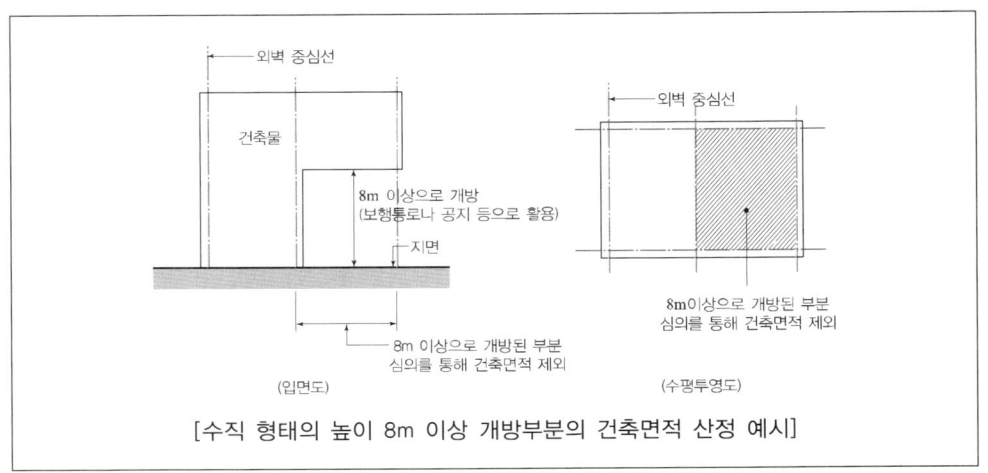

[수직 형태의 높이 8m 이상 개방부분의 건축면적 산정 예시]

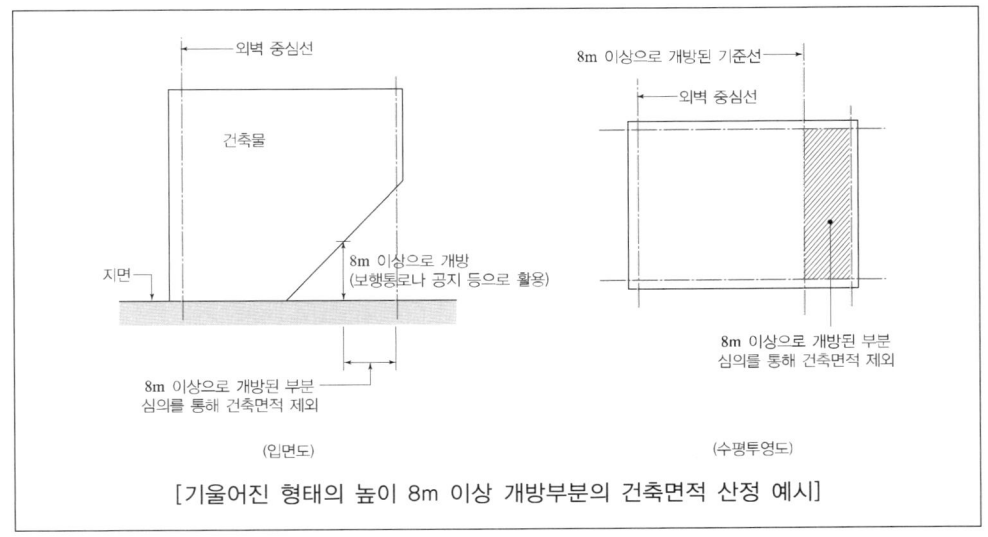

[기울어진 형태의 높이 8m 이상 개방부분의 건축면적 산정 예시]

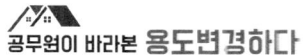

2.3 바닥면적

2.3.1. 건축물의 바닥면적은 건축물의 각 층 또는 그 일부로서 벽, 기둥, 그 밖에 이와 비슷한 구획의 중심선으로 둘러싸인 부분의 수평투영면적으로 산정한다.

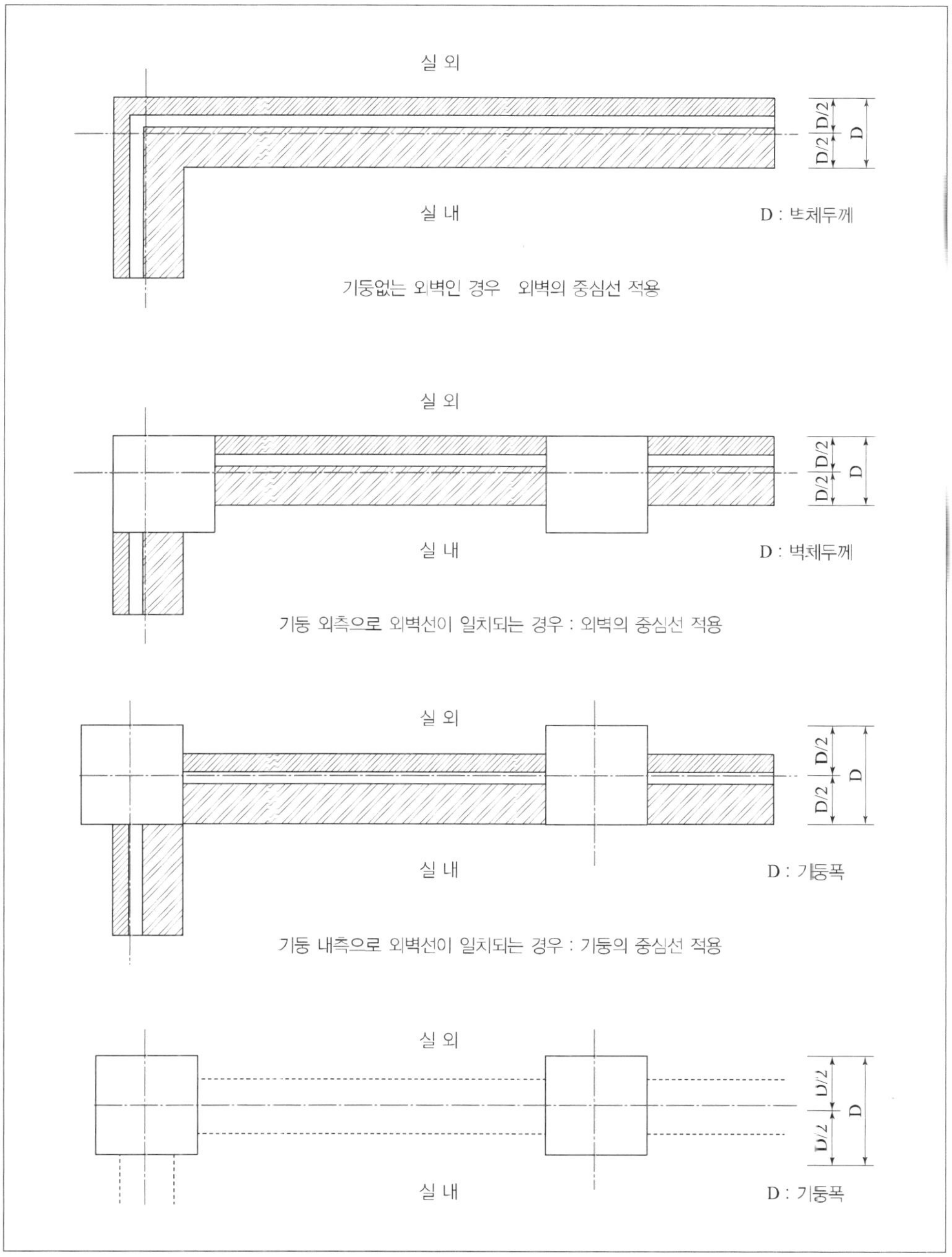
실 외
D/2
D/2
D
실 내
D : 벽체두께
기둥없는 외벽인 경우 외벽의 중심선 적용
실 외
D/2
D/2
D
실 내
D : 벽체두께
기둥 외측으로 외벽선이 일치되는 경우 : 외벽의 중심선 적용
실 외
D/2
D/2
D
실 내
D : 기둥폭
기둥 내측으로 외벽선이 일치되는 경우 : 기둥의 중심선 적용
실 외
D/2
D/2
D
실 내
D : 기둥폭

2.3.2. 다음 각 항목의 어느 하나에 해당하는 경우에는 각 항목에서 정하는 바에 따른다.
   1) 벽·기둥의 구획이 없는 건축물은 그 지붕 끝부분으로부터 수평거리 1m를 후퇴한 선으로 둘러싸인 수평투영면적으로 한다.

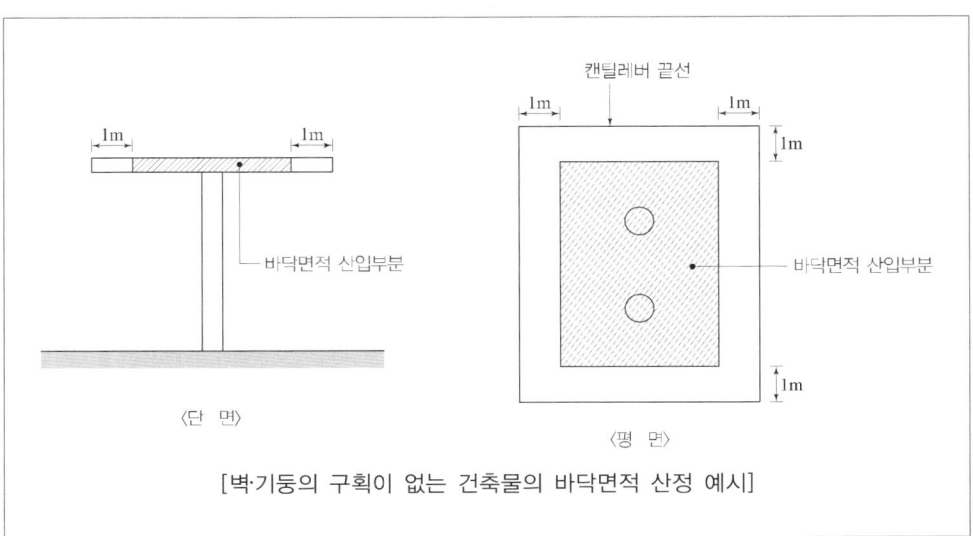

[벽·기둥의 구획이 없는 건축물의 바닥면적 산정 예시]

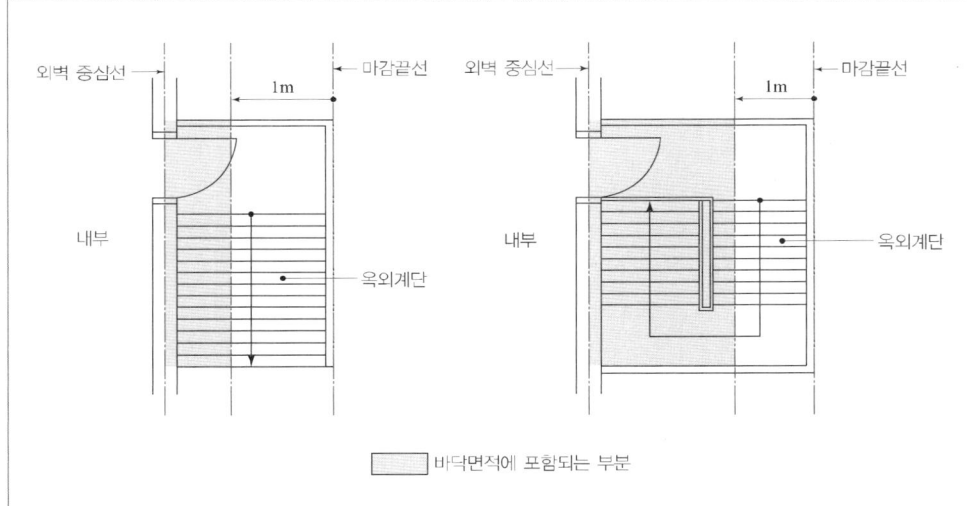

[외부계단의 바닥면적 산정 예시]

* 외부계단을 지지하는 벽·기둥 등의 구획이 없고 섀시 등으로 구획되지 않은 개방형 외부계단의 바닥면적은 그 끝부분으로부터 수평거리 1m를 후퇴한 선으로 둘러싸인 수평투영면적으로 하되, 외부계단을 지지하는 벽·기둥 등의 구획이 있는 경우 외부계단의 바닥면적은 그 벽. 기둥 등의 중심선으로 둘러싸인 부분의 수평투영면적으로 산정함.

2) 건축물의 노대 등의 바닥은 난간 등의 설치 여부에 관계없이 노대 등의 면적(외벽의 중심선으로부터 노대 등의 끝부분까지의 면적을 말함)에서 노대 등이 접한 가장 긴 외벽에 접한 길이에 1.5m를 곱한 값을 뺀 면적을 바닥면적에 산입한다.

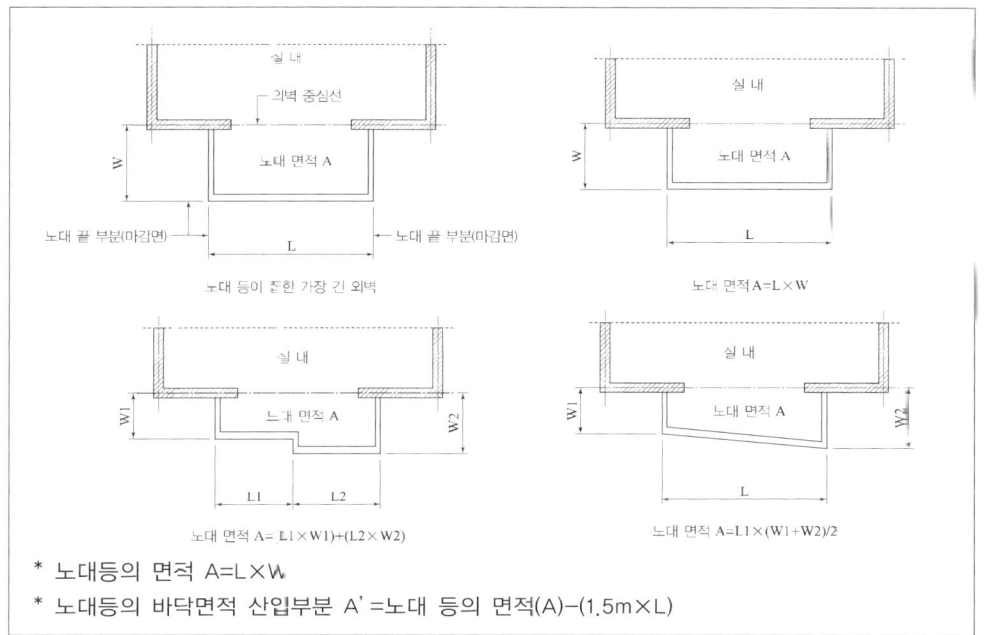

3) 필로티나 그 밖에 이와 비슷한 구조(벽면적의 2분의 1 이상이 그 층의 바닥면에서 위층 바닥 아래면까지 공간으로 된 것만 해당)의 부분: 그 부분이 공중의 통행이나 차량의 통행 또는 주차에 전용되는 경우와 공동주택의 경우에는 바닥면적에 산입하지 아니한다.

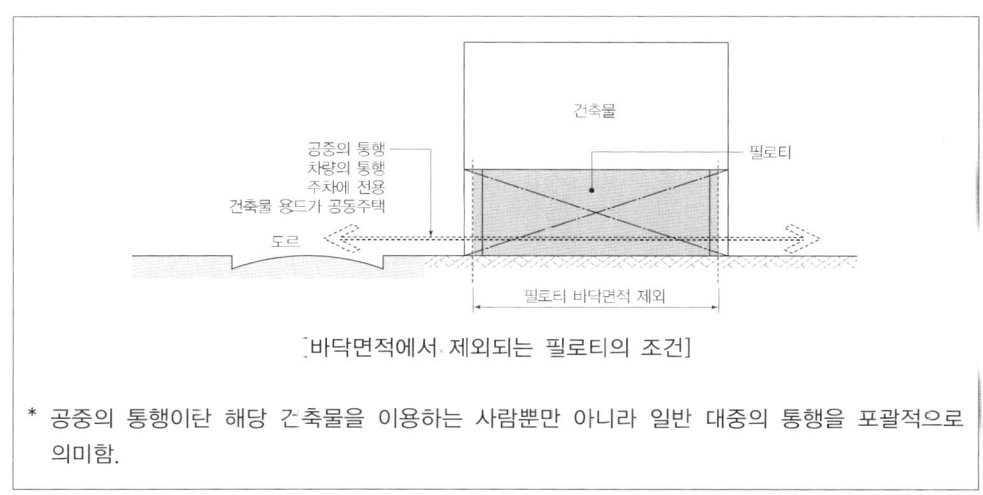

4) 승강기탑(옥상 출입용 승강장을 포함), 계단탑, 장식탑, 다락[층고가 1.5m(경사진 형태의 지붕인 경우 1.8m) 이하인 것만 해당], 건축물의 내부에 설치하는 냉방설비 배기장치 전용 설치공간(각 세대나 실별로 외부 공기에 직접 닿는 곳에 설치하는 경우로서 1m² 이하로 한정), 건축물의 외부 또는 내부에 설치하는 굴뚝, 더스트슈트, 설비덕트, 그 밖에 이와 비슷한 것과 옥상·옥외 또는 지하에 설치하는 물탱크, 기름탱크, 냉각탑, 정화조, 도시가스 정압기, 그 밖에 이와 비슷한 것을 설치하기 위한 구조물과 건축물 간에 화물의 이동에 이용되는 컨베이어벨트만을 설치하기 위한 구조물은 바닥면적에 산입하지 아니한다.

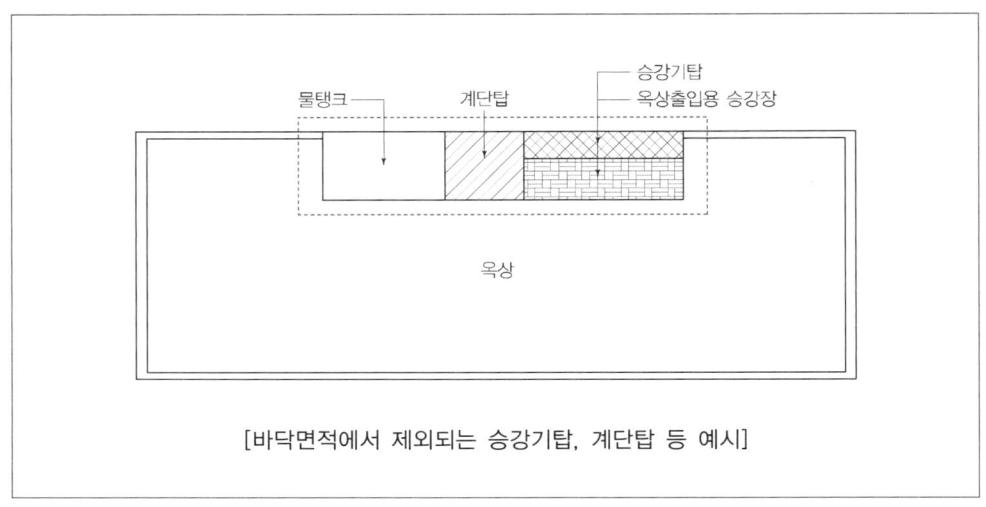

[바닥면적에서 제외되는 승강기탑, 계단탑 등 예시]

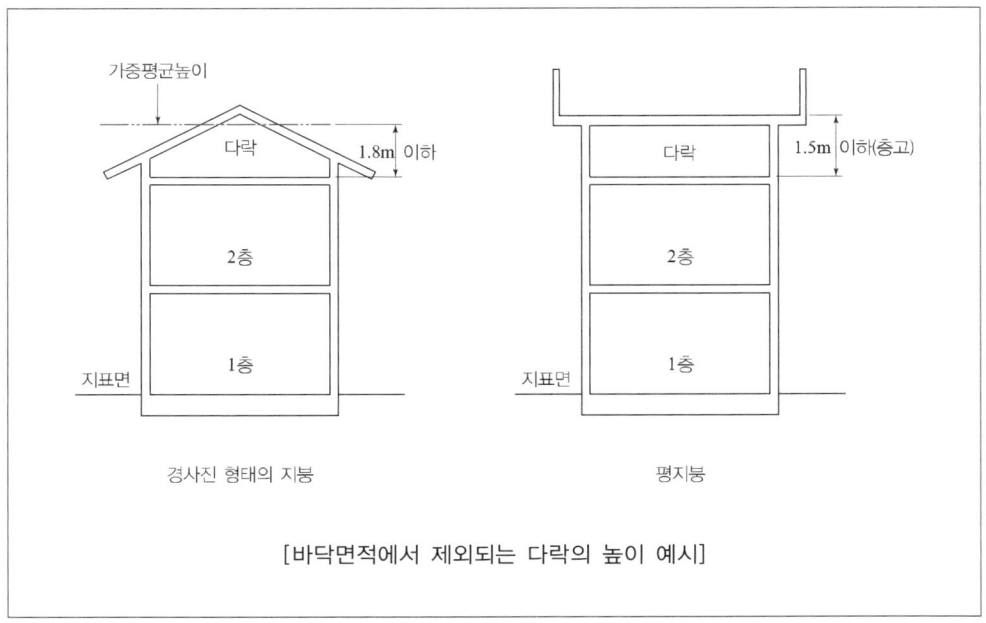

[바닥면적에서 제외되는 다락의 높이 예시]

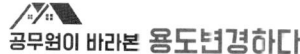

5) 공동주택으로서 지상층에 설치한 기계실, 전기실, 어린이놀이터, 조경시설 및 생활폐기물 보관시설의 면적은 바닥면적에 산입하지 않는다.

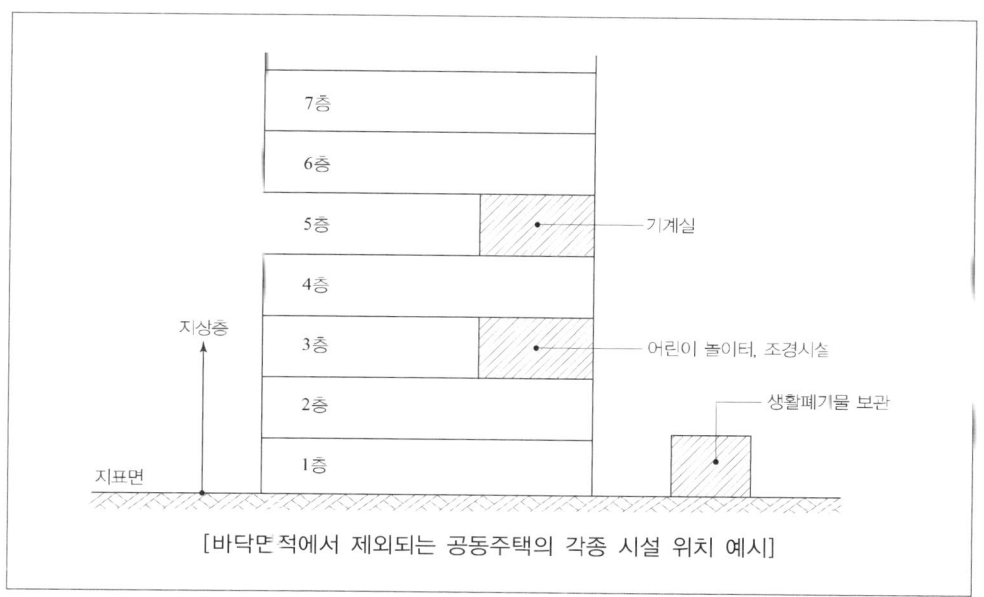

[바닥면적에서 제외되는 공동주택의 각종 시설 위치 예시]

6) 「건축법 시행령」 제6조 제1항 제6호에 따른 건축물을 리모델링하는 경우로서 미관 향상, 열의 손실 방지 등을 위하여 외벽에 부가하여 마감재 등을 설치하는 부분은 바닥면적에 산입하지 아니한다.

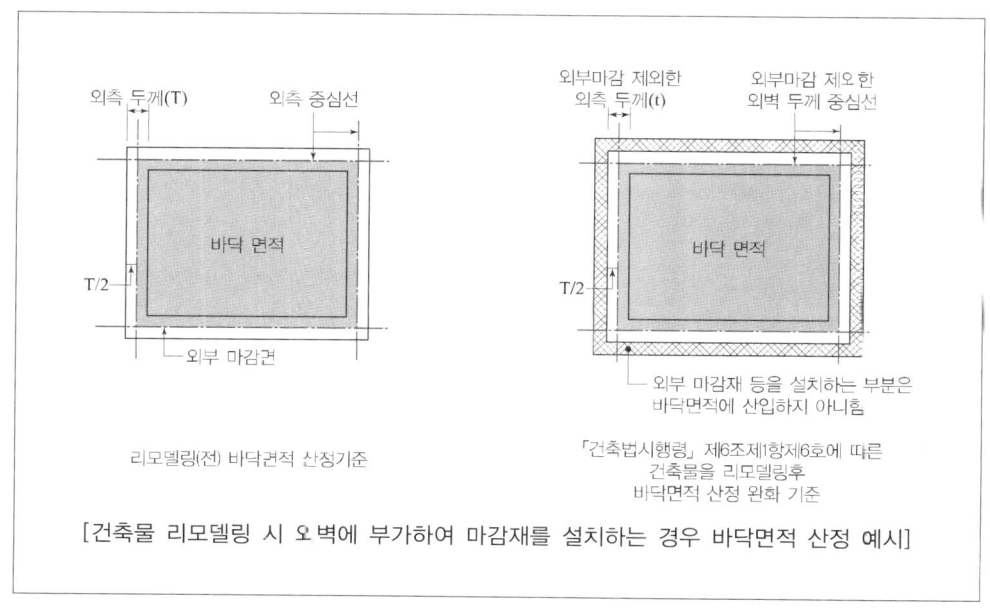

[건축물 리모델링 시 외벽에 부가하여 마감재를 설치하는 경우 바닥면적 산정 예시]

7) 단열재를 구조체의 외기측에 설치하는 단열공법으로 건축된 건축물의 경우에는 단열재가 설치된 외벽 중 내측 내력벽의 중심선을 기준으로 산정한 면적을 바닥면적으로 한다.

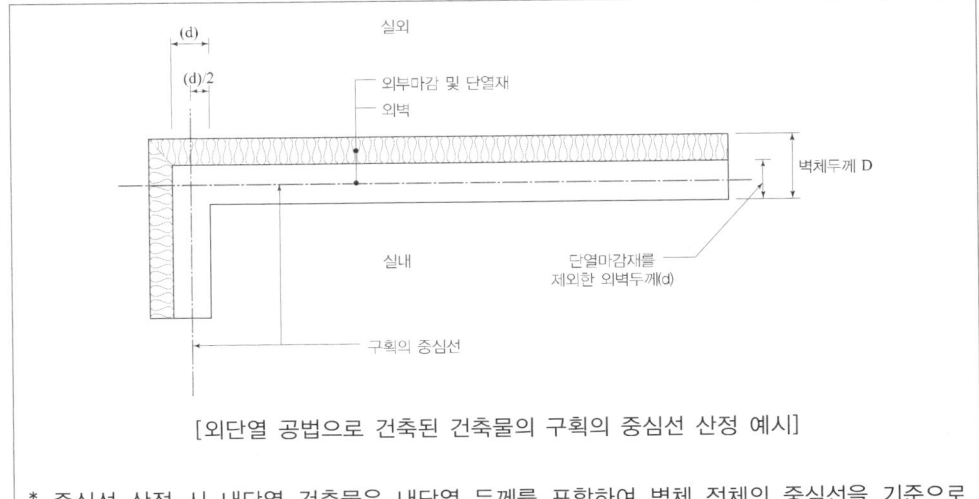

[외단열 공법으로 건축된 건축물의 구획의 중심선 산정 예시]

* 중심선 산정 시 내단열 건축물은 내단열 두께를 포함하여 벽체 전체의 중심선을 기준으로 산정하고, 외단열 건축물은 단열재가 설치된 외벽 중 내측 내력벽의 중심선을 기준으로 바닥면적 산정함.

8) 「장애인·노인·임산부 등의 편의증진 보장에 관한 법률 시행령」 [별표 2]의 기준에 따라 설치하는 장애인용 승강기, 장애인용 에스컬레이터, 휠체어리프트 또는 경사로는 바닥면적에 산입하지 아니한다.

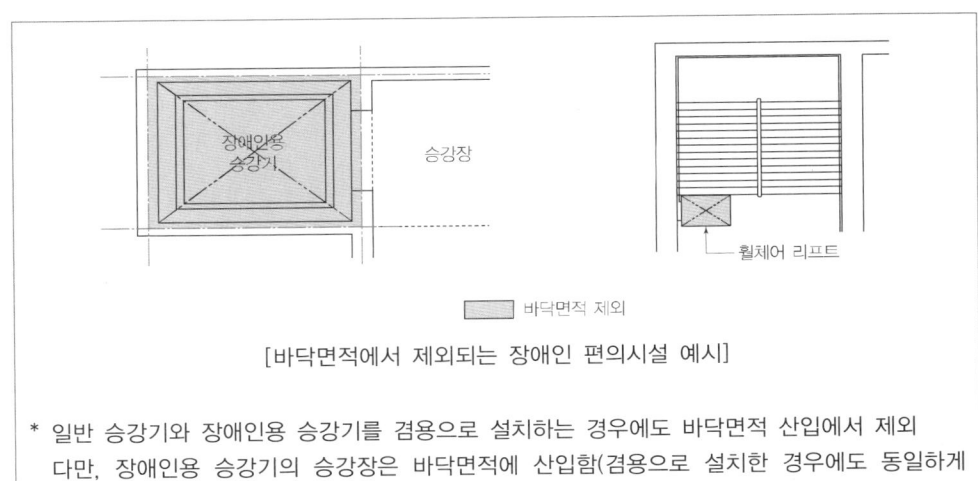

[바닥면적에서 제외되는 장애인 편의시설 예시]

* 일반 승강기와 장애인용 승강기를 겸용으로 설치하는 경우에도 바닥면적 산입에서 제외 다만, 장애인용 승강기의 승강장은 바닥면적에 산입함(겸용으로 설치한 경우에도 동일하게 적용).

9) 지하주차장의 경사로(지상층에서 지하 1층으로 내려가는 부분으로 한정)는 바닥면적에 산입하지 아니한다.

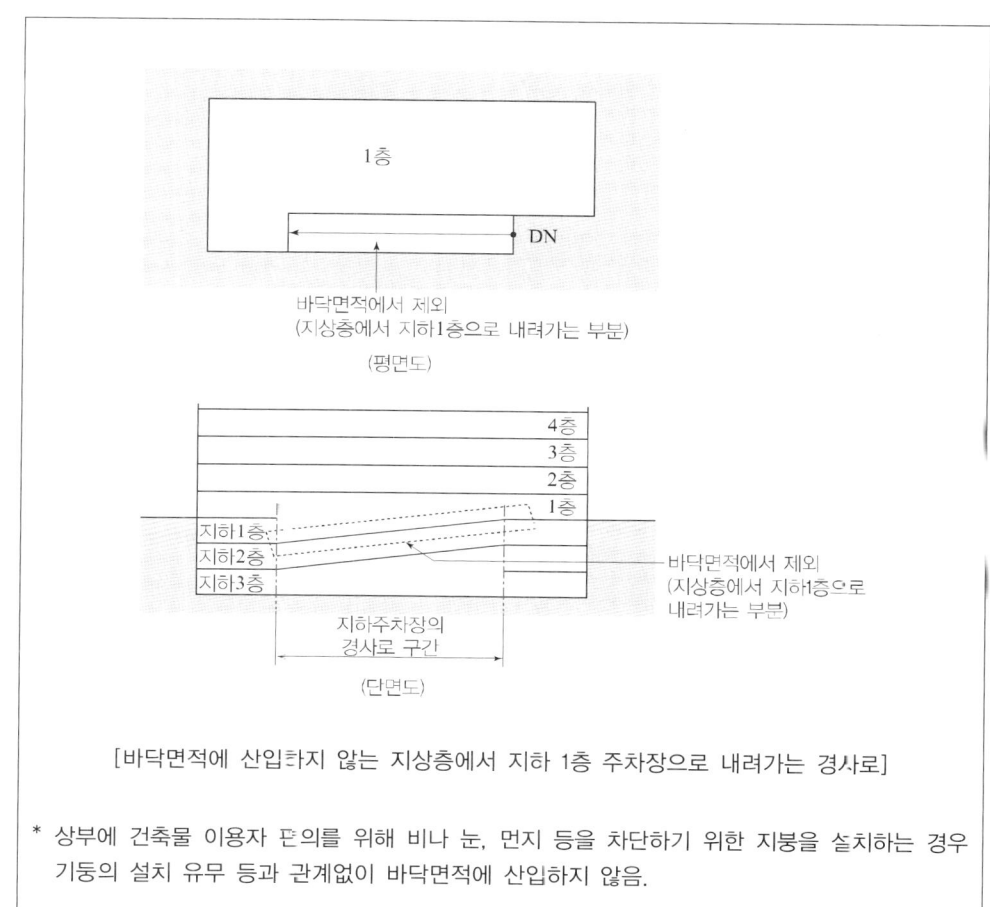

[바닥면적에 산입하지 않는 지상층에서 지하 1층 주차장으로 내려가는 경사로]

* 상부에 건축물 이용자 편의를 위해 비나 눈, 먼지 등을 차단하기 위한 지붕을 설치하는 경우 기둥의 설치 유무 등과 관계없이 바닥면적에 산입하지 않음.

2.4 연면적

2.4.1. 연면적은 하나의 건축물 각 층의 바닥면적의 합계로 한다.

1) 대지에 한 동의 건축물이 있을 경우, 연면적은 건축물 각 층의 바닥면적의 합계로 한다.

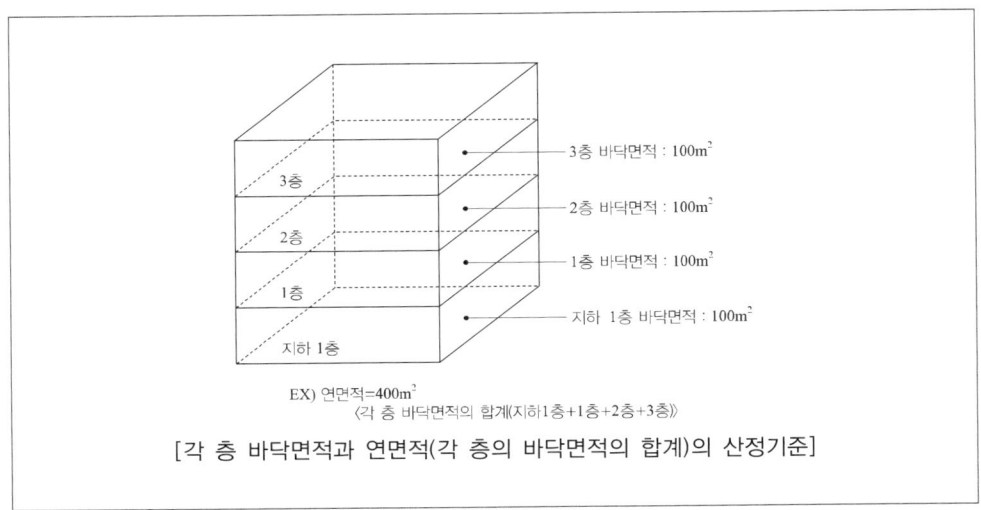

[각 층 바닥면적과 연면적(각 층의 바닥면적의 합계)의 산정기준]

2) 하나의 대지에 둘 이상의 건축물이 있는 경우, 각 동 건축물의 각 층의 바닥면적의 합계를 '연면적'으로 하고, 각 동 건축물의 연면적의 합을 '연면적의 합계'로 한다.

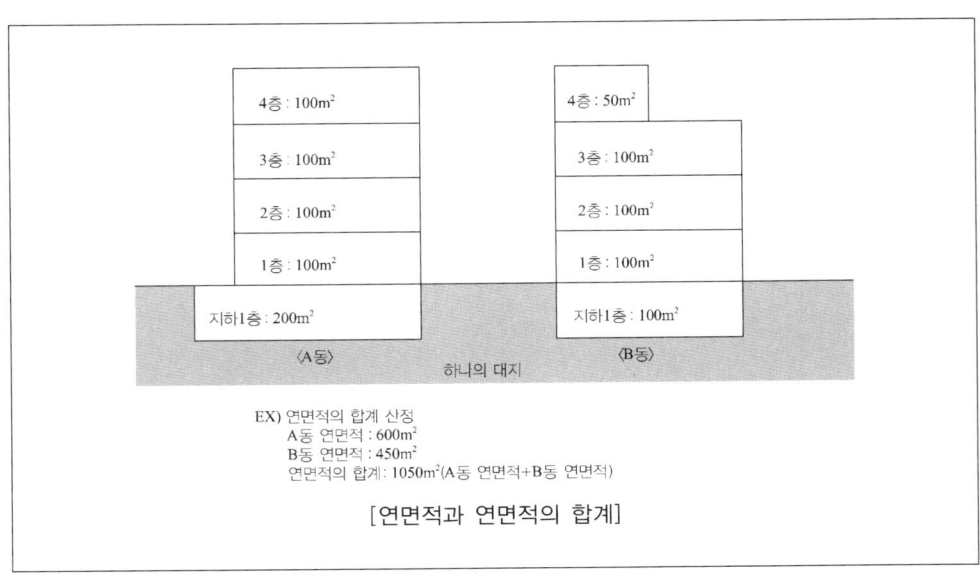

[연면적과 연면적의 합계]

2.4.2. 용적률 산정을 위한 연면적은 다음 각 항목에 해당하는 면적은 제외한다.
 1) 지하층의 면적
 2) 지상층의 주차용(해당 건축물의 부속용도인 경우만 해당)으로 쓰는 면적

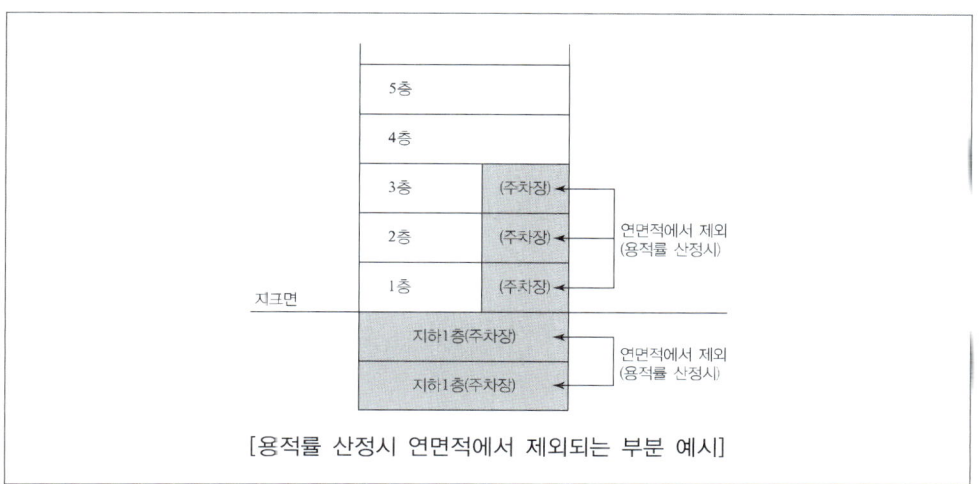

[용적률 산정시 연면적에서 제외되는 부분 예시]

 3) 「건축법 시행령」 제34조 제3항 및 제4항에 따라 초고층 건축물과 준초고층 건축물에 설치하는 피난안전구역의 면적

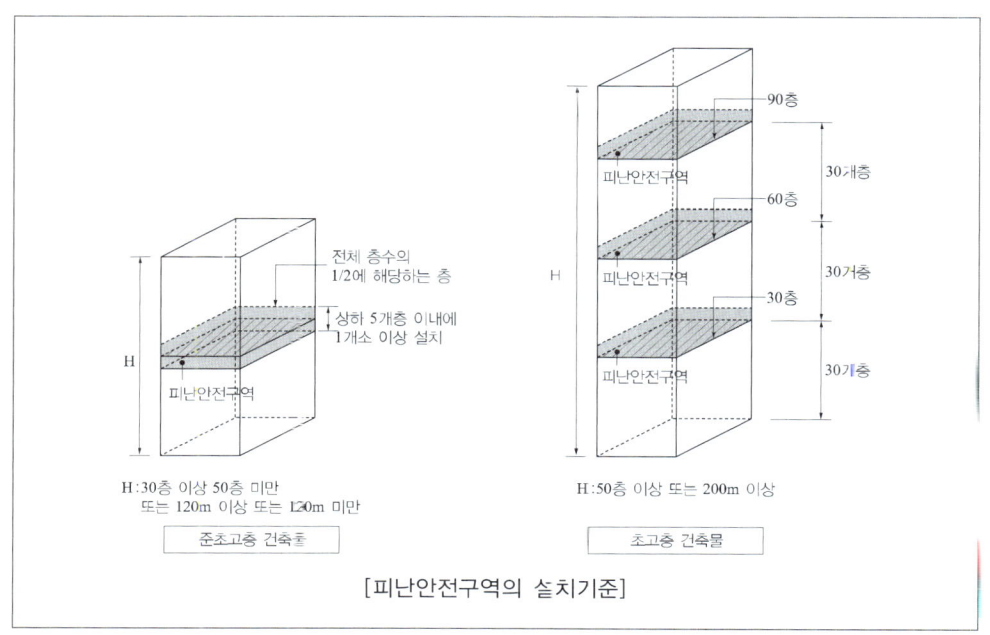

[피난안전구역의 설치기준]

4) 「건축법 시행령」 제40조 제4항 제2호에 따라 건축물의 경사지붕 아래에 설치하는 대피공간의 면적

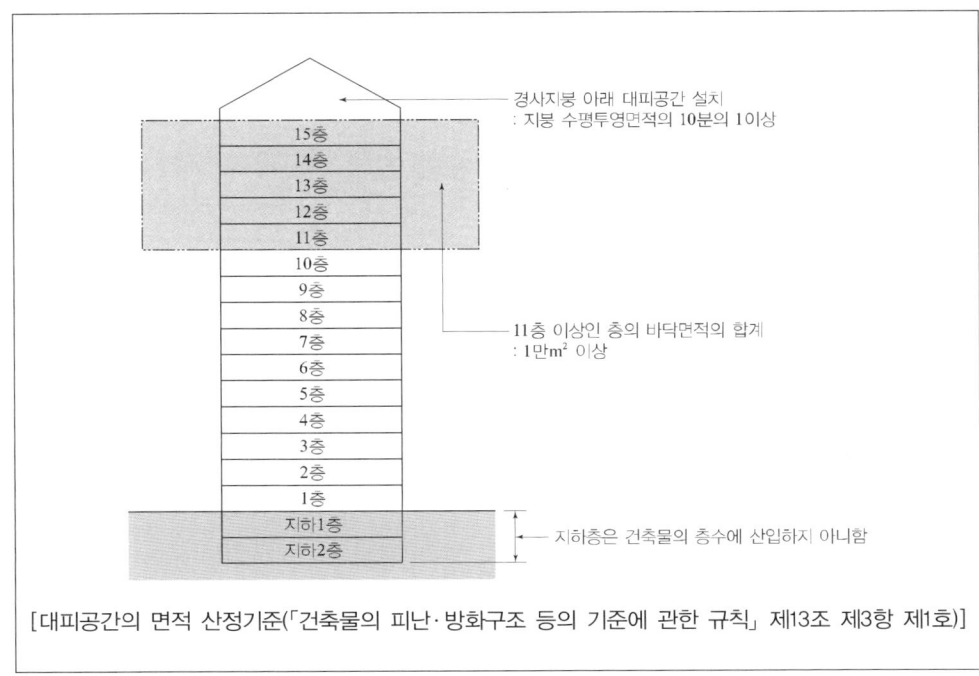

[대피공간의 면적 산정기준(「건축물의 피난·방화구조 등의 기준에 관한 규칙」 제13조 제3항 제1호)]

제3장 건축물의 높이 및 층수 산정기준

3.1 건축물의 높이

3.1.1. 건축물의 높이는 지표면으로부터 그 건축물의 상단까지의 높이[건축물의 1층 전체에 필로티(건축물을 사용하기 위한 경비실, 계단실, 승강기실, 그 밖에 이와 비슷한 것을 포함)가 설치 되어 있는 경우에는 「건축법」 제60조 및 제61조 제2항을 적용할 때 필로티의 층고를 제외한 높이]로 한다.

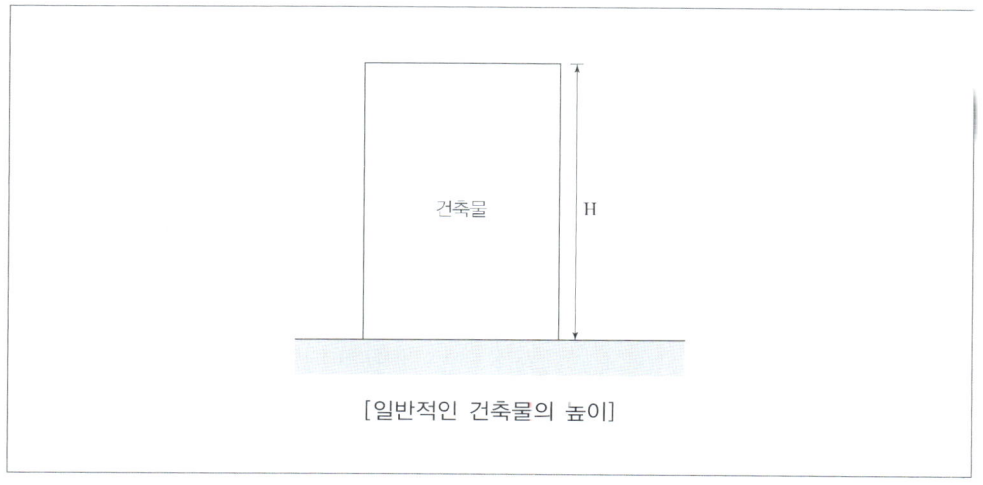

[일반적인 건축물의 높이]

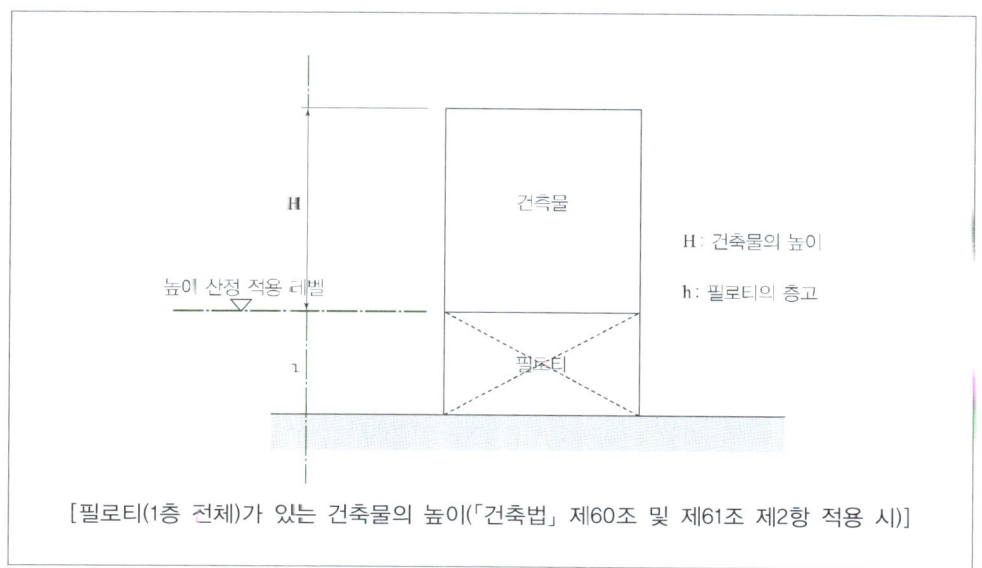

[필로티(1층 전체)가 있는 건축물의 높이(「건축법」 제60조 및 제61조 제2항 적용 시)]

3.1.2. 다음 각 항목의 어느 하나에 해당하는 경우에는 각 항목에서 정하는 바에 따른다.
1) 「건축법」 제60조에 따른 건축물의 높이는 전면도로의 중심선으로부터의 높이로 산정한다. 다만, 전면도로가 다음의 어느 하나에 해당하는 경우에는 그에 따라 산정한다.

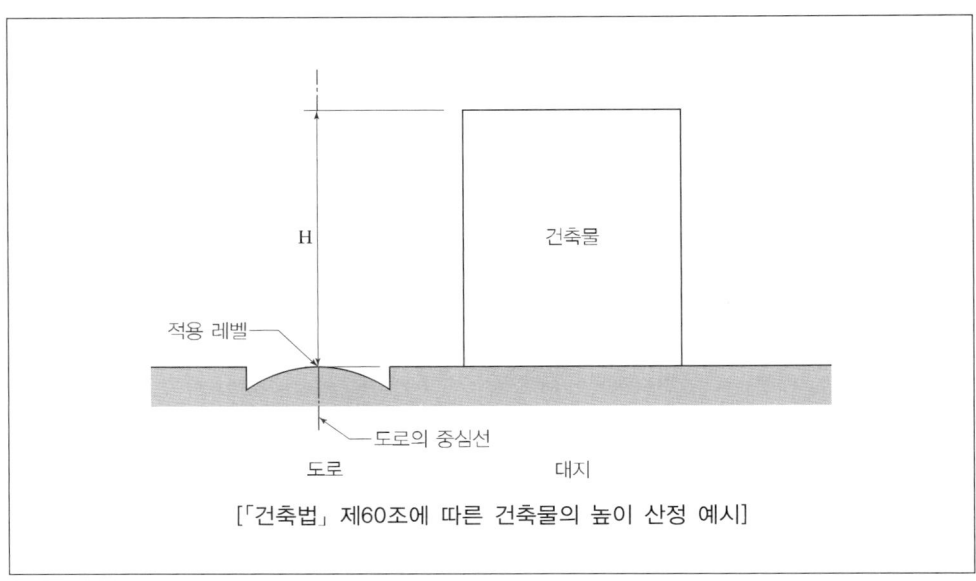

[「건축법」 제60조에 따른 건축물의 높이 산정 예시]

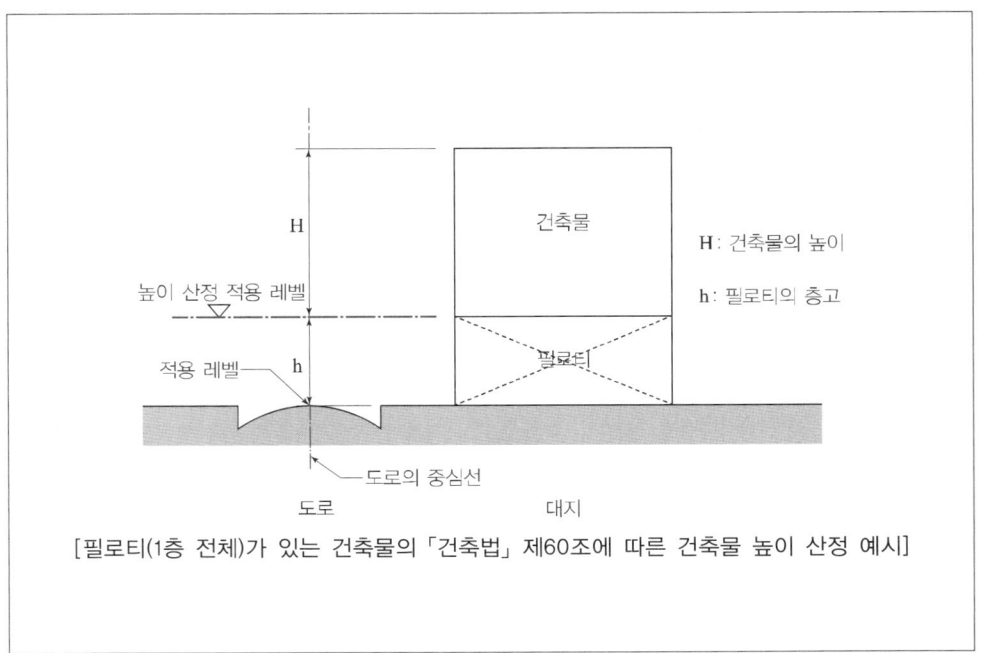

[필로티(1층 전체)가 있는 건축물의 「건축법」 제60조에 따른 건축물 높이 산정 예시]

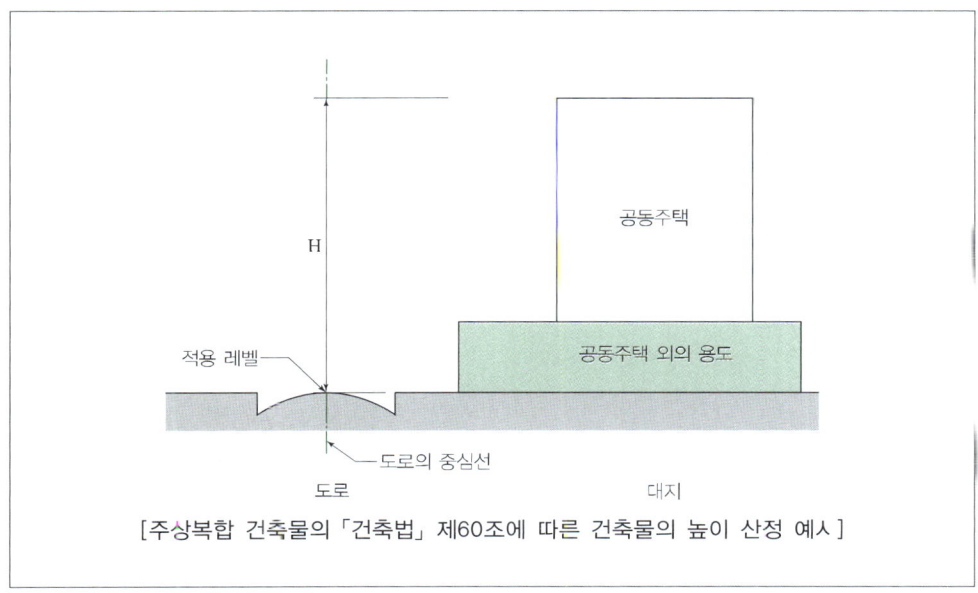

[주상복합 건축물의 「건축법」 제60조에 따른 건축물의 높이 산정 예시]

(1) 건축물의 대지에 접하는 전면도로의 노면에 고저차가 있는 경우에는 그 건축물이 접하는 범위의 전면도로 부분의 수평거리에 따라 가중 평균한 높이의 수평면을 전면도로면으로 본다.

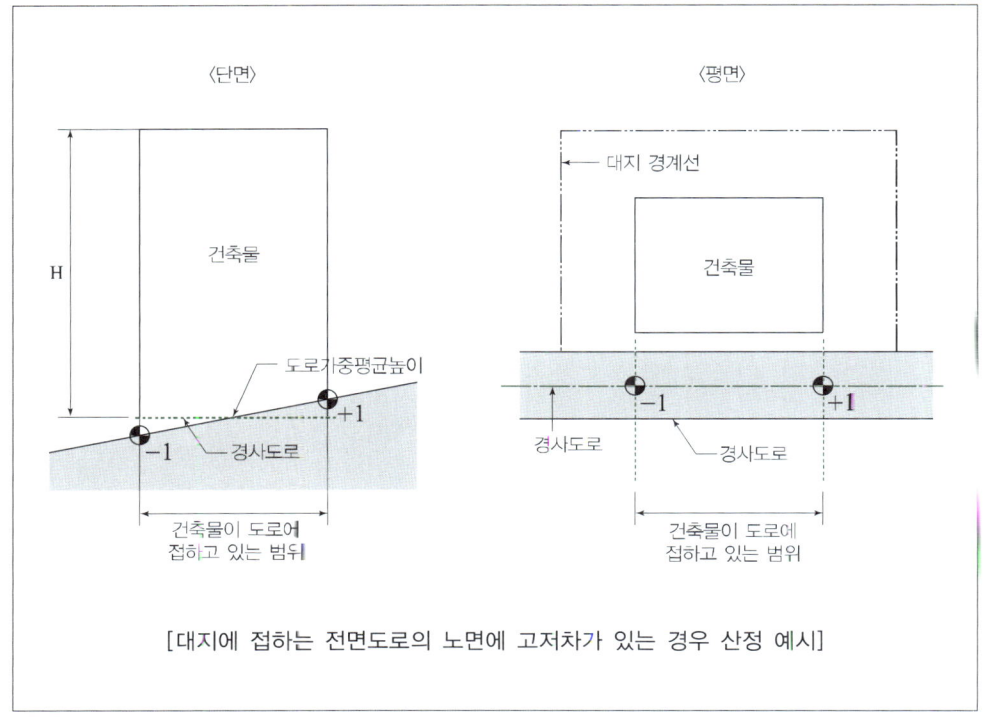

[대지에 접하는 전면도로의 노면에 고저차가 있는 경우 산정 예시]

(2) 건축물의 대지의 지표면이 전면도로보다 높은 경우에는 그 고저차의 2분의 1의 높이만큼 올라온 위치에 그 전면도로의 면이 있는 것으로 본다.

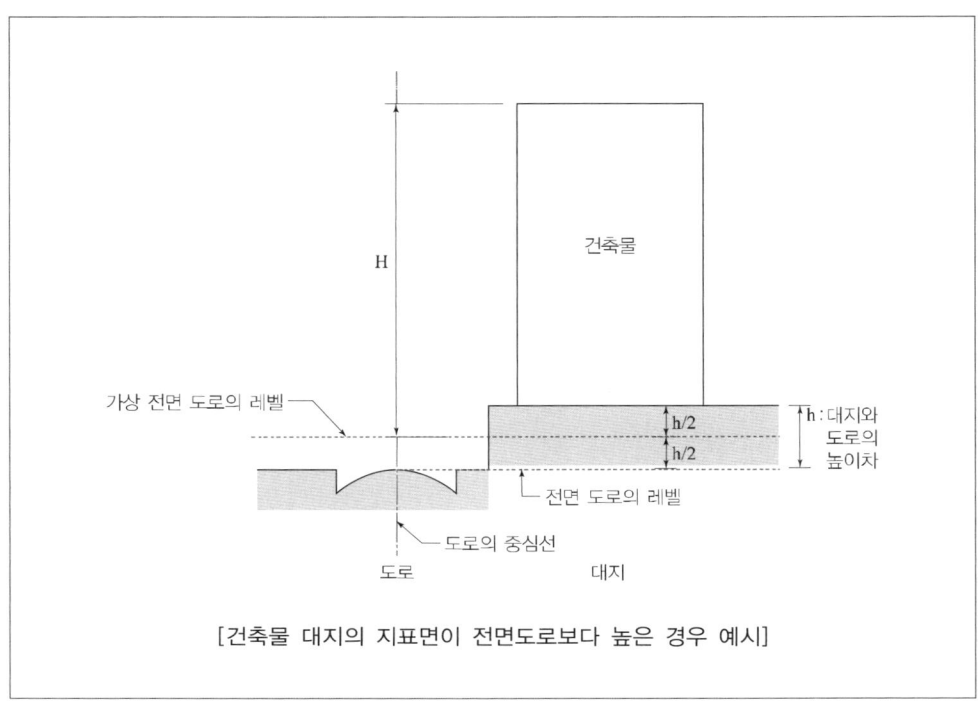

[건축물 대지의 지표면이 전면도로보다 높은 경우 예시]

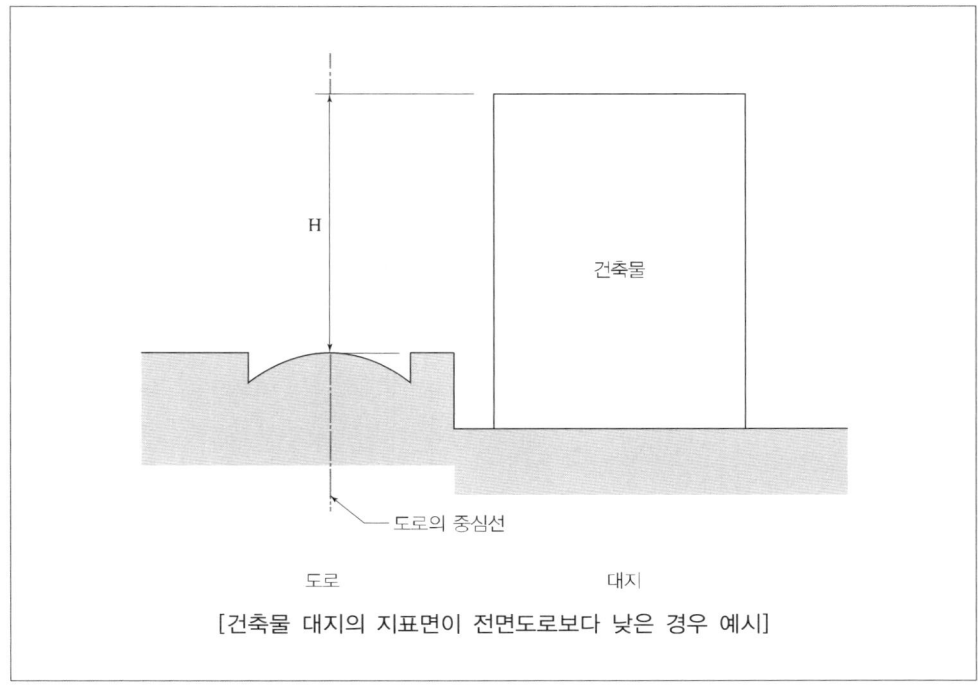

[건축물 대지의 지표면이 전면도로보다 낮은 경우 예시]

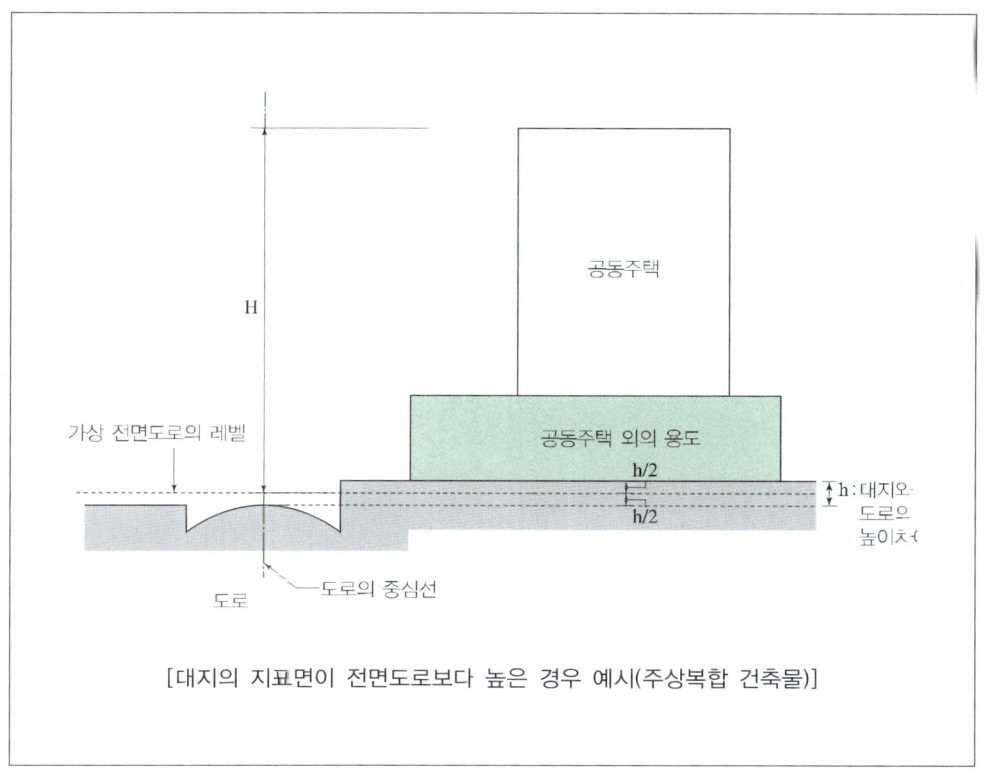

[대지의 지표면이 전면도로보다 높은 경우 예시(주상복합 건축물)]

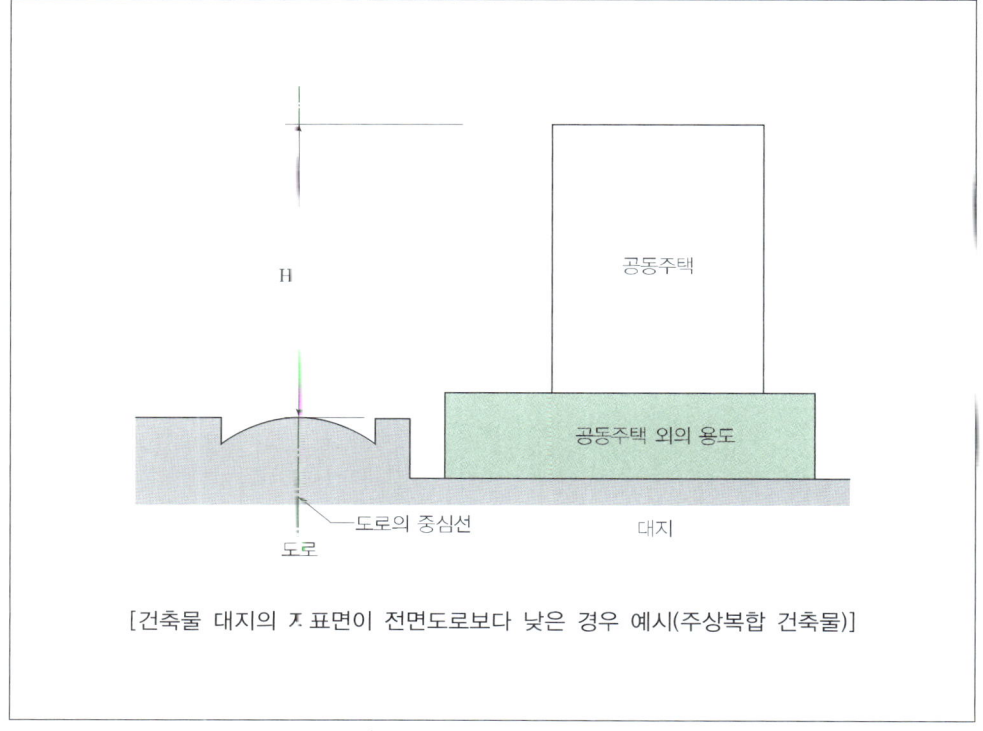

[건축물 대지의 지표면이 전면도로보다 낮은 경우 예시(주상복합 건축물)]

2) 「건축법」 제61조에 따른 건축물 높이를 산정할 때 건축물 대지의 지표면과 인접 대지의 지표면 간에 고저차가 있는 경우에는 그 지표면의 평균 수평면을 지표면으로 본다. 다만, 「건축법」 제61조 제2항에 따른 높이를 산정할 때 해당 대지가 인접 대지의 높이보다 낮은 경우에는 해당 대지의 지표면을 지표면으로 보고, 공동주택을 다른 용도와 복합하여 건축하는 경우에는 공동주택의 가장 낮은 부분을 그 건축물의 지표면으로 본다. (단서 규정은 「건축법」 제61조 제2항에 따른 채광등 일조에만 적용되는 것으로 「건축법」 제61조 제1항에 따른 정북방향 일조와 구분 필요)

※ 「건축법」 제61조 제1항에 따른 정북방향 일조 적용 예

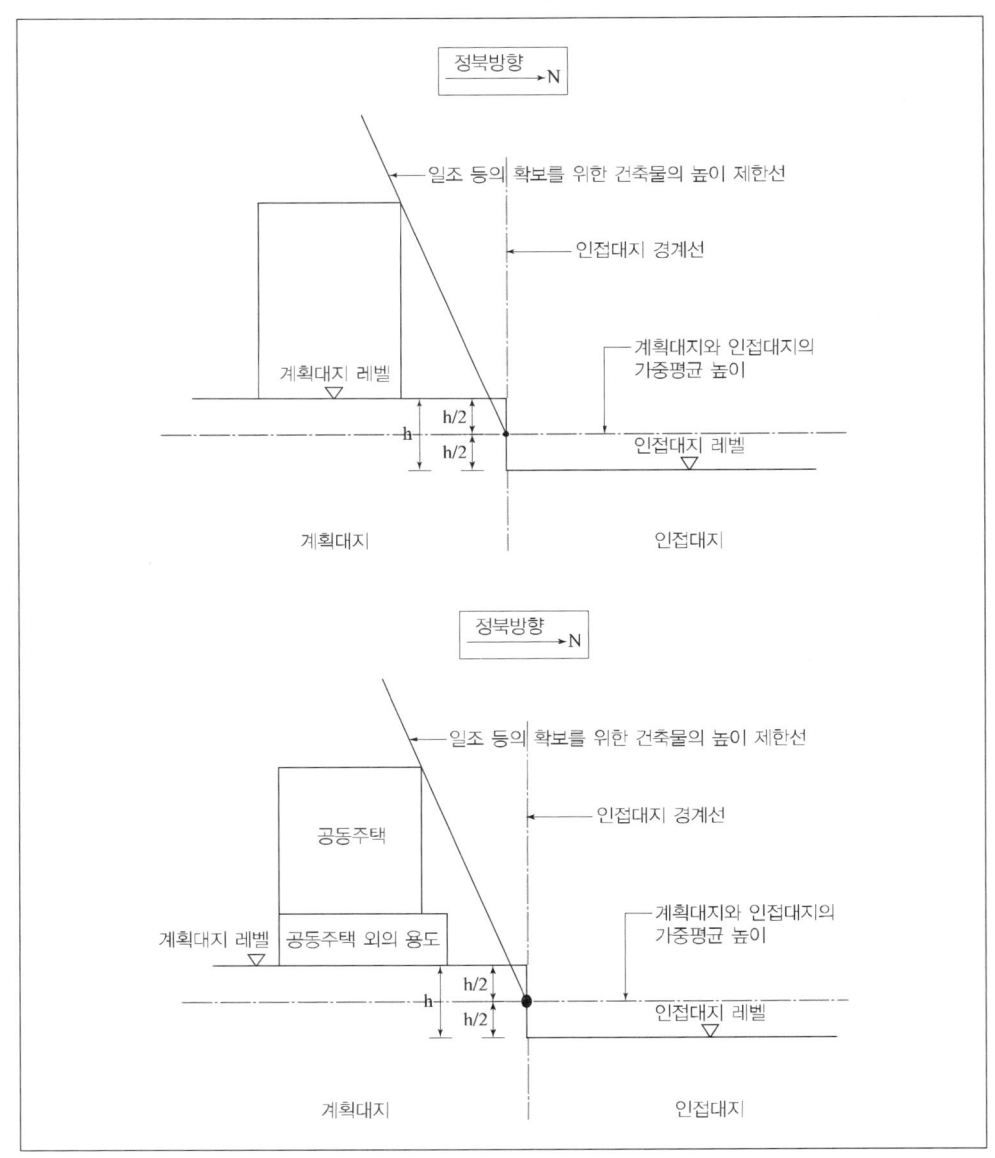

정북방향
N
일조 등의 확보를 위한 건축물의 높이 제한선
인접대지 경계선
계획대지와 인접대지의
가중평균 높이
인접대지 레벨
h/2
h
h/2
계획대지 레벨
계획대지
인접대지

정북방향
N
일조 등의 확보를 위한 건축물의 높이 제한선
인접대지 경계선
공동주택
계획대지와 인접대지의
가중평균 높이
인접대지 레벨
공동주택 외의 용도
h/2
h
h/2
계획대지 레벨
계획대지
인접대지

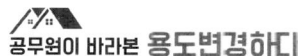

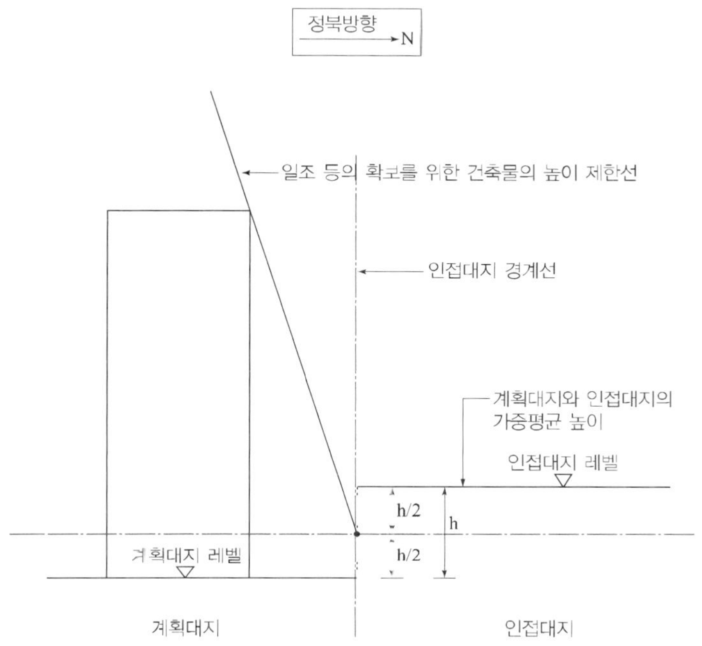

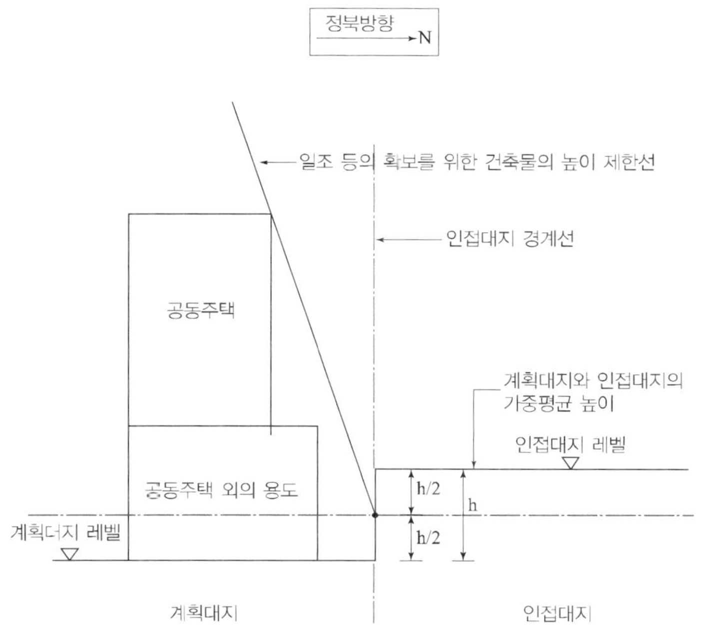

※ 「건축법」 제61조 제2항에 따른 채광등 일조 적용 예시

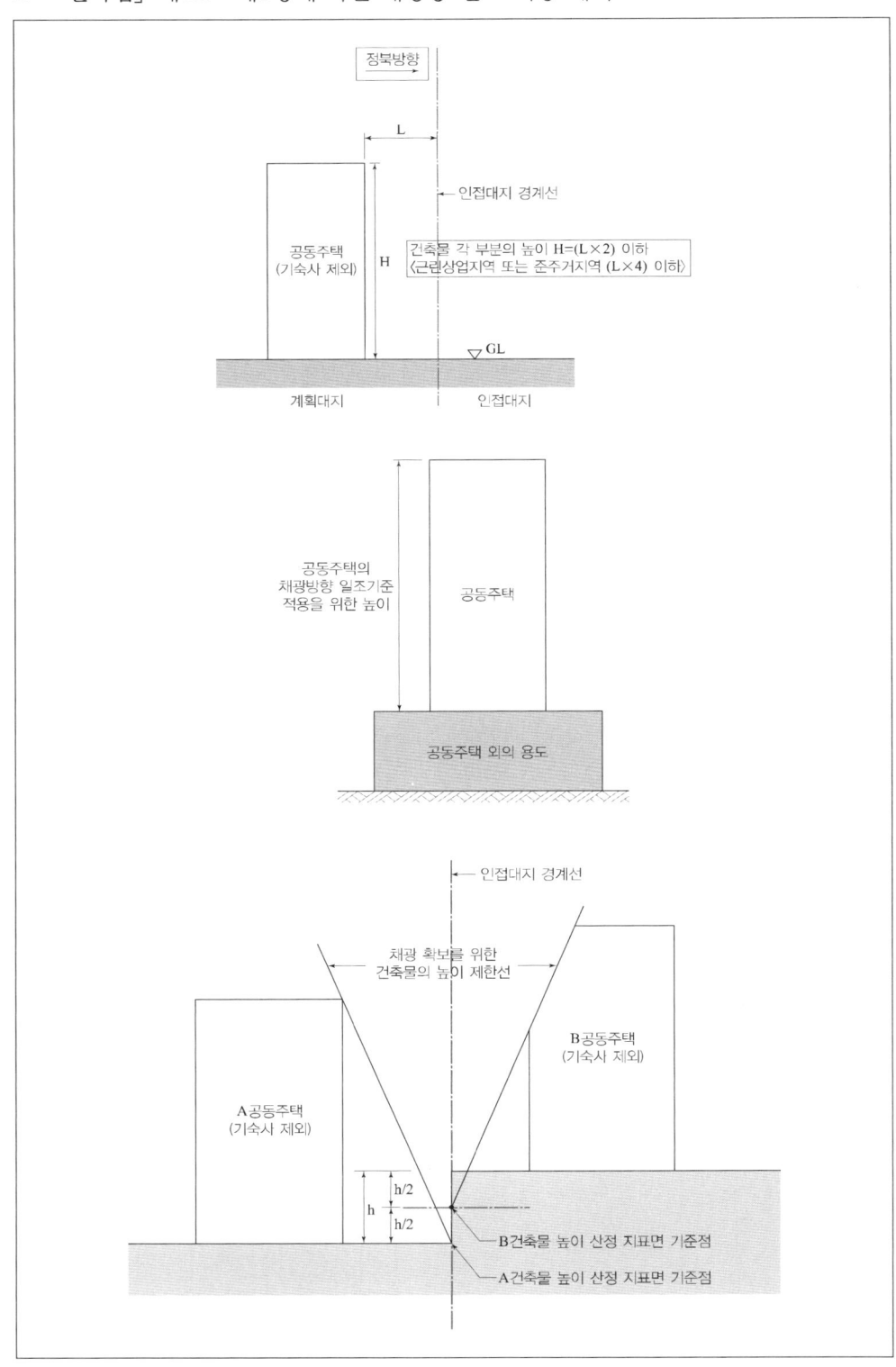

3) 건축물의 옥상에 설치되는 승강기탑·계단탑·망루·장식탑·옥탑 등으로서 그 수평투영면적의 합계가 해당 건축물 건축면적의 8분의 1(「주택법」 제15조 제1항에 따른 사업계획승인 대상인 공동주택 중 세대별 전용면적이 85m² 이하인 경우에는 6분의 1) 이하인 경우로서 그 부분의 높이가 12m를 넘는 경우에는 그 넘는 부분만 해당 건축물의 높이에 산입한다.

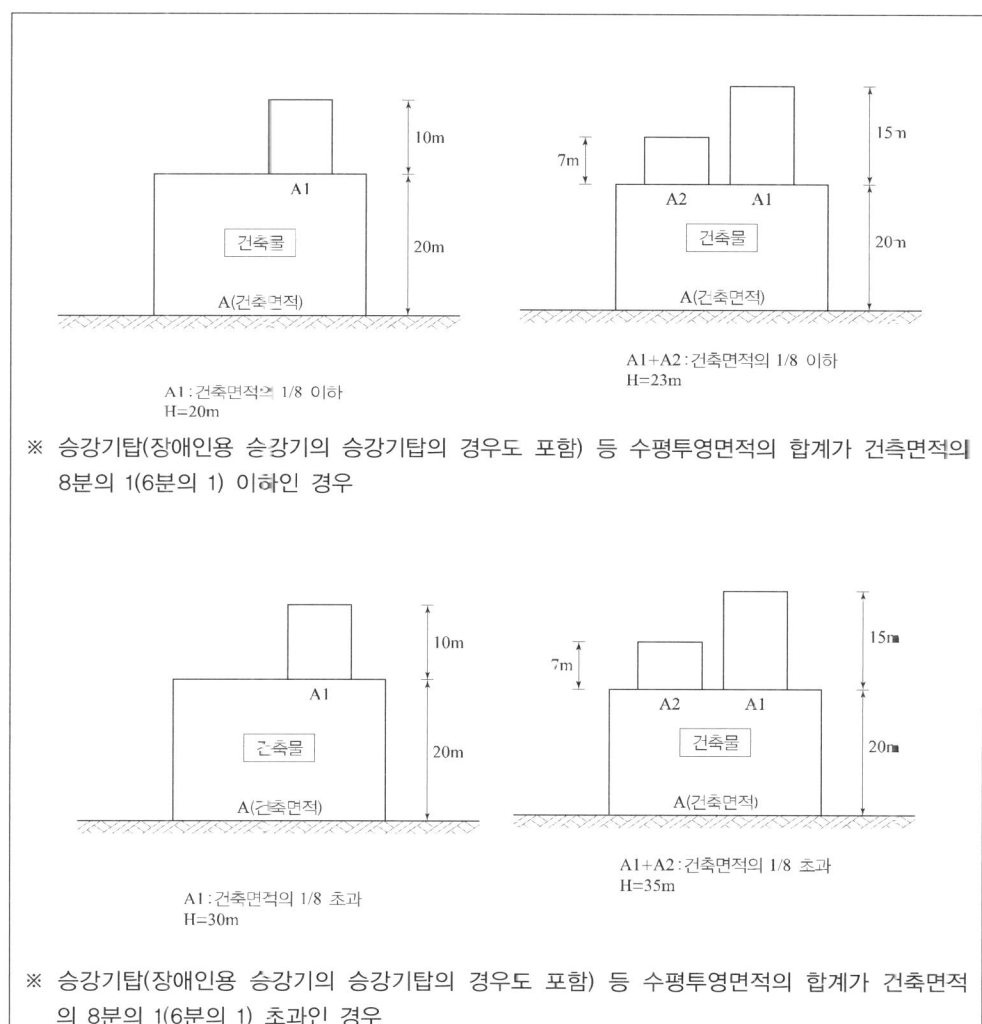

4) 지붕마루장식·굴뚝·방화벽의 옥상돌출부나 그 밖에 이와 비슷한 옥상돌출물과 난간벽(그 벽면적의 2분의 1 이상이 공간으로 되어 있는 것만 해당)은 그 건축물의 높이에 산입하지 아니한다.

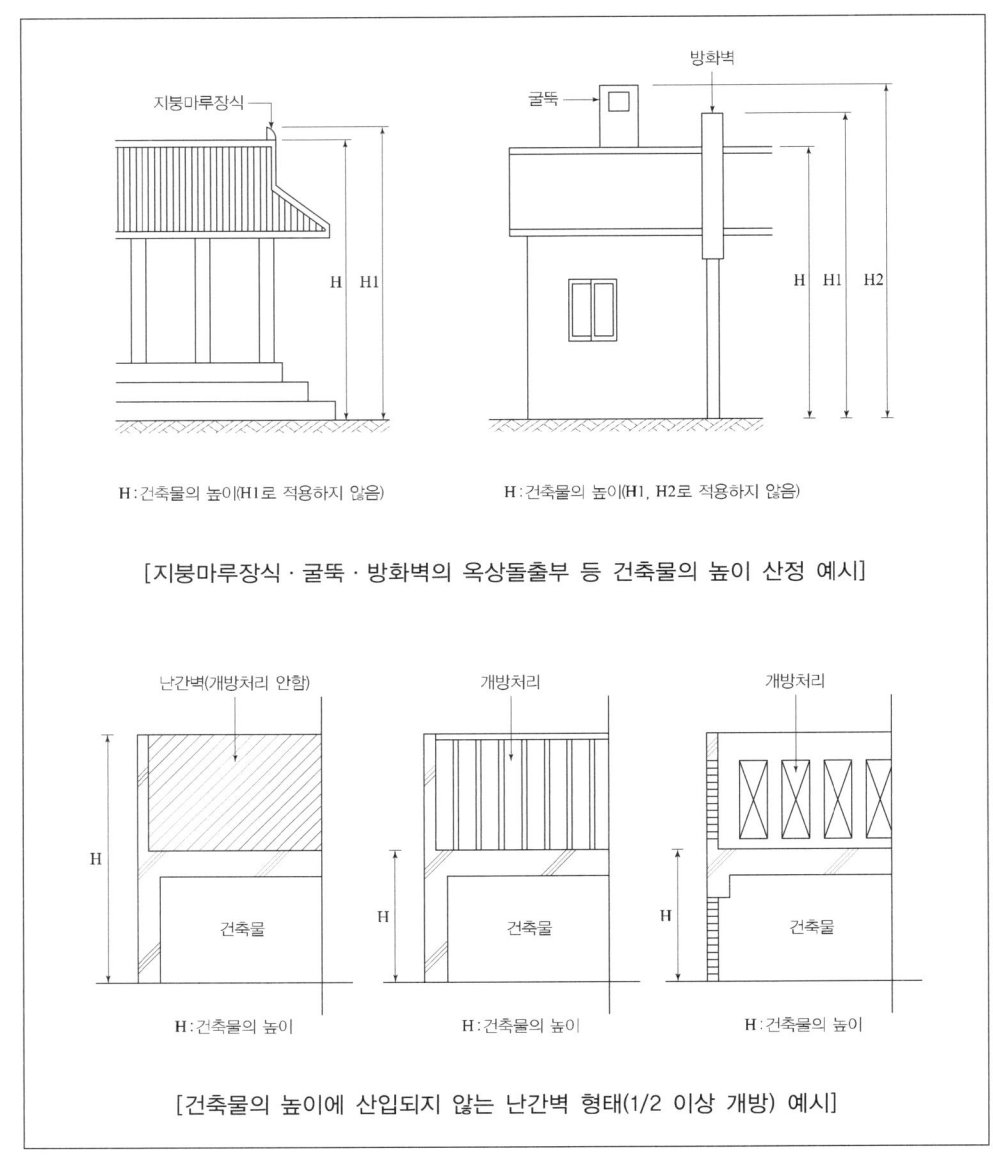

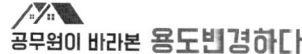

3.2 반자높이

3.2.1. 반자높이는 방의 바닥면으로부터 반자까지의 높이로 한다. 다만, 한 방에서 반자높이가 다른 부분이 있는 경우에는 그 각 부분의 반자면적에 따라 가중평균한 높이로 한다.

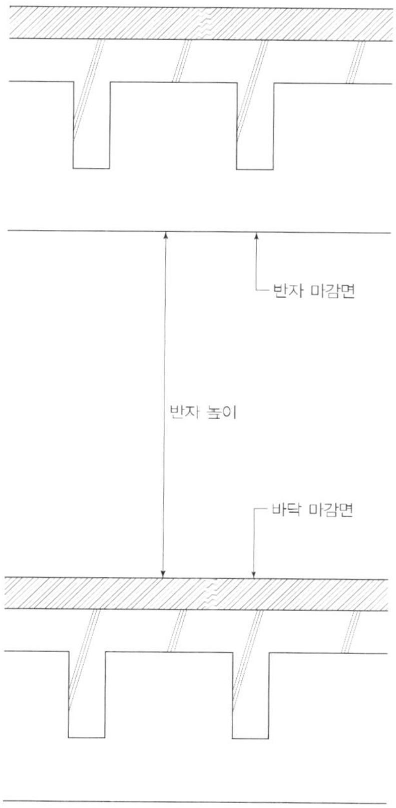

[반자가 설치된 경우 반자높이] 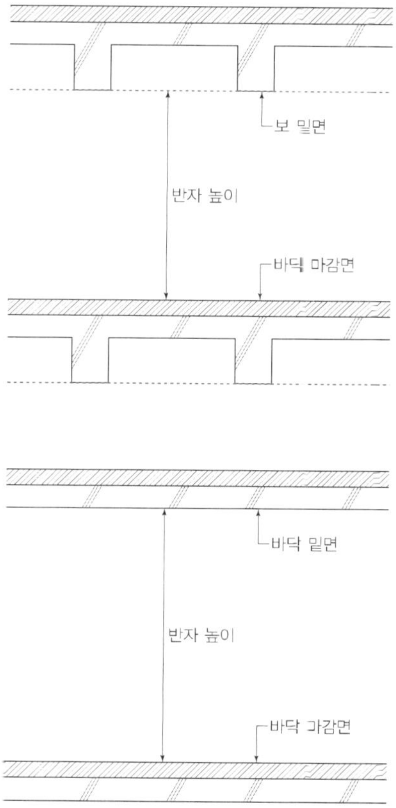 [반자가 설치되지 않은 경우 반자높이]

* 반자가 없는 경우에는 보 또는 바로 위층의 바닥판의 밑면, 그 밖에 이와 비슷한 것의 밑면까지의 높이까지로 함

3.3 층고

3.3.1. 층고는 방의 바닥구조체 윗면으로부터 위층 바닥구조체의 윗면까지의 높이로 한다. 다만, 한 방에서 층의 높이가 다른 부분이 있는 경우에는 그 각 부분 높이에 따른 면적에 따라 가중평균한 높이로 한다.

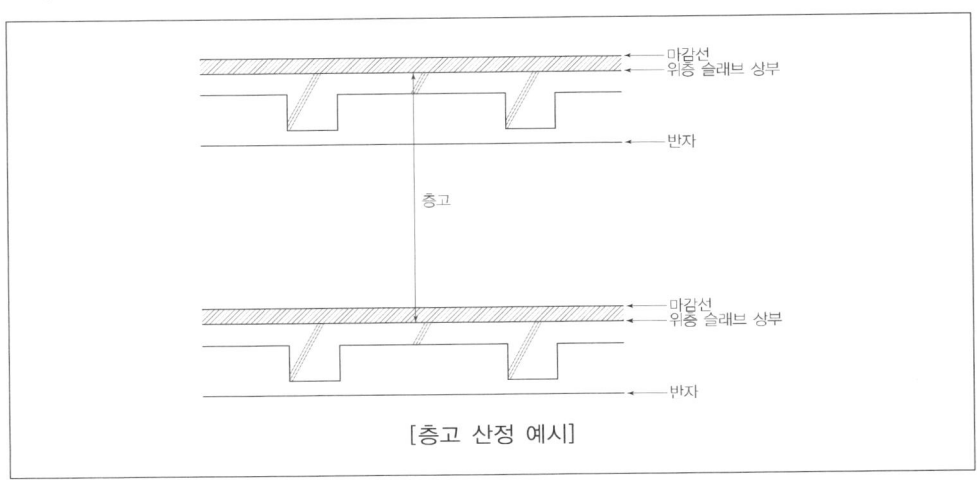

[층고 산정 예시]

3.4 층수

3.4.1. 승강기탑(옥상 출입용 승강장을 포함), 계단탑, 망루, 장식탑, 옥탑, 그 밖에 이와 비슷한 건축물의 옥상 부분으로서 그 수평투영면적의 합계가 해당 건축물 건축면적의 8분의 1(「주택법」 제15조 제1항에 따른 사업계획승인 대상인 공동주택 중 세대별 전용면적이 85m² 이하인 경우에는 6분의 1) 이하인 것과 지하층은 건축물의 층수에 산입하지 아니한다.

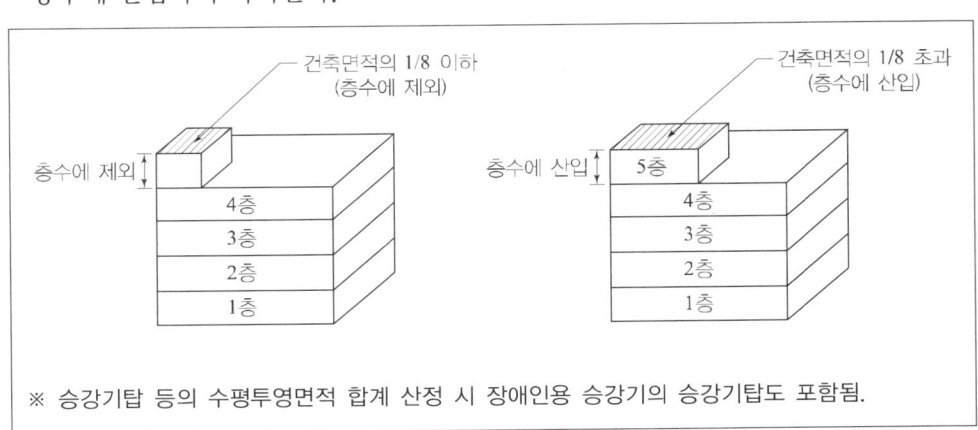

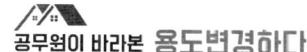

3.4.2. 아래 각 항목에 해당하는 경우에는 각 항목에서 정하는 바에 따른다.
1) 층의 구분이 명확하지 아니한 건축물은 그 건축물의 높이 4m마다 하나의 층으로 보고 그 층수를 산정한다.
2) 건축물이 부분에 따라 그 층수가 다른 경우에는 그중 가장 많은 층수를 그 건축물의 층수로 본다.

3.5 지표면
3.5.1. 건축물의 면적·높이 및 층수 등을 산정할 때 지표면에 고저차가 있는 경우에는 건축물의 주위가 접하는 각 지표면 부분의 높이를 그 지표면 부분의 수평거리에 따라 가중평균한 높이의 수평면을 지표면으로 본다.

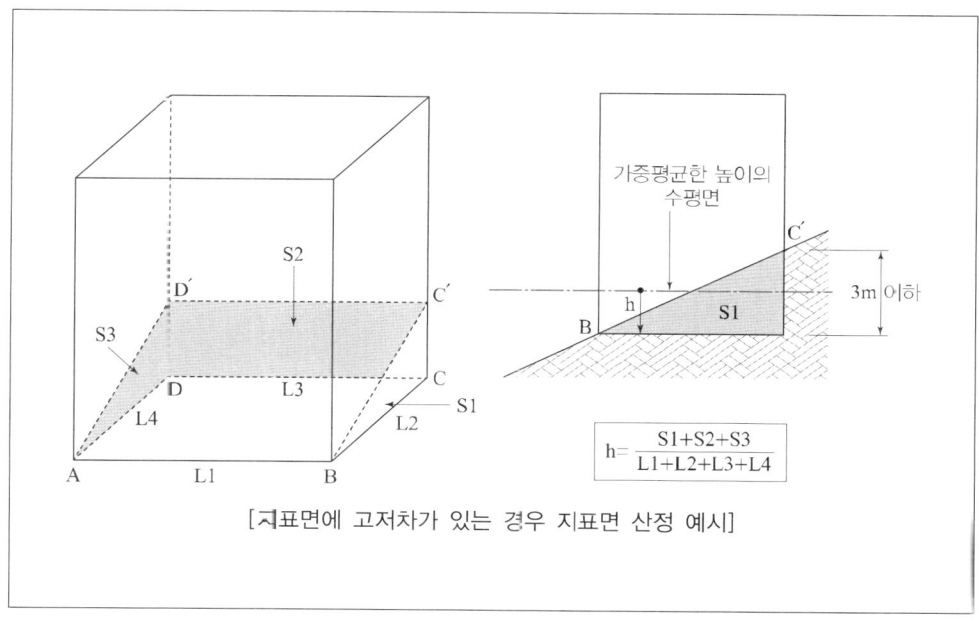

[지표면에 고저차가 있는 경우 지표면 산정 예시]

3.5.2. 다음 각 항목의 어느 하나에 해당하는 경우에는 해당 항목에서 정하는 기준에 따라 산정한다.
1) 지표면의 고저차가 3m를 넘는 경우에는 그 고저차 3m 이내의 부분마다 그 지표면을 정한다.

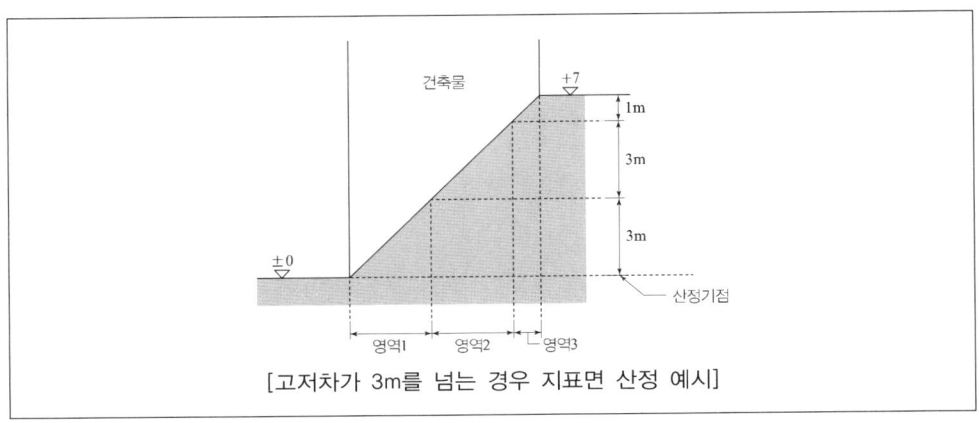

[고저차가 3m를 넘는 경우 지표면 산정 예시]

2) 「건축법」 제2조 제1항 제5호에 따른 지하층의 지표면은 각 층의 주위가 접하는 각 지표면 부분의 높이를 그 지표면 부분의 수평거리에 따라 가중평균한 높이의 수평면을 지표면으로 산정한다.

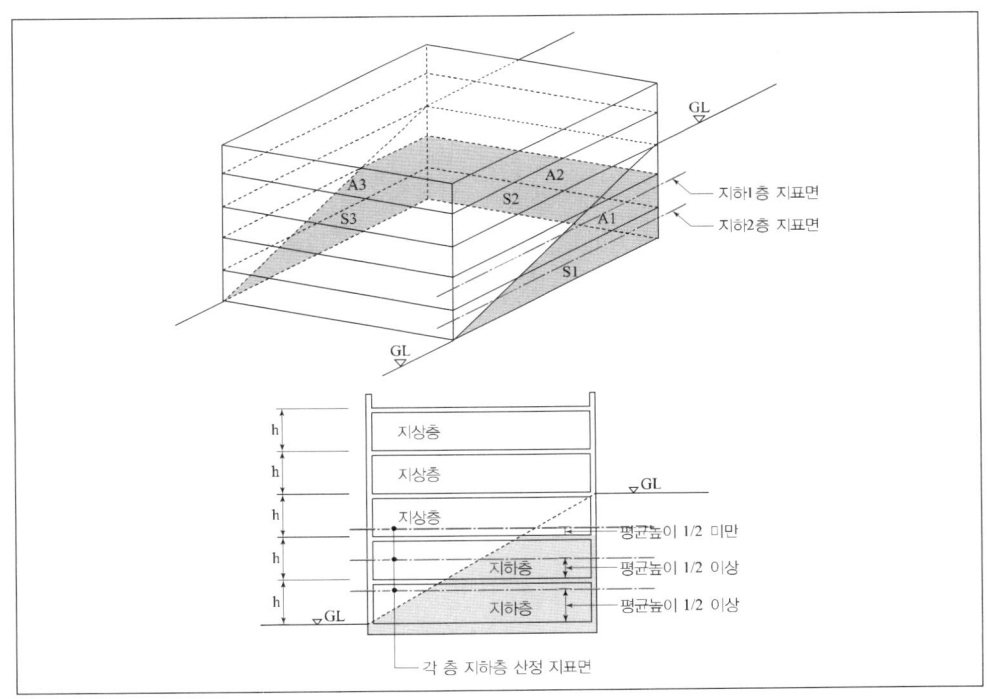

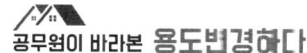

제4장 재검토 기한

4.1 국토교통부장관은 「훈령·예규 등의 발령 및 관리에 관한 규정」(대통령 훈령 제334호)에 따라 이 고시에 대하여 2022년 1월 1일 기준으로 매 3년이 되는 시점(매 3년째의 12월 31일까지를 말한다)마다 그 타당성을 검토하여 개선 등의 조치를 하여야 한다.

부 칙

제1조(시행일) 이 고시는 발령한 날부터 시행한다.

[별첨 2] 「건축 법 시행령」 [별표 1] 〈개정 2025. 1. 21.〉

용도별 건축물의 종류 (제3조의 5 관련)

1. 단독주택[단독주택의 형태를 갖춘 가정어린이집·공동생활가정·지역아동센터·공동육아나눔터(「아이돌봄 지원법」 제19조에 따른 공동육아나눔터를 말한다. 이하 같다)작은도서관(「도서관법」 제4조제2항제1호가목에 따른 작은도서관을 말하며, 해당 주택의 1층에 설치한 경우만 해당한다. 이하 같다) 및 노인복지시설(노인복지주택은 제외한다)을 포함한다]

 가. 단독주택
 나. 다중주택: 다음의 요건을 모두 갖춘 주택을 말한다.
  1) 학생 또는 직장인 등 여러 사람이 장기간 거주할 수 있는 구조로 되어 있는 것
  2) 독립된 주거의 형태를 갖추지 않은 것(각 실별로 욕실은 설치할 수 있으나, 취사시설은 설치하지 않은 것을 말한다)
  3) 1개 동의 주택으로 쓰이는 바닥면적(부설 주차장 면적은 제외한다. 이하 같다)의 합계가 660제곱미터 이하이고 주택으로 쓰는 층수(지하층은 제외한다)가 3개 층 이하일 것. 다만, 1층의 전부 또는 일부를 필로티 구조로 하여 주차장으로 사용하고 나머지 부분을 주택(주거 목적으로 한정한다) 외의 용도로 쓰는 경우에는 해당 층을 주택의 층수에서 제외한다.
  4) 적정한 주거환경을 조성하기 위하여 건축조례로 정하는 실별 최소 면적, 창문의 설치 및 크기 등의 기준에 적합할 것
 다. 다가구주택: 다음의 요건을 모두 갖춘 주택으로서 공동주택에 해당하지 아니하는 것을 말한다.
  1) 주택으로 쓰는 층수(지하층은 제외한다)가 3개 층 이하일 것. 다만, 1층의 전부 또는 일부를 필로티 구조로 하여 주차장으로 사용하고 나머지 부분을 주택(주거 목적으로 한정한다) 외의 용도로 쓰는 경우에는 해당 층을 주택의 층수에서 제외한다.
  2) 1개 동의 주택으로 쓰이는 바닥면적의 합계가 660제곱미터 이하일 것
  3) 19세대(대지 내 동별 세대수를 합한 세대를 말한다) 이하가 거주할 수 있을 것
 라. 공관(公館)

2. 공동주택[공동주택의 형태를 갖춘 가정어린이집·공동생활가정·지역아동센터·공동육아나눔터·작은도서관·노인복지시설(노인복지주택은 제외한다) 및 「주택법 시행령」 제10조제1항제1호에 따른 아파트형 주택을 포함한다]. 다만, 가목이나 나목에서 층수를 산정할 때 1층 전부를 필로티 구조로 하여 주차장으로 사용하는

경우에는 필로티 부분을 층수에서 제외하고, 다목에서 층수를 산정할 때 1층의 전부 또는 일부를 필로티 구조로 하여 주차장으로 사용하고 나머지 부분을 주택(주거 목적으로 한정한다) 외의 용도로 쓰는 경우에는 해당 층을 주택의 층수에서 제외하며, 가목부터 라목까지의 규정에서 층수를 산정할 때 지하층을 주택의 층수에서 제외한다.

가. 아파트: 주택으로 쓰는 층수가 5개 층 이상인 주택
나. 연립주택: 주택으로 쓰는 1개 동의 바닥면적(2개 이상의 동을 지하주차장으로 연결하는 경우에는 각각의 동으로 본다) 합계가 660제곱미터를 초과하고, 층수가 4개 층 이하인 주택
다. 다세대주택: 주택으로 쓰는 1개 동의 바닥면적 합계가 660제곱미터 이하이고, 층수가 4개 층 이하인 주택(2개 이상의 동을 지하주차장으로 연결하는 경우에는 각각의 동으로 본다)
라. 기숙사: 다음의 어느 하나에 해당하는 건축물로서 공간의 구성과 규모 등에 관하여 국토교통부장관이 정하여 고시하는 기준에 적합한 것. 다만, 구분 소유된 개별 실(室)은 제외한다.
 1) 일반기숙사: 학교 또는 공장 등의 학생 또는 종업원 등을 위하여 사용하는 것으로서 해당 기숙사의 공동취사시설 이용 세대 수가 전체 세대 수(건축물의 일부를 기숙사로 사용하는 경우에는 기숙사로 사용하는 세대 수로 한다. 이하 같다)의 50퍼센트 이상인 것(「교육기본법」 제27조제2항에 따른 학생복지주택을 포함한다)
 2) 임대형기숙사: 「공공주택 특별법」 제4조에 따른 공공주택사업자 또는 「민간임대주택에 관한 특별법」 제2조제7호에 따른 임대사업자가 임대사업에 사용하는 것으로서 임대 목적으로 제공하는 실이 20실 이상이고 해당 기숙사의 공동취사시설 이용 세대 수가 전체 세대 수의 50퍼센트 이상인 것

3. 제1종 근린생활시설
 가. 식품·잡화·의류·완구·서적·건축자재·의약품·의료기기 등 일용품을 판매하는 소매점으로서 같은 건축물(하나의 대지에 두 동 이상의 건축물이 있는 경우에는 이를 같은 건축물로 본다. 이하 같다)에 해당 용도로 쓰는 바닥면적의 합계가 1천 제곱미터 미만인 것
 나. 휴게음식점, 제과점 등 음료·차(茶)·음식·빵·떡·과자 등을 조리하거나 제조하여 판매하는 시설(제4호너목 또는 제17호에 해당하는 것은 제외한다)로서 같은 건축물에 해당 용도로 쓰는 바닥면적의 합계가 300제곱미터 미만인 것
 다. 이용원, 미용원, 목욕장, 세탁소 등 사람의 위생관리나 의류 등을 세탁·수선하는 시설(세탁소의 경우 공장에 부설되는 것과 「대기환경보전법」, 「물환경보전법」 또는 「소음·진동관리법」에 따른 배출시설의 설치 허가 또는 신고의 대상인 것은 제외한다)

라. 의원, 치과의원, 한의원, 침술원, 접골원(接骨院), 조산원, 안마원, 산후조리원 등 주민의 진료·치료 등을 위한 시설
마. 탁구장, 체육도장으로서 같은 건축물에 해당 용도로 쓰는 바닥면적의 합계가 500제곱미터 미만인 것
바. 지역자치센터, 파출소, 지구대, 소방서, 우체국, 방송국, 보건소, 공공도서관, 건강보험공단 사무소 등 주민의 편의를 위하여 공공업무를 수행하는 시설로서 같은 건축물에 해당 용도로 쓰는 바닥면적의 합계가 1천 제곱미터 미만인 것
사. 마을회관, 마을공동작업소, 마을공동구판장, 공중화장실, 대피소, 지역아동센터(단독주택과 공동주택에 해당하는 것은 제외한다) 등 주민이 공동으로 이용하는 시설
아. 변전소, 도시가스배관시설, 통신용 시설(해당 용도로 쓰는 바닥면적의 합계가 1천제곱미터 미만인 것에 한정한다), 정수장, 양수장 등 주민의 생활에 필요한 에너지공급·통신서비스제공이나 급수·배수와 관련된 시설
자. 금융업소, 사무소, 부동산중개사무소, 결혼상담소 등 소개업소, 출판사 등 일반업무시설로서 같은 건축물에 해당 용도로 쓰는 바닥면적의 합계가 30제곱미터 미만인 것
차. 전기자동차 충전소(해당 용도로 쓰는 바닥면적의 합계가 1천제곱미터 미만인 것으로 한정한다)
카. 동물병원, 동물미용실 및 「동물보호법」 제73조제1항제2호에 따른 동물 위탁관리업을 위한 시설로서 같은 건축물에 해당 용도로 쓰는 바닥면적의 합계가 300제곱미터 미만인 것

4. 제2종 근린생활시설
가. 공연장(극장, 영화관, 연예장, 음악당, 서커스장, 비디오물감상실, 비디오물소극장, 그 밖에 이와 비슷한 것을 말한다. 이하 같다)으로서 같은 건축물에 해당 용도로 쓰는 바닥면적의 합계가 500제곱미터 미만인 것
나. 종교집회장[교회, 성당, 사찰, 기도원, 수도원, 수녀원, 제실(祭室), 사당, 그 밖에 이와 비슷한 것을 말한다. 이하 같다]으로서 같은 건축물에 해당 용도로 쓰는 바닥면적의 합계가 500제곱미터 미만인 것
다. 자동차영업소로서 같은 건축물에 해당 용도로 쓰는 바닥면적의 합계가 1천제곱미터 미만인 것
라. 서점(제1종 근린생활시설에 해당하지 않는 것)
마. 총포판매소
바. 사진관, 표구점
사. 청소년게임제공업소, 복합유통게임제공업소, 인터넷컴퓨터게임시설제공업소, 가상현실체험 제공업소, 그 밖에 이와 비슷한 게임 및 체험 관련 시설로서 같은 건축물에 해당 용도로 쓰는 바닥면적의 합계가 500제곱미터 미만인 것

아. 휴게음식점, 제과점 등 음료·차(茶)·음식·빵·떡·과자 등을 조리하거나 제조하여 판매하는 시설(너목 또는 제17호에 해당하는 것은 제외한다)로서 같은 건축물에 해당 용도로 쓰는 바닥면적의 합계가 300제곱미터 이상인 것

자. 일반음식점

차. 장의사, 동물병원, 동물미용실, 「동물보호법」 제73조제1항제2호에 따른 동물위탁관리업을 위한 시설, 그 밖에 이와 유사한 것(제1종 근린생활시설에 해당하는 것은 제외한다)

카. 학원(자동차학원·무도학원 및 정보통신기술을 활용하여 원격으로 교습하는 것은 제외한다), 교습소(자동차교습·무도교습 및 정보통신기술을 활용하여 원격으로 교습하는 것은 제외한다), 직업훈련소(운전·정비 관련 직업훈련소는 제외한다)로서 같은 건축물에 해당 용도로 쓰는 바닥면적의 합계가 500제곱미터 미만인 것

타. 독서실, 기원

파. 테니스장, 체력단련장, 에어로빅장, 볼링장, 당구장, 실내낚시터, 골프연습장, 놀이형시설(「관광진흥법」에 따른 기타유원시설업의 시설을 말한다. 이하 같다) 등 주민의 체육 활동을 위한 시설(제3호마목의 시설은 제외한다)로서 같은 건축물에 해당 용도로 쓰는 바닥면적의 합계가 500제곱미터 미만인 것

하. 금융업소, 사무소, 부동산중개사무소, 결혼상담소 등 소개업소, 출판사 등 일반업무시설로서 같은 건축물에 해당 용도로 쓰는 바닥면적의 합계가 500제곱미터 미만인 것(제1종 근린생활시설에 해당하는 것은 제외한다)

거. 다중생활시설(「다중이용업소의 안전관리에 관한 특별법」에 따른 다중이용업 중 고시원업의 시설로서 국토교통부장관이 고시하는 기준과 그 기준에 위배되지 않는 범위에서 적정한 주거환경을 조성하기 위하여 건축조례로 정하는 실별 최소 면적, 창문의 설치 및 크기 등의 기준에 적합한 것을 말한다. 이하 같다)로서 같은 건축물에 해당 용도로 쓰는 바닥면적의 합계가 500제곱미터 미만인 것

너. 제조업소, 수리점 등 물품의 제조·가공·수리 등을 위한 시설로서 같은 건축물에 해당 용도로 쓰는 바닥면적의 합계가 500제곱미터 미만이고, 다음 요건 중 어느 하나에 해당하는 것

 1) 「대기환경보전법」, 「물환경보전법」 또는 「소음·진동관리법」에 따른 배출시설의 설치 허가 또는 신고의 대상이 아닌 것

 2) 「물환경보전법」 제33조제1항 본문에 따라 폐수배출시설의 설치 허가를 받거나 신고해야 하는 시설로서 발생되는 폐수를 전량 위탁처리하는 것

더. 단란주점으로서 같은 건축물에 해당 용도로 쓰는 바닥면적의 합계가 150제곱미터 미만인 것

러. 안마시술소, 노래연습장

머. 「물류시설의 개발 및 운영에 관한 법률」 제2조제5호의2에 따른 주문배송시설로서 같은 건축물에 해당 용도로 쓰는 바닥면적의 합계가 500제곱미터 미만인 것(같은 법 제21조의2제1항에 따라 물류창고업 등록을 해야 하는 시설을 말한다)

5. 문화 및 집회시설
 가. 공연장으로서 제2종 근린생활시설에 해당하지 아니하는 것
 나. 집회장[예식장, 공회당, 회의장, 마권(馬券) 장외 발매소, 마권 전화투표소, 그 밖에 이와 비슷한 것을 말한다]으로서 제2종 근린생활시설에 해당하지 아니하는 것
 다. 관람장(경마장, 경륜장, 경정장, 자동차 경기장, 그 밖에 이와 비슷한 것과 체육관 및 운동장으로서 관람석의 바닥면적의 합계가 1천 제곱미터 이상인 것을 말한다)
 라. 전시장(박물관, 미술관, 과학관, 문화관, 체험관, 기념관, 산업전시장, 박람회장, 그 밖에 이와 비슷한 것을 말한다)
 마. 동·식물원(동물원, 식물원, 수족관, 그 밖에 이와 비슷한 것을 말한다)

6. 종교시설
 가. 종교집회장으로서 제2종 근린생활시설에 해당하지 아니하는 것
 나. 종교집회장(제2종 근린생활시설에 해당하지 아니하는 것을 말한다)에 설치하는 봉안당(奉安堂)

7. 판매시설
 가. 도매시장(「농수산물유통 및 가격안정에 관한 법률」에 따른 농수산물도매시장, 농수산물공판장, 그 밖에 이와 비슷한 것을 말하며, 그 안에 있는 근린생활시설을 포함한다)
 나. 소매시장(「유통산업발전법」 제2조제3호에 따른 대규모 점포, 그 밖에 이와 비슷한 것을 말하며, 그 안에 있는 근린생활시설을 포함한다)
 다. 상점(그 안에 있는 근린생활시설을 포함한다)으로서 다음의 요건 중 어느 하나에 해당하는 것
  1) 제3호가목에 해당하는 용도(서점은 제외한다)로서 제1종 근린생활시설에 해당하지 아니하는 것
  2) 「게임산업진흥에 관한 법률」 제2조제6호의2가목에 따른 청소년게임제공업의 시설, 같은 호 나목에 따른 일반게임제공업의 시설, 같은 조 제7호에 따른 인터넷컴퓨터게임시설제공업의 시설 및 같은 조 제8호에 따른 복합유통게임제공업의 시설로서 제2종 근린생활시설에 해당하지 아니하는 것

8. 운수시설
 가. 여객자동차터미널
 나. 철도시설
 다. 공항시설
 라. 항만시설
 마. 그 밖에 가목부터 라목까지의 규정에 따른 시설과 비슷한 시설

9. 의료시설
  가. 병원(종합병원, 병원, 치과병원, 한방병원, 정신병원 및 요양병원을 말한다)
  나. 격리병원(전염병원, 마약진료소, 그 밖에 이와 비슷한 것을 말한다)

10. 교육연구시설(제2종 근린생활시설에 해당하는 것은 제외한다)
  가. 학교(유치원, 초등학교, 중학교, 고등학교, 전문대학, 대학, 대학교, 그 밖에 이에 준하는 각종 학교를 말한다)
  나. 교육원(연수원, 그 밖에 이와 비슷한 것을 포함한다)
  다. 직업훈련소(운전 및 정비 관련 직업훈련소는 제외한다)
  라. 학원(자동차학원·무도학원 및 정보통신기술을 활용하여 원격으로 교습하는 것은 제외한다), 교습소(자동차교습·무도교습 및 정보통신기술을 활용하여 원격으로 교습하는 것은 제외한다)
  마. 연구소(연구소에 준하는 시험소와 계측계량소를 포함한다)
  바. 도서관

11. 노유자시설
  가. 아동 관련 시설(어린이집, 아동복지시설, 그 밖에 이와 비슷한 것으로서 단독주택, 공동주택 및 제1종 근린생활시설에 해당하지 아니하는 것을 말한다)
  나. 노인복지시설(단독주택과 공동주택에 해당하지 아니하는 것을 말한다)
  다. 그 밖에 다른 용도로 분류되지 아니한 사회복지시설 및 근로복지시설

12. 수련시설
  가. 생활권 수련시설(「청소년활동진흥법」에 따른 청소년수련관, 청소년문화의집, 청소년특화시설, 그 밖에 이와 비슷한 것을 말한다)
  나. 자연권 수련시설(「청소년활동진흥법」에 따른 청소년수련원, 청소년야영장, 그 밖에 이와 비슷한 것을 말한다)
  다. 「청소년활동진흥법」에 따른 유스호스텔
  라. 「관광진흥법」에 따른 야영장 시설로서 제29호에 해당하지 아니하는 시설

13. 운동시설
  가. 탁구장, 체육도장, 테니스장, 체력단련장, 에어로빅장, 볼링장, 당구장, 실내낚시터, 골프연습장, 놀이형시설, 그 밖에 이와 비슷한 것으로서 제1종 근린생활시설 및 제2종 근린생활시설에 해당하지 아니하는 것
  나. 체육관으로서 관람석이 없거나 관람석의 바닥면적이 1천제곱미터 미만인 것
  다. 운동장(육상장, 구기장, 볼링장, 수영장, 스케이트장, 롤러스케이트장, 승마장, 사격장, 궁도장, 골프장 등과 이에 딸린 건축물을 말한다)으로서 관람석이 없거나 관람석의 바닥면적이 1천 제곱미터 미만인 것

14. 업무시설
 가. 공공업무시설: 국가 또는 지방자치단체의 청사와 외국공관의 건축물로서 제1종 근린생활시설에 해당하지 아니하는 것
 나. 일반업무시설: 다음 요건을 갖춘 업무시설을 말한다.
  1) 금융업소, 사무소, 결혼상담소 등 소개업소, 출판사, 신문사, 그 밖에 이와 비슷한 것으로서 제1종 근린생활시설 및 제2종 근린생활시설에 해당하지 않는 것
  2) 오피스텔(업무를 주로 하며, 분양하거나 임대하는 구획 중 일부 구획에서 숙식을 할 수 있도록 한 건축물로서 국토교통부장관이 고시하는 기준에 적합한 것을 말한다)

15. 숙박시설
 가. 일반숙박시설 및 생활숙박시설(「공중위생관리법」 제3조제1항 전단에 따라 숙박업 신고를 해야 하는 시설로서 국토교통부장관이 정하여 고시하는 요건을 갖춘 시설을 말한다)
 나. 관광숙박시설(관광호텔, 수상관광호텔, 한국전통호텔, 가족호텔, 호스텔, 소형호텔, 의료관광호텔 및 휴양 콘도미니엄)
 다. 다중생활시설(제2종 근린생활시설에 해당하지 아니하는 것을 말한다)
 라. 그 밖에 가목부터 다목까지의 시설과 비슷한 것

16. 위락시설
 가. 단란주점으로서 제2종 근린생활시설에 해당하지 아니하는 것
 나. 유흥주점이나 그 밖에 이와 비슷한 것
 다. 「관광진흥법」에 따른 유원시설업의 시설, 그 밖에 이와 비슷한 시설(제2종 근린생활시설과 운동시설에 해당하는 것은 제외한다)
 라. 삭제 〈2010.2.18〉
 마. 무도장, 무도학원
 바. 카지노영업소

17. 공장
 물품의 제조·가공[염색·도장(塗裝)·표백·재봉·건조·인쇄 등을 포함한다] 또는 수리에 계속적으로 이용되는 건축물로서 제1종 근린생활시설, 제2종 근린생활시설, 위험물저장 및 처리시설, 자동차 관련 시설, 자원순환 관련 시설 등으로 따로 분류되지 아니한 것

18. 창고시설(제2종 근린생활시설에 해당하는 것과 위험물 저장 및 처리 시설 또는 그 부속용도에 해당하는 것은 제외한다)
 가. 창고(물품저장시설로서「물류정책기본법」에 따른 일반창고와 냉장 및 냉동 창고를 포함한다)
 나. 하역장
 다. 「물류시설의 개발 및 운영에 관한 법률」에 따른 물류터미널
 라. 집배송 시설

19. 위험물 저장 및 처리 시설
「위험물안전관리법」,「석유 및 석유대체연료 사업법」,「도시가스사업법」,「고압가스 안전관리법」,「액화석유가스의 안전관리 및 사업법」,「총포·도검·화약류 등 단속법」,「화학물질 관리법」등에 따라 설치 또는 영업의 허가를 받아야 하는 건축물로서 다음 각 목의 어느 하나에 해당하는 것. 다만, 자가난방, 자가발전, 그 밖에 이와 비슷한 목적으로 쓰는 저장시설은 제외한다.
 가. 주유소(기계식 세차설비를 포함한다) 및 석유 판매소
 나. 액화석유가스 충전소·판매소·저장소(기계식 세차설비를 포함한다)
 다. 위험물 제조소·저장소·취급소
 라. 액화가스 취급소·판매소
 마. 유독물 보관·저장·판매시설
 바. 고압가스 충전소·판매소·저장소
 사. 도료류 판매소
 아. 도시가스 제조시설
 자. 화약류 저장소
 차. 그 밖에 가목부터 자목까지의 시설과 비슷한 것

20. 자동차 관련 시설(건설기계 관련 시설을 포함한다)
 가. 주차장
 나. 세차장
 다. 폐차장
 라. 검사장
 마. 매매장
 바. 정비공장
 사. 운전학원 및 정비학원(운전 및 정비 관련 직업훈련시설을 포함한다)
 아. 「여객자동차 운수사업법」,「화물자동차 운수사업법」및「건설기계관리법」에 따른 차고 및 주기장(駐機場)
 자. 전기자동차 충전소로서 제1종 근린생활시설에 해당하지 않는 것

21. 동물 및 식물 관련 시설
  가. 축사(양잠·양봉·양어·양돈·양계·곤충사육 시설 및 부화장 등을 포함한다)
  나. 가축시설[가축용 운동시설, 인공수정센터, 관리사(管理舍), 가축용 창고, 가축시장, 동물검역소, 실험동물 사육시설, 그 밖에 이와 비슷한 것을 말한다]
  다. 도축장
  라. 도계장
  마. 작물 재배사
  바. 종묘배양시설
  사. 화초 및 분재 등의 온실
  아. 동물 또는 식물과 관련된 가목부터 사목까지의 시설과 비슷한 것(동·식물원은 제외한다)

22. 자원순환 관련 시설
  가. 하수 등 처리시설
  나. 고물상
  다. 폐기물재활용시설
  라. 폐기물 처분시설
  마. 폐기물감량화시설

23. 교정시설(제1종 근린생활시설에 해당하는 것은 제외한다)
  가. 교정시설(보호감호소, 구치소 및 교도소를 말한다)
  나. 갱생보호시설, 그 밖에 범죄자의 갱생·보육·교육·보건 등의 용도로 쓰는 시설
  다. 소년원 및 소년분류심사원
  라. 삭제 〈2023. 5. 15.〉

23의2. 국방·군사시설(제1종 근린생활시설에 해당하는 것은 제외한다)
  「국방·군사시설 사업에 관한 법률」에 따른 국방·군사시설

24. 방송통신시설(제1종 근린생활시설에 해당하는 것은 제외한다)
  가. 방송국(방송프로그램 제작시설 및 송신·수신·중계시설을 포함한다)
  나. 전신전화국
  다. 촬영소
  라. 통신용 시설
  마. 데이터센터
  바. 그 밖에 가목부터 마목까지의 시설과 비슷한 것

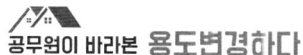

25. 발전시설

발전소(집단에너지 공급시설을 포함한다)로 사용되는 건축물로서 제1종 근린생활시설에 해당하지 아니하는 것

26. 묘지 관련 시설
 가. 화장시설
 나. 봉안당(종교시설에 해당하는 것은 제외한다)
 다. 묘지와 자연장지에 부수되는 건축물
 라. 동물화장시설, 동물건조장(乾燥葬)시설 및 동물 전용의 납골시설

27. 관광 휴게시설
 가. 야외음악당
 나. 야외극장
 다. 어린이회관
 라. 관망탑
 마. 휴게소
 바. 공원·유원지 또는 관광지에 부수되는 시설

28. 장례시설
 가. 장례식장[의료시설의 부수시설(「의료법」 제36조제1호에 따른 의료기관의 종류에 따른 시설을 말한다)에 해당하는 것은 제외한다]
 나. 동물 전용의 장례식장

29. 야영장 시설
「관광진흥법」에 따른 야영장 시설로서 관리동, 화장실, 샤워실, 대피소, 취사시설 등의 용도로 쓰는 바닥면적의 합계가 300제곱미터 미만인 것

※ 비고

1. 제3호 및 제4호에서 "해당 용도로 쓰는 바닥면적"이란 부설 주차장 면적을 제외한 실(實) 사용면적에 공용부분 면적(복도, 계단, 화장실 등의 면적을 말한다)을 비례 배분한 면적을 합한 면적을 말한다.
2. 비고 제1호에 따라 "해당 용도로 쓰는 바닥면적"을 산정할 때 건축물의 내부를 여러 개의 부분으로 구분하여 독립한 건축물로 사용하는 경우에는 그 구분된 면적 단위로 바닥면적을 산정한다. 다만, 다음 각 목에 해당하는 경우에는 각 목에서 정한 기준에 따른다.

가. 제4호더목에 해당하는 건축물의 경우에는 내부가 여러 개의 부분으로 구분되어 있더라도 해당 용도로 쓰는 바닥면적을 모두 합산하여 산정한다.

나. 동일인이 둘 이상의 구분된 건축물을 같은 세부 용도로 사용하는 경우에는 연접되어 있지 않더라도 이를 모두 합산하여 산정한다.

다. 구분 소유자(임차인을 포함한다)가 다른 경우에도 구분된 건축물을 같은 세부 용도로 연계하여 함께 사용하는 경우(통로, 창고 등을 공동으로 활용하는 경우 또는 명칭의 일부를 동일하게 사용하여 홍보하거나 관리하는 경우 등을 말한다)에는 연접되어 있지 않더라도 연계하여 함께 사용하는 바닥면적을 모두 합산하여 산정한다.

3. 「청소년 보호법」 제2조제5호가목8) 및 9)에 따라 여성가족부장관이 고시하는 청소년 출입·고용금지업의 영업을 위한 시설은 제1종 근린생활시설 및 제2종 근린생활시설에서 제외하되, 위 표에 따른 다른 용도의 시설로 분류되지 않는 경우에는 제16호에 따른 위락시설로 분류한다.

4. 국토교통부장관은 별표 1 각 호의 용도별 건축물의 종류에 관한 구체적인 범위를 정하여 고시할 수 있다.

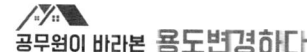

[별첨 3] 편의시설의 구조·재질 등에 관한 세부기준

(출처: 「장애인·노인·임산부 등의 편의증진 보장에 관한 법률 시행규칙」 [별표 1])

1. 장애인 등의 통행이 가능한 접근로

   가. 유효폭 및 활동공간

   (1) 휠체어사용자가 통행할 수 있도록 접근로의 유효폭은 1.2m 이상으로 하여야 한다.

   (2) 휠체어사용자가 다른 휠체어 또는 유모차 등과 교행할 수 있도록 50m마다 1.5m×1.5m 이상의 교행구역을 설치할 수 있다.

   (3) 경사진 접근로가 연속될 경우에는 휠체어사용자가 휴식할 수 있도록 30m마다 1.5m×1.5m 이상의 수평면으로 된 참을 설치할 수 있다.

   나. 기울기 등

   (1) 접근로의 기울기는 18분의 1 이하로 하여야 한다. 다만, 지형상 곤란한 경우에는 12분의 1까지 완화할 수 있다.

   (2) 대지 내를 연결하는 주접근로에 단차가 있을 경우 그 높이 차이는 2cm 이하로 하여야 한다.

   다. 경계

   (1) 접근로와 차도의 경계부분에는 연석·울타리 기타 차도와 분리할 수 있는 공작물을 설치하여야 한다. 다만, 차도와 구별하기 위한 공작물을 설치하기 곤란한 경우에는 시각장애인이 감지할 수 있도록 바닥재의 질감을 달리하여야 한다.

   (2) 연석의 높이는 6cm 이상 15cm 이하로 할 수 있으며, 색상과 질감은 접근로의 바닥재와 다르게 설치할 수 있다.

   라. 재질과 마감

   (1) 접근로의 바닥표면은 장애인 등이 넘어지지 아니하도록 잘 미끄러지지 아니하는 재질로 평탄하게 마감하여야 한다.

   (2) 블록 등으로 접근로를 포장하는 경우에는 이음새의 틈이 벌어지지 아니하도록 하고, 면이 평탄하게 시공하여야 한다.

   (3) 장애인 등이 빠질 위험이 있는 곳에는 덮개를 설치하되, 그 표면은 접근로와 동일한 높이가 되도록 하고 덮개에 격자구멍 또는 틈새가 있는 경우에는 그 간격이 2cm 이하가 되도록 하여야 한다.

마. 보행장애물
  (1) 접근로에 가로등・전주・간판 등을 설치하는 경우에는 장애인 등의 통행에 지장을 주지 아니하도록 설치하여야 한다.
  (2) 가로수는 지면에서 2.1m까지 가지치기를 하여야 한다.

2. 삭제 〈2007.3.9〉
3. 삭제 〈2007.3.9.〉

4. 장애인전용주차구역
  가. 설치장소
   (1) 건축물의 부설주차장과 영 [별표 1] 제2호 하목 (1)의 주차장의 경우 장애인전용주차구역은 장애인 등의 출입이 가능한 건축물의 출입구 또는 장애인용 승강설비와 가장 가까운 장소에 설치하여야 한다.
   (2) 장애인전용주차구역에서 건축물의 출입구 또는 장애인용 승강설비에 이르는 통로는 장애인이 통행할 수 있도록 높이차이를 없애고, 유효폭은 1.2m 이상으로 하여 자동차가 다니는 길과 분리하여 설치하여야 한다.
   (3) 통로와 자동차가 다니는 길이 교차하는 부분의 색상과 질감은 바닥재와 다르게 하여야 한다. 다만, 기존 건축물에 설치된 지하주차장의 경우 바닥재의 질감을 다르게 하기 불가능하거나 현저히 곤란한 경우에는 바닥재의 색상만을 다르게 할 수 있다.

  나. 주차공간
   (1) 장애인전용주차구역의 크기는 주차대수 1대에 대하여 폭 3.3m 이상, 길이 5m 이상으로 하여야 한다. 다만, 평행주차형식인 경우에는 주차대수 1대에 대하여 폭 2m 이상, 길이 6m 이상으로 하여야 한다.
   (2) 주차공간의 바닥면은 장애인 등의 승하차에 지장을 주는 높이차이가 없어야 하며, 기울기는 50분의 1 이하로 할 수 있다.
   (3) 주차공간의 바닥표면은 미끄러지지 아니하는 재질로 평탄하게 마감하여야 한다.

  다. 유도 및 표시
   (1) 장애인전용주차구역의 바닥면과 주차구역선에는 운전자가 식별하기 쉬운 색상으로 아래의 그림과 같이 장애인전용표시를 하여야 한다. 장애인전용표시의 규격은 다음과 같다.
    (가) 바닥면에 설치되는 장애인전용표시: 가로 1.3m, 세로 1.5m
    (나) 주차구역선에 설치되는 장애인전용표시: 가로 50cm, 세로 58cm

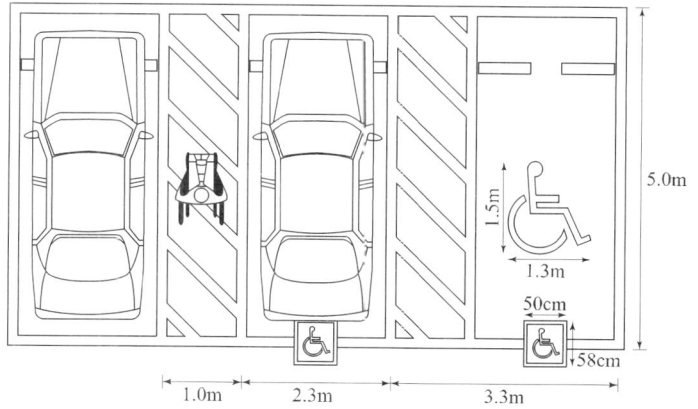

(2) 장애인전용주차구역 안내표지를 주차장 안의 식별하기 쉬운 장소에 부착하거나 설치하여야 한다. 이 경우 안내표지의 규격과 안내표지에 기재될 내용은 다음과 같다.
  (가) 장애인전용주차구역 안내표지의 규격은 가로 0.7m, 세로 0.6m로 하고, 지면에서 표지판까지의 높이는 1.5m로 한다.
  (나) 안내표지에 기재될 내용은 다음과 같다.

```
장애인전용주차구역
도움이 필요한 경우: (지역번호)○○○ - ○○○○
```

- 장애인전용주차구역 주차표지가 붙어 있는 자동차로서 보행에 장애가 있는 사람이 타고 있는 자동차만 주차할 수 있습니다. 이를 위반한 사람에 대해서는 10만원의 과태료를 부과합니다.
- 장애인전용주차구역에 물건을 쌓거나 그 통행로를 가로막는 등 주차를 방해하는 행위를 한 사람에 대해서는 50만원의 과태료를 부과합니다.
- 위반사항을 발견하신 분은 신고전화번호(지역번호)○○○ - ○○○○로 신고하여 주시기 바랍니다.

5. 높이차이가 제거된 건축물 출입구
  가. 턱낮추기
    건축물의 주출입구와 통로의 높이차이는 2cm 이하가 되도록 설치하여야 한다.
  나. 휠체어리프트 또는 경사로 설치
    휠체어리프트 및 경사로에 관한 세부기준은 제11호 및 제12호의 휠체어리프트 및 경사로에 관한 규정을 각각 적용한다.

6. 장애인 등의 출입이 가능한 출입구(문)
 가. 유효폭 및 활동공간
  (1) 출입구(문)은 아래의 그림과 같이 그 통과유효폭을 0.9m 이상으로 하고, 출입구(문)의 전면 유효거리는 1.2m 이상으로 하며, 연속된 출입문의 경우 문의 개폐에 소요되는 공간은 유효거리에 포함하지 아니한다.

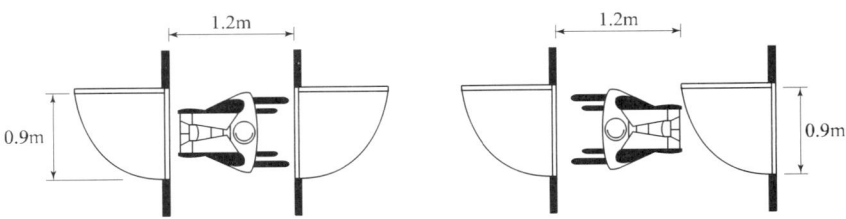

  (2) (1)에도 불구하고「체육시설의 설치·이용에 관한 법률」제5조 및 제6조에 따른 전문체육시설 및 생활체육시설의 출입구(문) 중 경기용 휠체어 사용자를 위한 출입구(문)의 통과유효폭은 1.2m 이상으로 해야 한다.
  (3) 자동문이 아닌 경우에는 아래의 그림과 같이 출입문 옆에 0.6m 이상의 활동공간을 확보하여야 한다

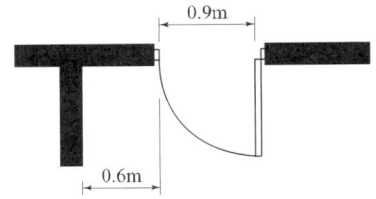

  (4) 출입구의 바닥면에는 문턱이나 높이차이를 두어서는 안 된다. 다만, 방화문 등의 설치로 문턱이나 높이차이를 두는 것이 부득이한 경우에는 문턱이나 높이차이가 2cm 이하가 되도록 해야 한다.

 나. 문의 형태
  (1) 출입문은 회전문을 제외한 다른 형태의 문을 설치하여야 한다.
  (2) 미닫이문은 가벼운 재질로 하며, 턱이 있는 문지방이나 홈을 설치하여서는 아니된다.
  (3) 여닫이문에 도어체크를 설치하는 경우에는 문이 닫히는 시간이 3초 이상 충분하게 확보되도록 하여야 한다.
  (4) 자동문은 휠체어사용자의 통행을 고려하여 문의 개방시간이 충분하게 확보되도록 설치하여야 하며, 개폐기의 작동장치는 가급적 감지범위를 넓게 하여야 한다.

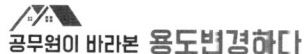

다. 손잡이 및 점자표지판
   (1) 출입문의 손잡이는 중앙지점이 바닥면으로부터 0.8m와 0.9m사이에 위치하도록 설치하여야 하며, 그 형태는 레버형이나 수평 또는 수직 막대형으로 할 수 있다.
   (2) 건축물안의 공중의 이용을 주목적으로 하는 사무실 등의 출입문옆 벽면의 1.5m 높이에는 방이름을 표기한 점자표지판을 부착하여야 한다.

라. 기타 설비
   (1) 건축물 주출입구의 0.3m 전면에는 문의 폭만큼 점형블록을 설치하거나 시각장애인이 감지할 수 있도록 바닥재의 질감 등을 달리하여야 한다.
   (2) 건축물의 주출입문이 자동문인 경우에는 문이 자동으로 작동되지 아니할 경우에 대비하여 시설관리자 등을 호출할 수 있는 벨을 자동문옆에 설치할 수 있다.

7. 장애인 등의 통행이 가능한 복도 및 통로
 가. 유효폭
   복도의 유효폭은 1.2m 이상으로 하되, 복도의 양옆에 거실이 있는 경우에는 1.5m 이상으로 할 수 있다.

 나. 바닥
   (1) 복도의 바닥면에는 높이차이를 두어서는 아니 된다. 다만, 부득이한 사정으로 높이차이를 두는 경우에는 경사로를 설치하여야 한다.
   (2) 바닥표면은 미끄러지지 아니하는 재질로 평탄하게 마감하여야 하며, 넘어졌을 경우 가급적 충격이 적은 재료를 사용하여야 한다.
   (3) 삭제 〈2007. 3. 9.〉

 다. 손잡이
   (1) 「장애인복지법」제58조에 따른 장애인복지시설, 「의료법」제3조에 따른 의료기관 중 병원급 의료기관 및 「노인복지법」제31조에 따른 노인복지시설의 복도 양측면에는 손잡이를 연속하여 설치하여야 한다. 다만, 방화문 등의 설치로 손잡이를 연속하여 설치할 수 없는 경우에는 방화문 등의 설치에 소요되는 부분에 한하여 손잡이를 설치하지 아니할 수 있다.
   (2) 손잡이의 높이는 아래의 그림과 같이 바닥면으로부터 0.8m 이상 0.9m 이하로 하여야 하며, 2중으로 설치하는 경우에는 윗쪽 손잡이는 0.85m 내외, 아랫쪽 손잡이는 0.35m 내외로 하여야 한다.
   (3) 손잡이의 지름은 아래의 그림과 같이 3.2cm 이상 3.8cm 이하로 해야 한다. 다만, 타원형 손잡이의 경우에는 손잡이의 긴지름을 4.1cm 이하로, 둘레를

10cm 이상 11.9cm 이하로 해야 하며 손잡이의 상단부를 아래의 그림과 같이 쉽게 잡을 수 있는 형태로 해야 한다손잡이의 지름은 아래의 그림과 같이 3.2cm 이상 3.8cm 이하로 하여야 한다.

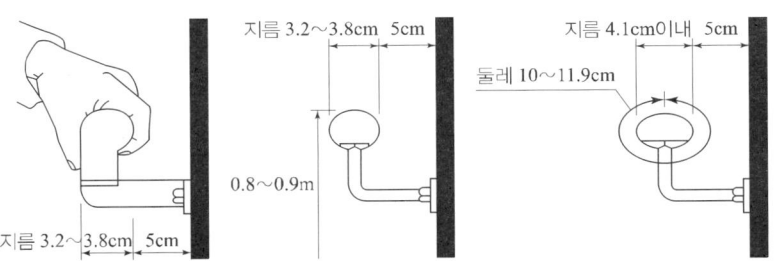

라. 보행장애물
  (1) 통로의 바닥면으로부터 높이 0.6m에서 2.1m 이내의 벽면으로부터 돌출된 물체의 돌출폭은 0.1m 이하로 할 수 있다.
  (2) 통로의 바닥면으로부터 높이 0.6m에서 2.1m 이내의 독립기둥이나 받침대에 부착된 설치물의 돌출폭은 0.3m 이하로 할 수 있다.
  (3) 통로상부는 바닥면으로부터 2.1m 이상의 유효높이를 확보하여야 한다. 다만, 유효높이 2.1m 이내에 장애물이 있는 경우에는 바닥면으로부터 높이 0.6m 이하에 접근방지용난간 또는 보호벽을 설치하여야 한다.

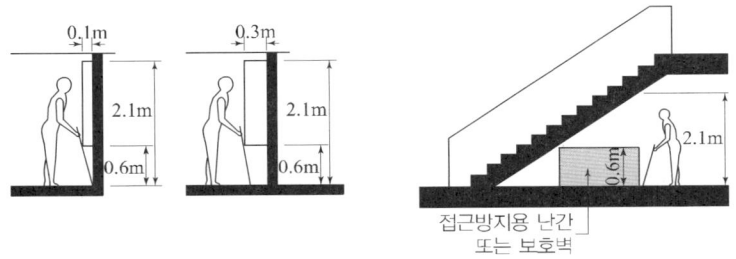

마. 안전성 확보
  (1) 휠체어사용자의 안전을 위하여 복도의 벽면에는 바닥면으로부터 0.15m에서 0.35m까지 킥플레이트를 설치할 수 있다.
  (2) 복도의 모서리 부분은 둥글게 마감할 수 있다.

8. 장애인등의 통행이 가능한 계단
  가. 계단의 형태
   (1) 계단은 직선 또는 꺾임형태로 설치할 수 있다.
   (2) 바닥면으로부터 높이 1.8m 이내마다 휴식을 할 수 있도록 수평면으로된 참을 설치할 수 있다.

나. 유효폭

계단 및 참의 유효폭은 1.2m 이상으로 하여야 한다. 다만, 건축물의 옥외피난계단은 0.9m 이상으로 할 수 있다.

다. 디딤판과 챌면
(1) 계단에는 챌면을 반드시 설치하여야 한다.
(2) 디딤판의 너비는 0.28m 이상, 챌면의 높이는 0.18m 이하로 하되, 동일한 계단(참을 설치하는 경우에는 참까지의 계단을 말한다)에서 디딤판의 너비와 챌면의 높이는 균일하게 하여야 한다.
(3) 디딤판의 끝부분에 아래의 그림과 같이 발끝이나 목발의 끝이 걸리지 아니하도록 챌면의 기울기는 디딤판의 수평면으로부터 60° 이상으로 하여야 하며, 계단코는 3cm 이상 돌출하여서는 아니 된다.

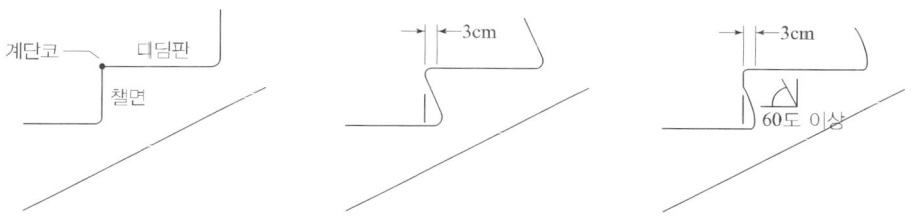

라. 손잡이 및 점자표지판
(1) 계단의 양측면에는 손잡이를 연속하여 설치하여야 한다. 다만, 방화문 등의 설치로 손잡이를 연속하여 설치할 수 없는 경우에는 방화문 등의 설치에 소요되는 부분에 한하여 손잡이를 설치하지 아니할 수 있다.
(2) 경사면에 설치된 손잡이의 끝부분에는 0.3m 이상의 수평손잡이를 설치하여야 한다.
(3) 손잡이의 양끝부분 및 굴절부분에는 층수·위치 등을 나타내는 점자표지판을 부착하여야 한다.
(4) 손잡이에 관한 기타 세부기준은 제7호의 복도의 손잡이에 관한 규정을 적용한다.

마. 재질과 마감
(1) 계단의 바닥표면은 미끄러지지 아니하는 재질로 평탄하게 마감할 수 있다.
(2) 계단코에는 줄눈넣기를 하거나 경질고무류 등의 미끄럼방지재로 마감하여야 한다. 다만, 바닥표면 전체를 미끄러지지 아니하는 재질로 마감한 경우에는 그러하지 아니하다.

(3) 계단이 시작되는 지점과 끝나는 지점의 0.3m 전면에는 계단의 폭만큼 점형블록을 설치하거나 시각장애인이 감지할 수 있도록 바닥재의 질감 등을 달리하여야 한다.

바. 기타 설비
  (1) 계단의 측면에 난간을 설치하는 경우에는 난간하부에 바닥면으로부터 높이 2cm 이상의 추락방지턱을 설치할 수 있다.
  (2) 계단코의 색상은 계단의 바닥재 색상과 달리할 수 있다.

9. 장애인용 승강기
  가. 설치장소 및 활동공간
    (1) 장애인용 승강기는 장애인등의 접근이 가능한 통로에 연결하여 설치하되, 가급적 건축물 출입구와 가까운 위치에 설치하여야 한다.
    (2) 승강기의 전면에는 1.4m×1.4m 이상의 활동공간을 확보하여야 한다.
    (3) 승강장 바닥과 승강기 바닥의 틈은 3cm 이하로 하여야 한다.

  나. 크기
    (1) 승강기 내부의 유효바닥면적은 폭 1.1m 이상, 깊이 1.35m 이상으로 하여야 한다. 다만, 신축하는 건물의 경우에는 폭을 1.6m 이상으로 하여야 한다.
    (2) 출입문의 통과유효폭은 0.8m 이상으로 하되, 신축한 건물의 경우에는 출입문의 통과유효폭을 0.9m 이상으로 할 수 있다.

  다. 이용자 조작설비
    (1) 호출버튼·조작반·통화장치 등 승강기의 안팎에 설치되는 모든 스위치의 높이는 바닥면으로부터 0.8m 이상 1.2미터 이하로 설치하여야 한다. 다만, 스위치는 수가 많아 1.2m 이내에 설치하는 것이 곤란한 경우에는 1.4m 이하까지 완화할 수 있다.
    (2) 승강기 내부의 휠체어 사용자용 조작반은 진입방향 우측면에 가로형으로 설치하고, 그 높이는 바닥면으로부터 0.85m 내외로 하며, 수평손잡이와 겹치지 않도록 하여야 한다. 다만, 승강기의 유효바닥면적이 1.4m×1.4m 이상인 경우에는 진입방향 좌측면에 설치할 수 있다.
    (3) 조작설비의 형태는 버튼식으로 하되, 시각장애인 등이 감지할 수 있도록 층수 등을 점자로 표시하여야 한다.
    (4) 조작반·통화장치 등에는 점자표시를 하여야 한다.

라. 기타 설비
(1) 승강기의 내부에는 수평손잡이를 바닥에서 0.8m 이상 0.9m 이하의 위치에 연속하여 설치하거나, 수평손잡이 사이에 3cm 이내의 간격을 두고 측면과 후면에 각각 설치하되, 손잡이에 관한 세부기준은 제7호의 복도의 손잡이에 관한 규정을 적용한다.
(2) 승강기 내부의 후면에는 내부에서 휠체어가 180도 회전이 불가능할 경우에는 휠체어가 후진하여 문의 개폐여부를 확인하거나 내릴 수 있도록 승강기 후면의 0.6m 이상의 높이에 견고한 재질의 거울을 설치하여야 한다.
(3) 각 층의 승강장에는 승강기의 도착여부를 표시하는 점멸등 및 음향신호장치를 설치하여야 하며, 승강기의 내부에는 도착층 및 운행상황을 표시하는 점멸등 및 음성신호장치를 설치하여야 한다.
(4) 광감지식개폐장치를 설치하는 경우에는 바닥면으로부터 0.3m에서 1.4m 이내의 물체를 감지할 수 있도록 하여야 한다.
(5) 사람이나 물체가 승강기문의 중간에 끼었을 경우 문의 작동이 자동적으로 멈추고 다시 열리는 되열림장치를 설치하여야 한다.
(6) 각 층의 장애인용 승강기의 호출버튼의 0.3m 전면에는 점형블록을 설치하거나 시각장애인이 감지할 수 있도록 바닥재의 질감 등을 달리하여야 한다.
(7) 승강기 내부의 상황을 외부에서 알 수 있도록 승강기 전면의 일부에 유리를 사용할 수 있다.
(8) 승강기 내부의 층수 선택버튼을 누르던 점멸등이 켜짐과 동시에 음성으로 선택된 층수를 안내해 주어야 한다. 또한 층수선택버튼이 토글방식인 경우에는 처음 눌렀을 때에는 점멸등이 켜지면서 선택한 층수에 대한 음성안내가, 두 번째 눌렀을 때에는 점멸등이 꺼지면서 취소라는 음성안내가 나오도록 하여야 한다.
(9) 층별로 출입구가 다른 경우에는 반드시 음성으로 출입구의 방향을 알려 주어야 한다.
(10) 출입구, 승강대, 조작기의 조도는 저시력인 등 장애인의 안전을 위하여 최소 150LX 이상으로 하여야 한다.

10. 장애인용 에스컬레이터
가. 유효폭 및 속도
(1) 장애인용 에스컬레이터의 유효폭은 0.8m 이상으로 하여야 한다.
(2) 속도는 분당 30m 이내로 하여야 한다.

나. 디딤판
  (1) 휠체어 사용자가 승·하강할 수 있도록 에스컬레이터의 디딤판은 3매 이상 수평상태로 이용할 수 있게 하여야 한다.
  (2) 디딤판 시작과 끝부분의 바닥판은 얇게 할 수 있다.

다. 손잡이
  (1) 에스컬레이터의 양측면에는 디딤판과 같은 속도로 움직이는 이동손잡이를 설치하여야 한다.
  (2) 에스컬레이터의 양끝부분에는 수평이동손잡이를 1.2m 이상 설치하여야 한다.
  (3) 수평이동손잡이 전면에는 1m 이상의 수평고정손잡이를 설치할 수 있으며, 수평고정손잡이에는 층수·위치 등을 나타내는 점자표지판을 부착하여야 한다.

11. 휠체어리프트
  가. 일반사항
    (1) 계단 상부 및 하부 각 1개소에 탑승자 스스로 휠체어리프트를 사용할 수 있는 설비를 1.4m×1.4m 이상의 승강장을 갖추어야 한다.
    (2) 승강장에는 휠체어리프트 사용자의 이용편의를 위하여 시설관리자 등을 호출할 수 있는 벨을 설치하고, 작동설명서를 부착하여야 한다.
    (3) 운행 중 돌발상태가 발생하는 경우 비상정지시킬 수 있고, 과속을 제한할 수 있는 장치를 설치하여야 한다.

  나. 경사형 휠체어리프트
    (1) 경사형 휠체어리프트는 휠체어받침판의 유효면적을 폭 0.76m 이상, 길이 1.05m 이상으로 하여야 하며, 휠체어사용자가 탑승가능한 구조로 하여야 한다.
    (2) 운행 중 휠체어가 구르거나 장애물과 접촉하는 경우 자동정지가 가능하도록 감지장치를 설치하여야 하며, 안전판이 열린 상태로 운행되지 아니하도록 내부잠금장치를 갖추어야 한다.
    (3) 휠체어리프트를 사용하지 아니할 때에는 지정장소에 접어서 보관할 수 있도록 하되, 벽면으로부터 0.6m 이상 돌출되지 아니하도록 하여야 한다.

  다. 수직형 휠체어리프트
    수직형 휠체어리프트는 내부의 유효바닥면적을 폭 0.9m 이상, 깊이 1.2m 이상으로 하여야 한다.

12. 경사로

 가. 유효폭 및 활동공간
  (1) 경사로의 유효폭은 1.2m 이상으로 하여야 한다. 다만, 건축물을 증축·개축·재축·이전·대수선 또는 용도변경 하는 경우로서 1.2m 이상의 유효폭을 확보하기 곤란한 때에는 0.9m까지 완화할 수 있다.
  (2) 바닥면으로부터 높이 0.75m 이내마다 휴식을 할 수 있도록 수평면으로된 참을 설치하여야 한다.
  (3) 경사로의 시작과 끝, 굴절부분 및 참에는 1.5m×1.5m 이상의 활동공간을 확보하여야 한다. 다만, 경사로가 직선인 경우에 참의 활동공간의 폭은 (1)에 따른 경사로의 유효폭과 같게 할 수 있다.

 나. 기울기
  (1) 경사로의 기울기는 12분의 1 이하로 하여야 한다.
  (2) 다음의 요건을 모두 충족하는 경우에는 경사로의 기울기를 8분의 1까지 완화할 수 있다.
   (가) 신축이 아닌 기존시설에 설치되는 경사로일 것
   (나) 높이가 1m 이하인 경사로로서 시설의 구조 등의 이유로 기울기를 12분의 1 이하로 설치하기가 어려울 것
   (다) 시설관리자 등으로부터 상시보조서비스가 제공될 것

 다. 손잡이
  (1) 경사로의 길이가 1.8m 이상이거나 높이가 0.15m 이상인 경우에는 양측면에 손잡이를 연속하여 설치하여야 한다.
  (2) 손잡이를 설치하는 경우에는 경사로의 시작과 끝 부분에 수평손잡이를 0.3m 이상 연장하여 설치하여야 한다. 다만, 통행상 안전을 위하여 필요한 경우에는 수평손잡이를 0.3m 이내로 설치할 수 있다.
  (3) 손잡이에 관한 기타 세부기준은 제7호의 복도의 손잡이에 관한 규정을 적용한다.

 라. 재질과 마감
  (1) 경사로의 바닥표면은 잘 미끄러지지 아니하는 재질로 평탄하게 마감하여야 한다.
  (2) 양측면에는 휠체어의 바퀴가 경사로 밖으로 미끄러져 나가지 아니하도록 5cm 이상의 추락방지턱 또는 측벽을 설치할 수 있다.
  (3) 휠체어의 벽면충돌에 따른 충격을 완화하기 위하여 벽에 매트를 부착할 수 있다.

마. 기타 시설

　건물과 연결된 경사로를 외부에 설치하는 경우 햇볕, 눈, 비 등을 가릴 수 있도록 지붕과 차양을 설치할 수 있다.

13. 장애인등의 이용이 가능한 화장실
　가. 일반사항
　　(1) 설치장소
　　　(가) 장애인 등의 이용이 가능한 화장실은 장애인등의 접근이 가능한 통로에 연결하여 설치하여야 한다.
　　　(나) 장애인용 변기와 세면대는 출입구(문)와 가까운 위치에 설치하여야 한다.
　　(2) 재질과 마감
　　　(가) 화장실의 바닥면에는 높이차이를 두어서는 아니 되며, 바닥표면은 물에 젖어도 미끄러지지 아니하는 재질로 마감하여야 한다.
　　　(나) 화장실(장애인용 변기·세면대가 설치된 화장실이 일반 화장실과 별도로 설치된 경우에는 일반 화장실을 말한다)의 0.3m 전면에는 점형블록을 설치하거나 시각장애인이 감지할 수 있도록 바닥재의 질감 등을 달리하여야 한다.
　　(3) 기타 설비
　　　(가) 화장실(장애인용 변기·세면대가 설치된 화장실이 일반 화장실과 별도로 설치된 경우에는 일반 화장실을 말한다)의 출입구(문) 옆 벽면의 1.5m 높이에는 남자용과 여자용을 구별할 수 있는 점자표지판을 부착하고, 출입구(문)의 통과유효폭은 0.9m 이상으로 하여야 한다.
　　　(나) (가)에도 불구하고 「체육시설의 설치·이용에 관한 법률」 제5조 및 제6조에 따른 전문체육시설 및 생활체육시설의 화장실(장애인용 변기、세면대가 설치된 화장실이 일반 화장실과 함께 설치된 경우에는 일반 화장실을 말한다) 출입구(문) 중 경기용 휠체어 사용자를 위한 화장실 출입구(문)의 통과유효폭은 1.2미터 이상으로 해야 한다.
　　　(다) 세정장치·수도꼭지 등은 광감지식·누름버튼식·레버식 등 사용하기 쉬운 형태로 설치하여야 한다.
　　　(라) 장애인복지시설은 시각장애인이 화장실(장애인용 변기·세면대가 설치된 화장실이 일반 화장실과 별도로 설치된 경우에는 일반 화장실을 말한다)의 위치를 쉽게 알 수 있도록 하기 위하여 안내표시와 함께 음성유도장치를 설치하여야 한다.

나. 대변기
 (1) 활동공간
  (가) 건물을 신축하는 경우에는 대변기의 유효바닥면적이 폭 1.6m 이상, 깊이 2.0m 이상이 되도록 설치하여야 하며, 대변기의 좌측 또는 우측에는 휠체어의 측면접근을 위하여 유효폭 0.75m 이상의 활동공간을 확보하여야 한다. 이 경우 대변기의 전면에는 휠체어가 회전할 수 있도록 1.4m×1.4m 이상의 활동공간을 확보하여야 한다.
  (나) 신축이 아닌 기존시설에 설치하는 경우로서 시설의 구조 등의 이유로 (가)의 기준에 따라 설치하기가 어려운 경우에 한하여 유효바닥면적이 폭 1.0m 이상, 깊이 1.8m 이상이 되도록 설치하여야 한다.
  (다) 출입문의 통과유효폭은 0.9m 이상으로 하여야 한다.
  (라) (가)부터 (다)까지의 규정에도 불구하고 「체육시설의 설치·이용에 관한 법률」 제5조 및 제6조에 따른 전문체육시설 및 생활체육시설의 화장실 중 경기용 휠체어 사용자를 위한 화장실 대변기의 유효바닥면적은 폭 2.0m 이상, 깊이 2.1m 이상이 되도록 설치해야 하고, 대변기의 좌측 또는 우측에는 휠체어의 측면접근을 위하여 유효폭 1.2m 이상의 활동공간을 확보해야 하며, 대변기의 전면에는 휠체어가 회전할 수 있도록 1.5m 이상 × 1.5m 이상의 활동공간을 확보해야 하고, 출입문의 통과유효폭은 1.2m 이상으로 해야 한다.
  (마) 출입문의 형태는 자동문, 미닫이문 또는 접이문 등으로 할 수 있으며, 여닫이문을 설치하는 경우에는 바깥쪽으로 개폐되도록 하여야 한다. 다만, 휠체어사용자를 위하여 충분한 활동공간을 확보한 경우에는 안쪽으로 개폐되도록 할 수 있다.
 (2) 구조
  (가) 대변기는 등받이가 있는 양변기 형태로 하되, 바닥부착형으로 하는 경우에는 변기 전면의 트랩부분에 휠체어의 발판이 닿지 아니하는 형태로 하여야 한다.
  (나) 대변기의 좌대의 높이는 바닥면으로부터 0.4m 이상 0.45m 이하로 하여야 한다.
 (3) 손잡이
  (가) 대변기의 양옆에는 아래의 그림과 같이 수평 및 수직손잡이를 설치하되, 수평손잡이는 양쪽에 모두 설치하여야 하며, 수직손잡이는 한쪽에만 설치할 수 있다.
  (나) 수평손잡이는 바닥면으로부터 0.6m 이상 0.7m 이하의 높이에 설치하되 한쪽 손잡이는 변기중심에서 0.4m 이내의 지점에 고정하여 설치하여야 하며, 다른쪽 손잡이는 0.6m 내외의 길이로 회전식으로 설치하여야 한다. 이 경우 손잡이간의 간격은 0.7m 내외로 할 수 있다.

(다) 수직손잡이의 길이는 0.9m 이상으로 하되, 손잡이의 제일 아랫부분이 바닥면으로부터 0.6m 내외의 높이에 오도록 벽에 고정하여 설치하여야 한다. 다만, 손잡이의 안전성 등 부득이한 사유로 벽에 설치하는 것이 곤란한 경우에는 바닥에 고정하여 설치하되, 손잡이의 아랫부분이 휠체어의 이동에 방해가 되지 아니하도록 하여야 한다.

(라) 장애인 등의 이용편의를 위하여 수평손잡이와 수직손잡이는 이를 연결하여 설치할 수 있다. 이 경우 (다)의 수직손잡이의 제일 아랫부분의 높이는 연결되는 수평손잡이의 높이로 한다.

(마) 화장실의 크기가 2m×2m 이상인 경우에는 천장에 부착된 사다리 형태의 손잡이를 설치할 수 있다.

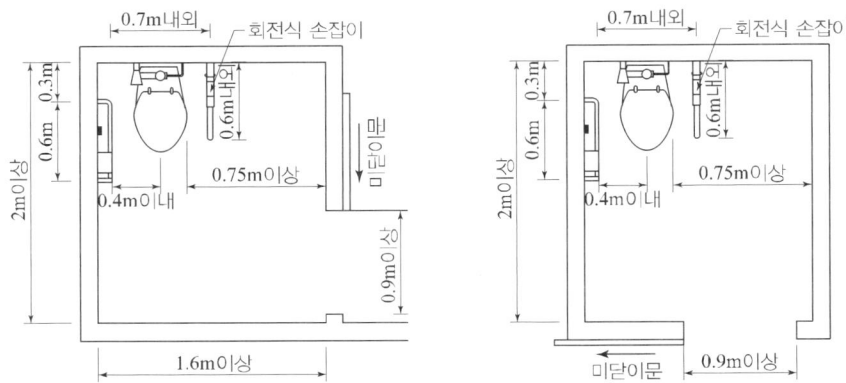

[장애인 등의 이용이 가능한 화장실(신축건물)]

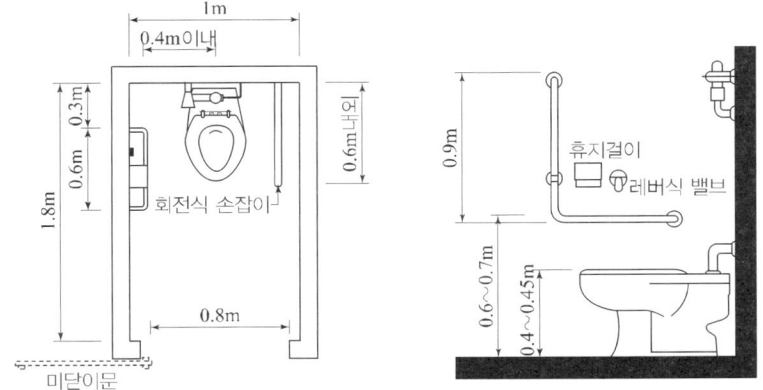

[장애인 등의 이용이 가능한 화장실(신축이 아닌 기존시설)]   [장애인 등의 이용이 가능한 화장실]

(4) 기타 설비
 (가) 세정장치·휴지걸이 등은 대변기에 앉은 상태에서 이용할 수 있는 위치에 설치하여야 한다.

(나) 출입문에는 화장실 사용 여부를 시각적으로 알 수 있는 설비 및 잠금장치를 갖추어야 한다.

(다) 공공업무시설, 병원, 문화 및 집회시설, 장애인복지시설, 휴게소 등은 대변기 칸막이 내부에 세면기와 샤워기를 설치할 수 있다. 이 경우 세면기는 변기의 앞쪽에 최소 규모로 설치하여 대변기 칸막이 내부에서 휠체어가 회전하는 데 불편이 없도록 하여야 하며, 세면기에 연결된 샤워기를 설치하되 바닥으로부터 0.8m에서 1.2m 높이에 설치하여야 한다.

(라) 화장실 내에서의 비상사태에 대비하여 비상용 벨은 대변기 가까운 곳에 바닥면으로부터 0.6m와 0.9m 사이의 높이에 설치하되, 바닥면으로부터 0.2m 내외의 높이에서도 이용이 가능하도록 하여야 한다.

다. 소변기

(1) 구조

　소변기는 바닥부착형으로 할 수 있다.

(2) 손잡이

(가) 소변기의 양옆에는 아래의 그림과 같이 수평 및 수직 손잡이를 설치하여야 한다.

(나) 수평손잡이의 높이는 바닥면으로부터 0.8m 이상 0.9m 이하, 길이는 벽면으로부터 0.55m 내외, 좌우 손잡이의 간격은 0.6m 내외로 하여야 한다.

(다) 수직손잡이의 높이는 바닥면으로부터 1.1m 이상 1.2m 이하, 돌출폭은 벽면으로부터 0.25m 내외로 하여야 하며, 하단부가 휠체어의 이동에 방해가 되지 아니하도록 하여야 한다.

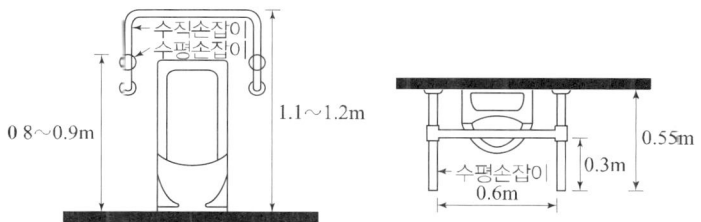

라. 세면대

(1) 구조

(가) 휠체어 사용자용 세면대의 상단높이는 바닥면으로부터 0.85m, 하단 높이는 0.65m 이상으로 하여야 한다.

(나) 세면대의 하부는 무릎 및 휠체어의 발판이 들어갈 수 있도록 하여야 한다.

(2) 손잡이 및 기타 설비

(가) 목발 사용자 등 보행곤란자를 위하여 세면대의 양옆에는 수평손잡이를 설치할 수 있다.

(나) 수도꼭지는 냉·온수의 구분을 점자로 표시하여야 한다.
(다) 휠체어 사용자용 세면대의 거울은 아래의 그림과 같이 세로길이 0.65m 이상, 하단 높이는 바닥면으로부터 0.9m 내외로 설치할 수 있으며, 거울상단부분은 15도 정도 앞으로 경사지게 하거나 전면거울을 설치할 수 있다.

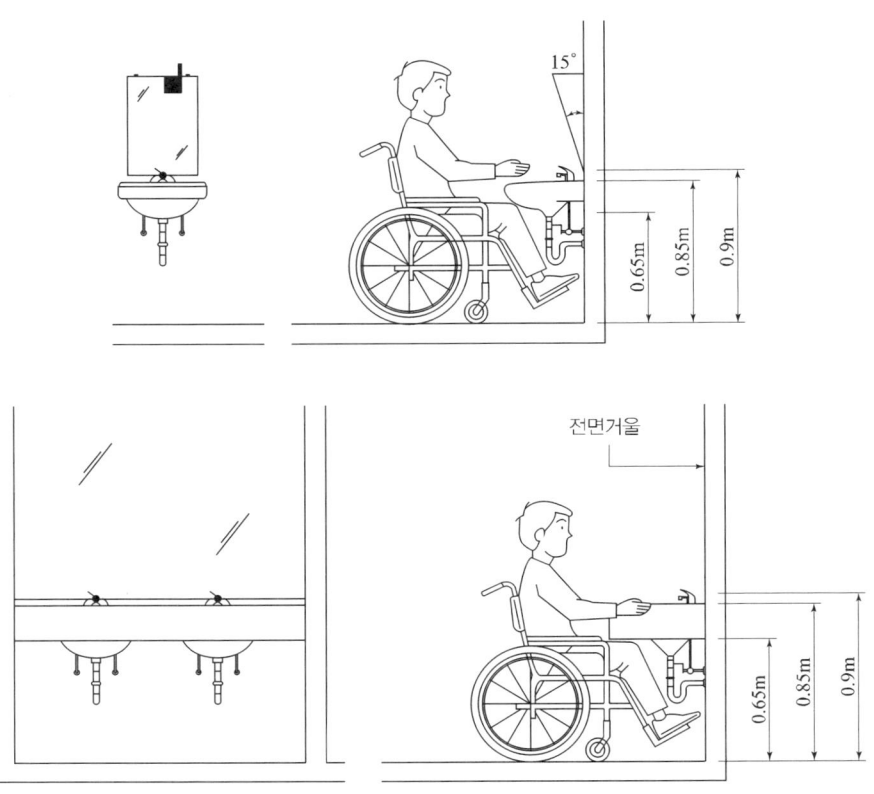

14. 장애인 등의 이용이 가능한 욕실
 가. 설치장소
  욕실은 장애인 등의 접근이 가능한 통로에 연결하여 설치하여야 한다.

 나. 구조
  (1) 출입문의 형태는 미닫이문 또는 접이문으로 할 수 있다.
  (2) 욕조의 전면에는 휠체어를 탄 채 접근이 가능한 활동공간을 확보하여야 한다.
  (3) 욕조의 높이는 바닥면으로부터 0.4m 이상 0.45m 이하로 하여야 한다.

 다. 바닥
  (1) 욕실의 바닥면높이는 탈의실의 바닥면과 동일하게 할 수 있다.
  (2) 바닥면의 기울기는 30분의 1 이하로 하여야 한다.

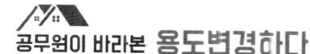

　　(3) 욕실 및 욕조의 바닥표면은 물에 젖어도 미끄러지지 아니하는 재질로 마감하여야 한다.

　라. 손잡이
　　욕조 주위에는 수평 및 수직손잡이를 설치할 수 있다.
　마. 기타 설비
　　(1) 수도꼭지는 광감지식·누름버튼식·레버식 등 사용하기 쉬운 형태로 설치하여야 하며, 냉·온수의 구분은 점자로 표시하여야 한다.
　　(2) 샤워기는 앉은 채 손이 도달할 수 있는 위치에 레버식 등 사용하기 쉬운 형태로 설치하여야 한다.
　　(3) 욕조에는 휠체어에서 옮겨 앉을 수 있는 좌대를 욕조와 동일한 높이로 설치할 수 있다.
　　(4) 욕실 내에서의 비상사태에 대비하여 욕조로부터 손이 쉽게 닿는 위치에 비상용 벨을 설치하여야 한다.

15. 장애인 등의 이용이 가능한 샤워실 및 탈의실
　가. 설치장소
　　샤워실 및 탈의실은 장애인 등의 접근이 가능한 통로에 연결하여 설치하여야 한다.

　나. 구조
　　(1) 출입문의 형태는 미닫이문 또는 접이문으로 할 수 있다.
　　(2) 샤워실(샤워부스를 포함한다)의 유효바닥면적은 0.9m×0.9m 또는 0.75m×1.3m 이상으로 하여야 한다.

　다. 바닥
　　(1) 샤워실의 바닥면의 기울기는 30분의 1 이하로 하여야 한다.
　　(2) 샤워실의 바닥표면은 물에 젖어도 미끄러지지 아니하는 재질로 마감하여야 한다.

　라. 손잡이
　　샤워실에는 장애인 등이 신체일부를 지지할 수 있도록 수평 또는 수직 손잡이를 설치할 수 있다.

　마. 기타 설비
　　(1) 수도꼭지는 광감지식·누름버튼식·레버식 등 사용하기 쉬운 형태로 설치하여야 하며, 냉·온수의 구분은 점자로 표시할 수 있다.
　　(2) 샤워기는 앉은 채 손이 도달할 수 있는 위치에 레버식 등 사용하기 쉬운 형태로 설치하여야 한다.

(3) 샤워실에는 아래의 그림과 같이 샤워용 접이식의자를 바닥면으로부터 0.4m 이상 0.45m 이하의 높이로 설치하여야 한다.

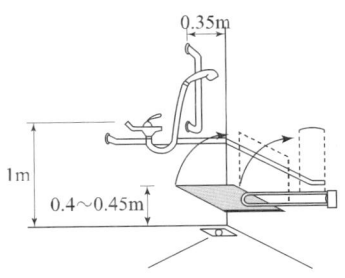

(4) 탈의실의 수납공간의 높이는 휠체어 사용자가 이용할 수 있도록 바닥면으로부터 0.4m 이상 1.2m 이하로 설치하여야 하며, 그 하부는 무릎 및 휠체어의 발판이 들어갈 수 있도록 하여야 한다.

16. 점자블록
 가. 규격 및 색상
  (1) 시각장애인의 보행편의를 위하여 점자블록은 아래의 그림과 같은 감지용점형블록과 유도용 선형블록을 사용하여야 한다.
  (2) 점자블록의 크기는 0.3m×0.3m인 것을 표준형으로 하며, 그 높이는 바닥재의 높이와 동일하게 하여야 한다.
  (3) 점형블록은 블록당 36개의 돌출점을 가진 것을 표준형으로 한다.
  (4) 점형블록의 돌출점은 반구형·원뿔절단형 또는 이 두가지의 혼합배열형으로 하며, 돌출점의 높이는 0.6±0.1cm로 하여야 한다.
  (5) 선형블록은 블록당 4개의 돌출선을 가진 것을 표준형으로 한다.
  (6) 선형블록의 돌출선은 상단부평면형으로 하며, 돌출선의 높이는 0.5±0.1cm로 하여야 한다.
  (7) 점자블록의 색상은 원칙적으로 황색으로 사용하되, 바닥재의 색상과 비슷하여 구별하기 어려운 경우에는 다른 색상으로 할 수 있다.

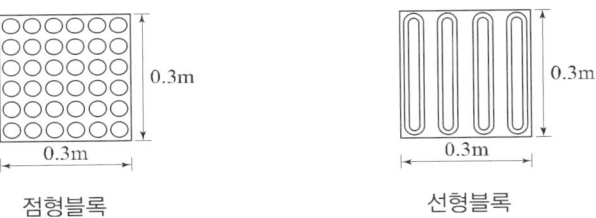

점형블록 　　　　　선형블록

  (8) 실외에 설치하는 점자블록의 경우 햇빛이나 불빛 등에 반사되거나 눈, 비 등에 미끄러지기 쉬운 재질을 사용하여서는 아니 된다.

나. 설치방법
  (1) 점형블록은 계단·장애인용 승강기·화장실 등 시각장애인을 유도할 필요가 있거나 시각장애인에게 위험한 장소의 0.3m 전면, 선형블록이 시작·교차·굴절되는 지점에 이를 설치하여야 한다.
  (2) 선형블록은 대상시설의 주출입구와 연결된 접근로에서 시각장애인을 유도하는 용도로 사용하며, 유도방향에 따라 평행하게 연속해서 설치하여야 한다.
  (3) 점자블록은 매립식으로 설치하여야 한다. 다만, 건축물의 구조 또는 바닥재의 재질 등을 고려해 볼 때 매립식으로 설치하는 것이 불가능하거나 현저히 곤란한 경우에는 부착식으로 설치할 수 있다.

17. 시각장애인 유도·안내설비
 가. 점자안내판 또는 촉지도식 안내판
  (1) 점자안내판 또는 촉지도식 안내판에는 주요시설 또는 방의 배치를 점자·양각면 또는 선으로 간략하게 표시하여야 한다.
  (2) 일반안내도가 설치되어 있는 경우에는 점자를 병기하여 점자안내판에 갈음할 수 있다.
  (3) 점자안내판 또는 촉지도식 안내판은 점자안내표시 또는 촉지도의 중심선이 바닥면으로부터 1.0m 내지 1.2m의 범위 안에 있도록 설치하여야 한다. 다만, 점자안내판 또는 촉지도식 안내판을 수직으로 설치하거나 점자안내표시 또는 촉지도의 내용이 많아 1.0m 내지 1.2m의 범위 안에 설치하는 것이 곤란한 경우에는 점자안내표시 또는 촉지도의 중심선이 1.0m 내지 1.5m의 범위에 있도록 설치할 수 있다.

 나. 음성안내장치
  시각장애인용 음성안내장치는 주요시설 또는 방의 배치를 음성으로 안내하여야 한다.
 다. 기타 유도신호장치
  시각장애인용 유도신호장치는 음향·시각·음색 등을 고려하여 설치하여야 하고, 특수신호장치를 소지한 시각장애인이 접근할 경우 대상시설의 이름을 안내하는 전자식 신호장치를 설치할 수 있다.

18. 시각 및 청각 장애인 경보·피난 설비
  시각 및 청각 장애인 경보·피난 설비는 「소방시설 설치 및 관리에 관한 법률」에 따른다. 이 경우 청각장애인을 위하여 비상벨설비 주변에는 점멸형태의 비상경보등을 함께 설치하고, 시각 및 청각 장애인용 피난구유도등은 화재발생 시 점멸과 동시에 음성으로 출력될 수 있도록 설치하여야 한다.

19. 장애인 등의 이용이 가능한 객실 또는 침실
  가. 설치장소
    장애인용 객실 또는 침실(이하 "객실등"이라 한다)은 식당·로비 등 공용공간에 접근하기 쉬운 곳에 설치하여야 하며, 승강기가 가동되지 아니할 때에도 접근이 가능하도록 주출입층에 설치할 수 있다.

  나. 구조
    (1) 휠체어 사용자를 위한 객실 등은 온돌방보다 침대방으로 할 수 있다.
    (2) 객실 등의 내부에는 휠체어가 회전할 수 있는 공간을 확보하여야 한다.
    (3) 침대의 높이는 바닥면으로부터 0.4m 이상 0.45m 이하로 하고, 그 측면에는 1.2m 이상의 활동공간을 확보하여야 한다.

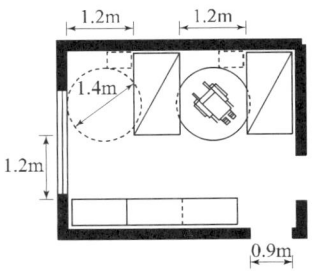

  다. 바닥
    (1) 객실등의 바닥면에는 높이차이를 두어서는 아니 된다.
    (2) 바닥표면은 미끄러지지 아니하는 재질로 평탄하게 마감하여야 한다.

  라. 기타 설비
    (1) 객실등의 출입문옆 벽면의 1.5m 높이에는 방이름을 표기한 점자표지판을 부착하여야 한다.
    (2) 객실등에 화장실 및 욕실을 설치하는 경우에는 제13호 가목 (2) (가)·(3) (나), 나목 (1)부터 (3)까지·(4) (가), 라목 및 제14호 나목부터 마목까지의 규정을 적용한다.
    (3) 콘센트·스위치·수납선반·옷걸이 등의 높이는 바닥면으로부터 0.8m 이상 1.2m 이하로 설치하여야 한다.
    (4) 객실등·화장실 및 욕실에는 초인종과 함께 청각장애인용 초인등을 설치하여야 한다.
    (5) 객실등에는 건축물전체의 비상경보시스템과 연결된 청각장애인용 경보설비를 설치하여야 한다.

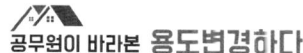

20. 장애인 등의 이용이 가능한 관람석 또는 열람석

 가. 설치장소

　휠체어 사용자를 위한 관람석 또는 열람석은 출입구 및 피난통로에서 접근하기 쉬운 위치에 설치하여야 한다.

 나. 관람석의 구조

　(1) 휠체어 사용자를 위한 관람석은 이동식 좌석 또는 접이식 좌석을 사용하여 마련하여야 한다. 이동식 좌석의 경우 한 개씩 이동이 가능하도록 하여 휠체어 사용자가 아닌 동행인이 함께 앉을 수 있도록 하여야 한다.

　(2) 휠체어 사용자를 위한 관람석의 유효바닥면적은 1석당 폭 0.9m 이상, 깊이 1.3m 이상으로 하여야 한다.

　(3) 휠체어 사용자를 위한 관람석은 시야가 확보될 수 있도록 관람석 앞에 기둥이나 시야를 가리는 장애물 등을 두어서는 아니 되며, 안전을 위한 손잡이는 바닥에서 0.8m 이하의 높이로 설치하여야 한다.

　(4) 휠체어 사용자를 위한 관람석이 중간 또는 제일 뒷줄에 설치되어 있을 경우 앞 좌석과의 거리는 일반 좌석의 1.5배 이상으로 하여 시야를 가리지 않도록 설치하여야 한다.

　(5) 영화관의 휠체어 사용자를 위한 관람석은 스크린 기준으로 중간 줄 또는 제일 뒷줄에 설치하여야 한다. 다만, 휠체어 사용자를 위한 좌석과 스크린 사이의 거리가 관람에 불편하지 않은 충분한 거리일 경우에는 스크린 기준으로 제일 앞줄에 설치할 수 있다.

　(6) 공연장의 휠체어 사용자를 위한 관람석은 무대 기준으로 중간 줄 또는 제일 앞줄 등 무대가 잘 보이는 곳에 설치하여야 한다. 다만, 출입구 및 피난통로가 무대 기준으로 제일 뒷줄로만 접근이 가능할 경우에는 제일 뒷줄에 설치할 수 있다.

　(7) 난청자를 위하여 자기(磁氣)루프, FM송수신장치 등 집단보청장치를 설치할 수 있다.

 다. 열람석의 구조

　(1) 열람석 상단까지의 높이는 바닥면으로부터 0.7m 이상 0.9m 이하로 하여야 한다.

　(2) 열람석의 하부에는 무릎 및 휠체어의 발판이 들어갈 수 있도록 바닥면으로부터 높이 0.65m 이상, 깊이 0.45m 이상의 공간을 확보하여야 한다.

21. 장애인 등의 이용이 가능한 접수대 또는 작업대
  가. 활동공간
    접수대 또는 작업대의 전면에는 휠체어를 탄 채 접근이 가능한 활동공간을 확보하여야 한다.

  나. 구조
    (1) 접수대 또는 작업대상단까지의 높이는 아래의 그림과 같이 바닥면으로부터 0.7m 이상 0.9m 이하로 하여야 한다.
    (2) 접수대 또는 작업대의 하부에는 무릎 및 휠체어의 발판이 들어갈 수 있도록 바닥면으로부터 높이 0.65m 이상, 깊이 0.45m 이상의 공간을 확보하여야 한다.

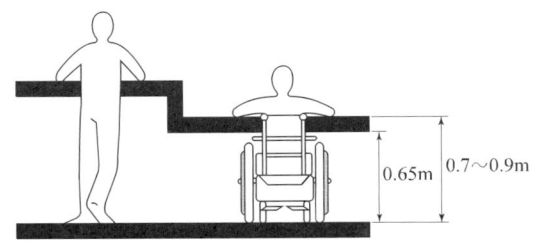

22. 장애인 등의 이용이 가능한 매표소·판매기 또는 음료대
  가. 활동공간
    매표소·판매기 또는 음료대의 전면에는 휠체어를 탄 채 접근이 가능한 활동공간을 확보하여야 한다.

  나. 구조
    (1) 매표소의 높이는 바닥면으로부터 0.7m 이상 0.9m 이하로 하여야 하며, 하부에는 무릎 및 휠체어의 발판이 들어갈 수 있도록 바닥면으로부터 0.65m 이상, 깊이 0.45m 이상의 공간을 확보하여야 한다.
    (2) 자동판매기 또는 자동발매기의 동전투입구·조작버튼·상품출구의 높이는 0.4m 이상 1.2m 이하로 하여야 한다.
    (3) 음료대의 분출구의 높이는 0.7m 이상 0.8m 이하로 하여야 한다.

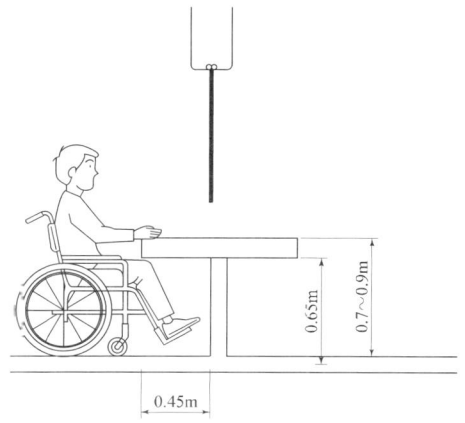

다. 기타 설비
   (1) 자동판매기 및 자동발매기의 조작버튼에는 품목·금액·목적지 등을 점자로 표시하여야 한다.
   (2) 음료대의 조작기는 광감지식·누름버튼식·레버식 등 사용하기 쉬운 형태로 설치하여야 한다.
   (3) 매표소 또는 자동발매기의 0.3m 전면에는 점형블록을 설치하거나 시각장애인이 감지할 수 있도록 바닥재의 질감등을 달리하여야 한다.

23. 삭제 〈2007. 3. 9〉
24. 삭제 〈2007. 3. 9〉
25. 삭제 〈2007. 3. 9〉
26. 삭제 〈2007. 3. 9〉

27. 임산부 등을 위한 휴게시설
 가. 설치장소
   임산부 등을 위한 휴게시설은 휠체어 사용자 및 유모차가 접근 가능한 위치에 설치하여야 한다.

 나. 구조
   (1) 임산부 등을 위한 휴게시설에는 수유실로 사용할 수 있는 장소를 별도로 마련하되, 기저귀교환더, 세면대 등의 설비를 갖추어야 한다.
   (2) 기저귀교환대, 세면대 등은 휠체어 사용자가 접근 가능하도록 가로 1.4m, 세로 1.4m의 공간을 확보하고, 기저귀교환대 및 세면대의 상단 높이는 바닥면으로부터 0.85m 이하, 하단 높이는 0.65m 이상으로 하여야 하며, 하부에는 휠체어의 발판이 들어갈 수 있도록 설치하여야 한다.
   (3) 공간의 효율적인 이용을 위하여 기저귀교환대는 접이식으로 설치할 수 있다.

28. 장애인 등의 이용이 가능한 공중전화
  가. 설치장소
   공중전화는 장애인 등의 접근이 가능한 보도 또는 통로에 설치하여야 한다.

  나. 구조
   (1) 전화대의 하부에는 무릎 및 휠체어의 발판이 들어갈 수 있도록 바닥면으로부터 높이 0.65m 이상, 깊이 0.25m 이상의 공간을 확보하여야 한다.
   (2) 전화부스를 설치하는 경우에는 보도 또는 통로와 높이차이를 두어서는 아니 된다.

  다. 이용자 조작설비
   아래의 그림과 같이 동전 또는 전화카드투입구, 전화다이얼 및 누름버튼 등의 높이는 바닥면으로부터 0.9m 이상 1.4m 이하로 하여야 한다.

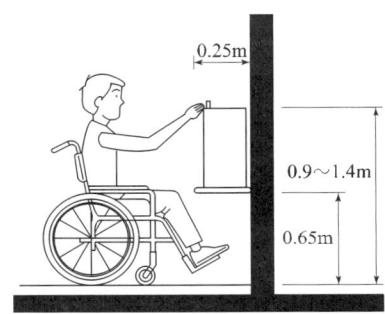

  라. 기타 설비
   지팡이 및 목발 사용자가 몸을 지지할 수 있도록 전화부스의 양쪽에 손잡이를 설치하거나, 지팡이 및 목발을 세울 곳을 마련할 수 있다.

29. 장애인 등의 이용이 가능한 우체통
  가. 설치장소
   우체통은 장애인 등의 접근이 가능한 보도 또는 통로에 설치하여야 한다.

  나. 구조
   우체통 투입구의 높이는 0.9m 이상 1.2m 이하로 하여야 한다.

※ 비고
 위의 편의시설의 구조·재질 등에 관한 세부기준의 항목 중 "…할 수 있다"로 규정된 사항은 장애인 등의 이용편의를 위한 권장사항임.

[별첨 4] 발코니 등의 구조변경절차 및 설치기준 _(출처: 건설교통부 고시 제2005-400호)

제1조【목적】이 기준은 「건축법 시행령」 제2조 제1항 제15호 및 제46조 제4항 제4호의 규정에 따라 주택의 발코니 및 대피공간의 구조변경절차 및 설치기준을 정함을 목적으로 한다.

제2조【단독주택의 발코니설치 범위】단독주택의 발코니는 외벽 중 2면 이내에 설치할 수 있다.

제3조【대피공간의 구조】① 「건축법 시행령」 제46조 제4항의 규정에 따라 설치되는 대피공간은 채광방향과 관계없이 거실 각 부분에서 접근이 용이한 장소에 설치하여야 하며, 출입구에 설치하는 갑종방화문은 거실쪽에서만 열 수 있는 구조로서 대피공간을 향해 열리는 밖여닫이로 하여야 한다.
② 대피공간은 1시간 이상의 내화성능을 갖는 내화구조의 벽으로 구획되어야 하며, 벽·천장 및 바닥의 내부마감재료는 준불연재료 또는 불연재료를 사용하여야 한다.
③ 대피공간에 창호를 설치하는 경우에는 폭 0.9m, 높이 1.2m 이상은 반드시 개폐 가능하여야 하며, 비상시 외부의 도움을 받는 경우 피난에 장애가 없는 구조로 설치하여야 한다.
④ 대피공간에는 정전에 대비해 휴대용 손전등을 비치하거나 비상전원이 연결된 조명설비가 설치되어야 한다.

제4조【방화판 또는 방호·유리창의 구조】① 아파트 2층 이상의 층에서 스프링클러의 살수범위에 포함되지 않는 발코니를 구조변경 하는 경우에는 발코니 끝부분에 바닥판 두께를 포함하여 높이가 90cm 이상의 방화판 또는 방화유리창을 설치하여야 한다.
② 제1항의 규정에 의하여 설치하는 방화판과 방화유리창은 창호와 일치 또는 분리하여 설치할 수 있다. 다만, 난간은 별도로 설치하여야 한다.
③ 방화판은 「건축물의 피난·방화구조 등의 기준에 관한 규칙」 제6조의 규정에서 규정하고 있는 불연재료를 사용할 수 있다. 다만, 방화판으로 유리를 사용하는 경우에는 제4항의 규정에 따른 방화유리를 사용하여야 한다.
④ 제1항 내지 제3항의 규정에 의하여 설치하는 방화판은 화재 시 아래층에서 발생한 화염을 차단할 수 있도록 발코니 바닥과의 사이에 틈새가 없이 고정되어야 하며, 틈새가 있는 경우에는 「건축물의 피난·방화구조 등의 기준에 관한 규칙」 제14조 제2항 제2호의 규정에 따른 재료로 틈새를 메워야 한다.

⑤ 방화유리창에서 방화유리(창호 등을 포함한다)는 「산업표준화법」에 따른 한국산업규격 KS F 2845(유리구획부분의 내화시험방법)에서 규정하고 있는 시험방법에 따라 시험한 결과 비차열 30분 이상의 성능을 가져야 한다.
⑥ 입주자 및 사용자는 관리규약을 통해 방화판 또는 방화유리창 중 하나를 선택할 수 있다.

제5조【발코니 창호 및 난간등의 구조】① 발코니를 거실 등으로 사용하는 경우 난간의 높이는 1.2m 이상이어야 하며 난간에 난간살이 있는 경우에는 난간살 사이의 간격을 10cm 이하의 간격으로 설치하는 등 안전에 필요한 조치를 하여야 한다.
② 발코니를 거실등으로 사용하는 경우 발코니에 설치하는 창호 등은 「건축법 시행령」 제91조 제2항에 따른 「건축물의 에너지절약 설계기준」 및 「건축물의 구조기준 등에 관한 규칙」 제3조에 따른 「건축구조설계기준」에 적합하여야 한다.
③ 제4조에 따라 방화유리창을 설치하는 경우에는 추락 등의 방지를 위하여 필요한 조치를 하여야 한다. 다만, 방화유리창의 방화유리가 난간높이 이상으로 설치되는 경우는 그러하지 아니한다.

제6조【발코니 내부마감재료 등】스프링클러의 살수범위에 포함되지 않는 발코니를 구조변경하여 거실 등으로 사용하는 경우 발코니에 자동화재탐지기를 설치하고 내부마감재료는 「건축물의 피난·방화구조 등의 기준에 관한 규칙」 제24조의 규정에 적합하여야 한다.

제7조【발코니 구조변경에 따른 소요비용】① 「주택법」 제2조제5호의 규정에 의한 사업주체(이하 '사업주체'라 한다)는 발코니를 거실 등으로 사용하고자 하는 경우에는 다음 각 호에 해당하는 일체의 비용을 「주택법」 제38조의 규정에 의한 주택공급 승인을 신청하는 때에 분양가와 별도로 제출하여야 한다.
1. 단열창 설치 및 발코니 구조변경에 소요되는 부위별 개조비용
2. 구조변경을 하지 않는 경우 발코니 창호공사 및 마감공사비용으로서 분양가에 이미 포함된 비용
② 사업주체는 주택의 공급을 위한 모집공고를 하는 때에 제1항의 규정에 따라 신청 및 승인된 비용 일체를 공개하여야 한다.

제8조【건축허가 시 도면】건축주(「주택법」제2조 제5호의 규정에 의한 사업주체를 포함한다. 이하 같다)는 「주택법」제8조의 규정에 의한 건축허가(「주택법」제16조의 규정에 의한 사업계획승인신청을 포함한다) 시 제출하는 평면도에 발코니 부분을 명시하여야 하며, 같은 법 제18조의 건축물의 사용승인(「주택법」제29조의 규정에 의한 사용검사를 포함한다. 이하 '사용승인'이라 한다)시 제출하는 도면에도 발코니를 명시하여 제출하여야 한다.

제9조【건축물대장 작성방법】시장·군수 또는 구청장은 건축허가(설계가 변경될 경우 변경허가를 포함한다) 시 제출되는 허가도서(발코니 부분이 명시된 도서를 말한다)대로 건축물대장을 작성하여야 한다. 이 경우 도면상 발코니는 거실과 구분되도록 표시하고 구조변경 여부를 별도로 표시한다. 이 경우 발코니 구조변경으로 인한 주거전용면적은 주택법령에 따라 당초 외벽의 내부선을 기준으로 산정한 면적으로 한다.

제10조【준공 전 변경】건축주는 사용승인을 하기 전에 발코니를 거실 등으로 변경하고자 하는 경우 주택의 소유자(「주택법」제38조의 규정에 의한 세대별 입주예정자를 포함한다)의 동의를 얻어야 한다.

제11조【사용승인】사용승인권자는 사용승인을 하는 때에 제2조 내지 제8조의 위반 여부를 확인하여야 한다.

제12조【준공 후 변경】① 건축주는 발코니를 구조변경 하고자 하는 경우 제2조 및 제8조의 규정에 대하여 건축사의 확인을 받아 허가권자에게 신고하여야 한다.
② 제1항의 규정에 의하여 건축사의 확인을 받아 신고하는 경우의 신고서 양식은 「건축법 시행규칙」제12조의 규정에 의한 별지 제6호 서식에 의하되, 동조 각호의 규정에 의한 첨부서류의 제출은 생략한다.
③ 제1항 및 제2항의 규정에 불구하고 「주택법」적용대상인 주택의 발코니를 구조변경 하고자 하는 경우 「주택법」제42조의 규정에 따라야 한다.

[별첨 5] 부설주차장의 설치대상시설물 종류 및 설치기준

(출처: 「서울특별시 주차장 설치 및 관리 조례」 [별표 2])

시설물	설치기준
1. 위락시설	시설면적 67㎡당 1대
2. 문화 및 집회시설(관람장을 제외한다), 종교시설, 판매시설, 운수시설, 의료시설(정신병원·요양병원 및 격리병원을 제외한다), 운동시설(골프장·골프연습장 및 옥외수영장을 제외한다), 업무시설(외국공관 및 오피스텔을 제외한다), 방송통신시설 중 방송국, 장례식장	시설면적 100㎡당 1대
2-1. 업무시설 (외국공관 및 오피스텔을 제외한다)	일반업무시설: 시설면적 100㎡당 1대 공공업무시설: 시설면적 200㎡당 1대
3. 제1종 근린생활시설 (제3호 바목 및 사목을 제외한다), 제2종 근린생활시설, 숙박시설	시설면적 134㎡당 1대
4. 단독주택(다가구주택을 제외한다)	시설면적 50㎡초과 150㎡ 이하: 1대, 시설면적 150㎡ 초과: 1대에 150㎡를 초과하는 100㎡당 1대를 더한 대수 [1+{(시설면적-150㎡)/100㎡}]
5. 다가구주택, 공동주택(외국공관안의 주택 등의 시설물 및 기숙사를 제외한다) 및 업무시설 중 오피스텔	「주택건설기준 등에 관한 규정」 제27조 제1항에 따라 산정된 주차대수(다가구주택, 오피스텔의 전용면적은 공동주택 전용면적 산정방법을 따른다)로 하되, 주차대수가 세대당 1대에 미달되는 경우에는 세대당(오피스텔에서 호실별로 구분되는 경우에는 호실당) 1대(전용면적이 30㎡ 이하인 경우에는 0.5대, 60㎡ 이하인 경우 0.8대) 이상으로 한다. 다만, 「주택법 시행령」 제3조 규정에 의한 도시형 생활주택 원룸형은 「주택건설기준 등에 관한 규정」 제27조의 규정에서 정하는 바에 따른다.
6. 골프장, 골프연습장, 옥외수영장, 관람장	골프장: 1홀당 10대 골프연습장: 1타석당 1대 옥외수영장: 정원 15인당 1대 관람장: 정원 100인당 1대
7. 수련시설, 공장(아파트형 제외), 발전시설	시설면적 233㎡당 1대
8. 창고시설	시설면적 267㎡당 1대
9. 방송통신시설 중 데이터센터	시설면적 400㎡당 1대
10. 그 밖의 건축물	• 학생용기숙사: 시설면적 400㎡당 1대 • 학교시설 : 시설면적 250㎡당 1대 • 학생용기숙사, 학교시설을 제외한 그 밖의 건축물: 시설면적 200㎡ 당 1대

※ 비고
1. 시설물의 종류는 다른 법령에 특별한 규정이 없는 한 「건축법 시행령」 [별표 1]에 따른 시설물에 의하되, 다음 각 목의 어느 하나에 해당하는 시설물을 건축 또는 설치하려는 경우에는 부설주차장을 설치하지 아니할 수 있다.
   가. 제1종 근린생활시설 중 변전소·양수장·정수장·대피소·공중화장실, 그 밖의 이와 유사한 시설
   나. 종교시설 중 수도원·수녀원·제실 및 사당
   다. 동물 및 식물 관련 시설(도축장 및 도계장은 제외한다)
   라. 방송통신시설(방송국·전신전화국·통신용시설 및 촬영에 한한다) 중 송신·수신 및 중계시설
   마. 주차전용건축물(노외주차장인 주차전용 건축물에 한한다)에 주차장 외의 용도로 설치하는 시설물(판매시설 중 백화점·쇼핑센터·대형점과 문화 및 집회시설 중 영화관·전시장·예식장은 제외한다)
   바. 「도시철도법」에 따른 역사(「철도의 건설 및 철도시설 유지관리에 관한 법률」 제2조 제7호에 따른 철도건설사업으로 건설되는 역사를 포함한다)
   (개정 2012. 11. 1)
   사. 「건축법 시행령」 제6조 제1항 제4호에 따른 전통한옥 밀집지역 안에 있는 전통한옥

2. 시설물의 시설면적은 공용면적을 포함한 바닥면적의 합계를 말하되, 하나의 부지 안에 둘 이상의 시설물이 있는 경우에는 각 시설물의 시설면적을 합한 면적을 시설면적으로 하며, 시설물 안의 주차를 위한 시설의 바닥면적은 해당 시설물의 시설면적에서 제외한다.

3. 시설물의 소유자는 부설주차장(해당 시설물의 부지에 설치하는 부설주차장은 제외한다)의 부지의 소유권을 취득하여 이를 주차장전용으로 제공하여야 한다.
   다만, 주차전용건축물에 부설주차장을 설치하는 경우에는 그 건축물의 소유권을 취득하여야 한다.

4. 용도가 다른 시설물이 복합된 시설물에 설치하여야 하는 부설주차장의 주차대수는 용도가 다른 각 시설물별로 설치기준에 따라 산정(위 표 제5호의 시설들은 주차대수의 산정대상에서 제외하되, 비고 제8호에서 정한 기준을 적용하여 산정된 주차대수는 별도로 합산한다)한 소수점 이하 첫째자리까지의 주차대수를 합하여 산정한다. 다만, 단독주택(다가구주택은 제외한다. 이하 이 호에서 같다)의 용도로 사용되는 시설의 면적이 50㎡ 이하인 경우에는 단독주택의 용도로 사용되는 시설의 면적에 대한 부설주차장의 주차대수는 단독주택의 용도로 사용되는 시설의 면적을 100㎡로 나눈 대수로 한다.

5. 시설물을 용도변경하거나 증축함에 따라 추가로 설치하여야 하는 부설주차장의 주차대수는 용도변경 하는 부분 또는 증축으로 인하여 면적이 증가하는 부분(이하 '증축하는 부분'이라 한다)에 대하여만 설치기준을 적용하여 산정한다. 다만, 위 표 제5호에 따른 시설물을 증축하는 경우에는 증축 후 시설물의 전체면적에 대하여 위 표 제5호에 따른 설치기준을 적용하여 산정한 주차대수에서 증축 전 시설물의 면적에 대하여 증축시점의 위 표 제5호에 따른 설치기준을 적용하여 산정한 주차대수를 뺀 대수로 한다.

6. 설치기준(위 표 제5호에 의한 설치기준을 제외한다. 이하 이 호에서 같다)에 따라 주차대수를 산정함에 있어서 소수점 이하의 수(시설물을 증축하는 경우 먼저 증축하는 부분에 대하여 설치기준을 적용하여 산정한 수가 0.5 미만인 때에는 그 수와 나중에 증축하는 부분들에 대하여 설치기준을 적용하여 산정한 수를 합산한 수의 소수점 이하의 수. 이 경우 합산한 수가 0.5 미만인 때에는 0.5 이상이 될 때까지 합산하여야 한다)가 0.5 이상인 경우에는 이를 1로 본다. 다만, 해당 시설물 전체에 대하여 설치기준(시설물을 설치한 후 법령·조례의 개정 등으로 설치기준 또는 설치제한기준이 변경된 경우에는 변경된 설치기준 또는 설치제한 기준을 말한다)을 적용하여 산정한 총 주차대수가 1대 미만인 경우에는 주차대수를 0으로 본다.

7. 용도변경 되는 부분에 대하여 설치기준을 적용하여 산정한 주차대수가 1대 미만인 경우에는 주차대수를 0으로 본다. 다만, 용도변경 되는 부분에 대하여 설치기준을 적용하여 산정한 주차대수의 합(2회 이상 나누어 용도변경하는 경우를 포함한다)이 1대 이상인 경우에는 그러하지 아니하다.

8. 단독주택 및 공동주택 중 「주택건설기준 등에 관한 규정」이 적용되는 주택에 대하여는 같은 규정에 따른 기준을 적용한다.

9. 승용차와 승용차 외의 자동차가 함께 사용하는 부설주차장의 경우에는 승용차 외의 자동차의 주차가 가능하도록 하여야 하며, 승용차 외의 자동차가 더 많이 이용하는 부설주차장의 경우에는 그 이용 빈도에 따라 승용차 외의 자동차의 주차에 적합하도록 승용차 외의 자동차가 이용할 주차장을 승용차용 주차장과 구분하여 설치하여야 한다. 이 경우 주차대수의 산정은 승용차를 기준으로 한다.

10. '학교'란 「초·중등교육법」 제2조 및 「고등교육법」 제2조에 따른 학교를 말하며, '학생용기숙사'란 기숙사 중 「초·중등교육법」 제2조 및 「고등교육법」 제2조에 따른 학교에 재학 중인 학생을 위한 기숙사를 말한다.

11. 「주택건설기준 등에 관한 규정」 제27조제2항 단서에 따라 도시형 생활주택에 설치하는 주차장의 일부를 「도시교통정비 촉진법」 제33조제1항제4호에 따른 승용차공동이용 지원(승용차공동이용을 위한 전용주차구획을 설치하고 공동이용을 위한 승용자동차를 상시 배치하는 것을 말한다. 이하 같다)을 위해 사용하는 경우에는 승용차공동이용 지원을 위한 용도가 아닌 주차단위구획을 다음 각 목의 구분에 따른 비율 이상 설치하여야 한다.

    가. 준주거지역 또는 상업지역인 경우: 주차단위구획 총수의 100분의 40

    나. 가목 외의 도시지역인 경우: 주차단위구획 총수의 100분의 70

[별첨 6] 「장애인등 편의법」 일부조항 처리지침

(출처: 보건복지부 장애인권익지원과-797 / 2019. 02. 15.)

> 장애인 등 편의법령 일부 조항의 해석에 혼선이 있어, 관련기관 협의를 거쳐 이에 관한 처리지침을 마련하여 관련업무를 차질 없이 추진

1. 300세대의 공동주택 부대복리시설의 편의시설 설치 적용 기준

> 공동주택 300세대 미만인 경우 부대복리시설의 편의시설 설치 적용 기준 적용 시에 동법 시행령 [별표 2] 4. 가.(10) (나) 중 '부대시설 및 복리시설 중 (가)에 따른 시설을 제외한 시설'에 대한 해석이 모호하여 혼선 발생
>
> ① 300세대 미만인 공동주택의 부대복리시설인 경우 (가)의 용도 이외에 해당 용도에 따라서 편의시설을 설치하여야 하므로 대상시설의 용도가 (가) 용도(「주택법」 제2조 제12호에 따른 주택단지안의 관리사무소·경로당·의원·치과의원·한의원·조산소·약국·목욕장·슈퍼마켓, 일용품 등의 소매점, 일반음식점·휴게음식점·제과점·학원·금융업소·사무소 또는 사회복지관이 있는 건축물)에 포함되어 있는 경우 부대복리시설의 편의시설 설치 의무가 없다는 견해
>
> ② 300세대 미만인 공동주택인 경우 포함된 부대복리시설은 동법 시행령 [별표 1] 편의시설 설치 대상시설 및 [별표2] 대상시설별 편의시설의 종류 및 설치 기준에 따라서 각각 설치의무 여부를 판단하여야 함

- 「장애인등 편의법」 시행령 [별표 2] 4. 가. (10) (나)에서 말하는 '(가)에 따른 시설을 제외한 시설'이라 함은 문언상으로 볼 때, 300세대 미만인 공동주택의 부대복리시설 및 (가)에서 정하고 있는 관리사무소~사회복지관을 제외한 그 이외의 부대복리시설을 말함이 타당함.

- 따라서 300세대 미만인 공동주택의 부대복리시설 및 (가)에서 정하고 있는 관리사무소~사회복지관 이외의 부대복리시설 중 동법 시행령 [별표 1] 제2호(공공건물 및 공중이용시설) 및 제4호(통신시설)에 해당하는 시설은, 동법 시행령 [별표 1] 제2호 및 제4호의 설치기준을 적용하여 편의시설을 설치해야 함.

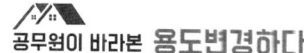

※ 다만 본 조항 (가)의 제정취지는 300세대 미만 소형 공동주택의 부대복리시설에 대해 의무를 면제해 주자는 것이나, 300세대 미만의 공동주택 부대복리시설은 (나)의 적용을 받아 결과적으로 더 강한 의무를 부과받게 되므로, 형평성 측면에서 문제가 발생하지 않도록 현장에서는 (가)의 기준에 의해 시행령 [별표 2] 제3호 가목 (1) 및 (3)부터 (7)까지의 규정을 적용할 것을 권고함. (본 사항은 법령 오류의 하나이므로 향후 법령 개정 시 반영 예정)

2. 동일 건축물 내 복수 용도의 구분소유자에 의한 용도변경 시 편의시설 설치대상 여부

> • 동일 건축물 내 복수 용도의 구분소유자에 의한 용도변경 시
> 예) 201호 [소유자:A] - 제2종 근린생활시설(학원) 100㎡
>   203호 [소유자:B] - 제2종 근린생활시설(학원) 100㎡
>   301호 [소유자:C] - 교육연구시설(학원) 500㎡
>   401호 [소유자:D] - 제1종 근린생활시설(소매점) 200㎡ 인 건물에서 401호
>   가 제1종
>
> 근린생활시설(소매점)을 교육연구시설(학원)로 용도변경 하였을 경우 각각의 구분소유자에 대한 편의시설 설치의무 발생 여부

• 한 건물의 구분 소유자에 의한 동일 용도별 바닥면적의 합계가 편의시설 설치대상이 되었을 경우, 「장애인등 편의법」 제9조 등에 의하여 원칙적으로 해당 용도의 구분소유자 모두에게 편의시설 설치의무가 발생한다고 보는 것이 타당함.

- 다만, 아무런 행위를 하지 않은 구분소유자(위의 경우 301호 소유자C)에게 편의시설 설치 의무를 부과하는 것은 「헌법상」 '사유재산권 침해' 및 '비례의 원칙'에 반하는 과도한 의무 부과로 판단될 수 있는 측면 또한 존재함.

- 따라서 다수의 구분소유자로 구성된 복수 용도의 건축물의 경우에는 편의시설 설치의무 발생을 유발케 한 당사자(위의 경우 401호 소유자 D)의 점유부분 및 그 대지경계선부터 점유부분까지 이르는 경로상 설치된 공유부분(매개시설, 내부시설, 위생시설 등)에 대한 편의시설 설치의무를 적용하는 것이 합리적임

• 단, 제2종 근린생활시설(학원)과 교육연구시설(학원)의 세부용도는 학원으로 동일하나, 동법 시행령 [별표 1] 편의시설 설치 대상시설에 따르면 제2종 근린생활시설(학원)은 포함되지 않으므로 제2종 근린생활시설(학원) 용도의 구분소유자(위의 경우 201호 소유자 A, 203호 소유자 B)에게는 편의시설 설치의무가 발생되지 않음.

3. 장애인 등의 이용이 가능한 객실 또는 침실의 욕실에 설치하는 비상용벨 수신 장소

> 장애인 등의 이용이 가능한 객실 또는 침실 안의 욕조에 비상벨 설치를 의무하고 있지만, 수신 장소에 대하여 명시되어 있지 않으므로, 대부분 수신 장소가 객실 또는 침실 안으로 되어 있는 경우도 있어 비상사태 발생 시 즉각적인 조치가 이루어지기 어려움.

- 장애인 등의 이용이 가능한 객실 또는 침실 안의 욕조에 설치하는 비상용벨의 수신 장소가 특정되지 않을 경우, 비상벨이 울리더라도 즉각 대응할 수 없으므로 무용지물이 될 가능성이 있음.

− 그러나 현행 관련 법규에는 비상벨 수신 장소에 대하여 별도로 언급 되어 있지 않으므로 이를 카운터 등으로 특정하여 강제하기는 곤란

− 따라서 현장에서는 비상벨이 인적서비스가 가능한 프런트나 관리실 등으로 연결될 수 있도록 적극 지도 및 권고가 필요함.

4. 공동주택(다세대주택)의 복도 항목에 대한 적용 범위 해석

> 건물의 주출입구와 세대 현관 출입문 사이에 '계단 등'으로 형성된 단차가 발생할 경우, 이를 '복도'로 보아 경사로 등을 설치해야 하는지 혹은 이 '계단 등'을 층간 이동수단으로 판단하여 '계단'으로 보는 것이 적합한지 여부

- 계단 및 복도의 정의

  > - (계단) 건축물의 1개층에서 다른 층으로 편리하게 이동할 수 있도록 「장애인등 편의법 시행규칙」 [별표 1] 제8호에 의하여 설치하는 층간 이동수단
  > - (복도) 동일 층의 바닥면상에서 수평 이동을 위해 설치하는 통로

− 건축물의 주출입구에서 동일 층의 세대 현관에 이르는 통로에 계단 등으로 인한 단차가 발생할 경우, 이는 층간 이동 수단인 '계단'이나 수평이동을 위한 '복도'가 아닌, 「장애인등 편의법 시행령」 [별표 2] 3-가-(3) 및 (4), 「장애인등 편의법 시행규칙」 [별표 1] 5 및 6의 '높이차이가 제거된 건출물 출입구' 및 '장애인 등의 출입이 가능한 출입구'의 규정을 적용하는 것이 타당함.

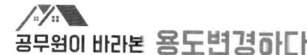

- 이는 현행 「장애인등 편의법」 관련 규정의 취지로 볼 때, 편의시설 설치대상이 되는 어떠한 건물이든 주출입구를 포함하여 최소 기준층(1층)에 대한 접근성은 확보되어야 한다는 의미임.

- 따라서 주출입구~기준층(1층) 내부에 이르는 통로에 형성된 단차는 경사로 등을 설치하여 제거하거나 아예 단차가 발생하지 않도록 설계·시공되어야 함.

5. 범퍼형 손잡이 형태 허용 가능 여부

「장애인등 편의법 시행규칙」 [별표 1]-7-다-(3)에서 손잡이의 지름을 3.2~3.8cm로 하고 있고 표시된 도면에서도 손잡이의 형태를 원형으로 하고 있는데, 병원 등에서 범퍼형 손잡이 설치 가능 여부

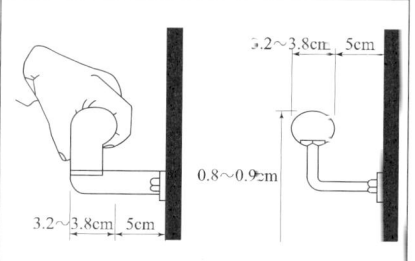

- 손잡이의 형태에 대하여 관련 법규에서 명확하게 규정하고 있는 것은 아니나, 가급적 원형 또는 이와 가까운 형태를 유지하도록 하여 장애인 등의 편리한 이용에 도움을 주는 형태를 유지하여야 함.

- 병원 등에서 이동용 침대 등의 벽면 충돌방지를 위하여 범퍼형 손잡이를 설치하는 것은 가능하나, 이 경우에도 장애인등이 쉽게 잡을 수(grip) 있는 형태로 설치하여야 함.

- 또한 수평손잡이의 경우에는 형태가 반드시 원형일 필요는 없음. 사각형이라도 모서리 라운딩 처리 장애인등의 실질적 이용에 불편을 주지 않는다면 가능함. 경사로와 계단에 설치하는 손잡이의 경우에는 올라가거나 내려갈 때 버팀목 역할을 하기 위해서는 균일하게 힘이 분포되어 하므로 한 손으로 그립할 수 있도록 가급적 원형에 가까운 형태로 설치하여야 함.

6. 주출입구 전면에 기울기 발생 시 주출입구 전면 유효거리 기준

> 주출입구 전면에 기울기 발생에 따른 주출입구 전면유효거리를 출입구의 전면 유효거리인 1.2m로 하여야 하는지 혹은 경사로의 활동공간인 1.5m로 설치하여야 하는지 여부

- 주출입구 전면에는 1.2m 이상의 전면 유효거리를 설치하는 것이 원칙적으로 타당함.

- 다만, 주출입구의 전면에 기울기가 발생(기울기 1/18 이하 포함)한다면 경사로 설치 기준을 적용하여 1.5m 이상의 활동공간 확보가 의무임.
  ※ 출입문의 개폐에 소요되는 공간은 활동공간에 포함하지 않음

7. 제1종 근린생활시설 기타공공시설의 「장애인등 편의법」 적용

> 국가 또는 지방자치단체의 청사에서 증축·개축·재축·이전·대수선 또는 용도변경의 건축행위 발생 시 허가신청서상 용도가 제1종 근린생활시설-기타공공시설로 분류된 경우 「장애인등 편의법 시행령」 [별표 1] 2. 공공건물 및 공중이용시설
>
> (3) 그 밖에 이와 유사한 용도로 해석 가능한지 여부
>   예) [증축] 제1종 근린생활시설 - 기타 공공시설(문화원)
>   [증축] 제1종 근린생활시설 - 기타 제1종 근린생활시설(주민공동이용시설)

- 국가 또는 지방자치단체의 청사는 공공성을 목적으로하는 건축물이기는 하나, 「장애인등 편의법 시행령」 [별표 1] 편의시설 설치 대상시설에 제1종 근린생활시설 -기타공공시설은 포함되지 않으므로 현행법 기준에는 편의시설 설치의 의무가 발생하지 않음

8. 주출입문의 공동현관기(호출버튼) 높이 설치 기준

> 「장애인등 편의법 시행령」 [별표 1] 편의시설의 구조·재질등에 관한 세부기준상 주출입문의 공동현관기(호출버튼)의 설치 높이에 대한 별도 기준이 마련되어 있지 않아서 혼선이 발생

- 주출입문의 공동현관기(호출버튼)의 설치기준은 별도로 마련되어 있지 않음.

- 다만 보안을 목적으로 주출입문에 공동현관기 등으로 잠금장치를 설치한 경우 출입문을 통과하기 위해서는 반드시 공동현관기를 사용해야 하므로 승강기의 호출버튼 설치 높이를 적용하여 동일하게 0.8m 이상 1.2m 이하에 최하단 버튼을 설치하도록 함.

9. 보건복지부 「장애인등 편의법 일부조항 처리지침」 이전에 허가된 건의 처리지침 소급 적용 여부

> 처리지침 이전에 건축허가를 받은 대상시설이 처리지침 이후 사용승인이 접수되었을 때 건축허가 내용을 반영하여 장애인편의시설을 설치하여야 하는지 아니면 처리지침 내용을 적용하여 비해당 처리하는지 여부
> 예) '관광숙박시설(호스텔)-30실 미만'인 경우 2018년 8월 29일 이전에 건축허가 시 편의시설 설치 대상시설에 포함되었으나, 2018년 8월 29일 이후에 지침 적용 시 편의시설 설치 대상시설에 비해당됨.

- 건축허가는 당시의 적용 기준을 반영하여 승인되므로 건축허가 협의 내용에 따라서 대상시설을 시공하여야 함.
- 동일 항목에 대하여 건축허가 이후에 처리지침 내용이 변경되어 시설주 등에게 유리하게 작용한다 하더라도, 사전에 이와 관련한 민원 등을 제출하여 설치기준 등을 완화받지 않았다면 허가시점에 협의한 내용을 기준으로 하여야 함.

10. 기존 건물 출입구(문) 신규 설치 및 별동증축 시 현행법 적용 여부

> - 기존 건물의 실내 공사를 완전히 새롭게 하는 경우 이미 설치되어 있는 출입문을 철거하고 신규로 설치하는 경우 현행법 적용 여부
> - 공장, 학교 등 기존에 있는 시설이 아닌 별동증축 또는 재축, 개축 등, 사실상 신축에 준해 건물을 시공하여 출입문을 신규로 설치하는 경우 현행법 적용 여부

- 「장애인등 편의법」 부칙 제3조(장애인 등의 출입이 가능한 출입구의 통과 유효폭 등에 관한 경과조치)에 따르면 출입구의 통과유효폭과 측면 활동공간의 기준은 개정규정에도 불구하고 종전의 규정에 따르는 것은 설치 당시의 기준을 적용한 출입문을 재시공하는 것이 시설주에게 과도한 의무 부과가 될 수 있으므로 이를 방지하기 위한 것임.
- 다만, 동일 대지 내에 별동을 증축하는 등 사실상 신축에 준하는 경우에는 출입문 현행법의 기준을 적용하도록 유도하여야 함.

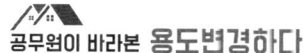

11. 장애인용 승강기 설치(증축 또는 대수선) 시 편의시설 적용 범위

> 「장애인등 편의법 시행령」 [별표 1] 편의시설 설치 대상시설에 포함된 기존시설에 장애인용 승강기만 추가로 설치하여 증축 또는 대수선이 발생한 경우, 건축행위 발생으로 판단하여 장애인용 승강기 외 시행령 [별표 2] 대상시설별 편의시설의 종류 및 설치기준에 따른 편의시설을 모두 설치하여야 하는지 여부

- 「장애인등 편의법」 제9조(시설주 등의 의무)에 의하여 증축 등 건축행위가 발생한 건축물은 관련 법규에 맞도록 편의시설을 설치하여야 하는 것이 원칙적으로 타당함.

- 다만, 위의 처리지침 제2호(동일 건축물 내 복수 용도의 구분소유자에 의한 용도변경 시 편의시설 설치대상 여부)에서 언급한 바와 같이, 승강기 설치를 이유로 모든 편의시설을 구비토록 하는 것은 '비례의 원칙'에 반하는 과도한 의무부과로 판단될 수 있는 측면 또한 존재함.
  - 장애인 등의 이동편의 제고를 위해 승강설비를 설치하고자 하나, 이에 수반되는 의무가 너무 커진다면 오히려 승강설비 설치를 제한하는 결과를 초래할 가능성이 있음.

- 따라서 장애인 등의 이동편의를 위해 승강설비를 설치하고자 할 경우, 그 승강설비에 이르는 매개시설 및 「장애인등 편의법 시행규칙」 (별표 1-9)에서 규정하고 있는 시설기준을 충족하는 수준에서 편의시설 설치의무를 적용

12. 장애인용 승강기 군관리 방식 적용 기준

> 현행 「장애인등 편의법」에 따른 장애인용 승강기 세부기준상에는 운행방식에 대한 구체적인 기준이 마련되어 있지 않아서 장애인용 승강기를 군관리 방식으로 운행할 때 허용 가능한 적용 범위에 대한 지침 필요

- 「장애인등 편의법」에는 장애인용 승강기의 설치기준을 명시되어 있으나, 운행방식에 대한 세부기준은 마련되어 있지 않음.

- 따라서 장애인용 승강기를 이용하여 대상시설의 전층에 접근(환승을 통한 접근 포함)이 가능하다면 운행방식(저층·고층/군관리/홀수·짝수 운행 등)은 별도로 제한하지 않음.

※ 운행원칙
- 장애인용 승강기는 원칙적으로 전층운행이 가능하여야 함.
- 같은 승강기홀 내에 소재하는 장애인용 승강기끼리의 군관리는 가능
- 일반용과 장애인용을 묶는 군관리는 불가

※ 운행방법 예시

> - 하나의 홀에 장애인용 승강기만 1대인 경우 : 전층 운행 필요
> - 하나의 홀에 일반용 1대, 장애인용 1대가 있는 경우 : 장애인용은 전층 운행
> - 하나의 홀에 일반용 3대, 장애인용 1대가 있는 경우 : 장애인용은 전층 운행
> - 하나의 홀에 일반용 2대, 장애인용 2대가 있는 경우 : 장애인용끼리 군관리 가능
> - 하나의 홀에 일반용 3대, 장애인용 3대가 있는 경우 : 장애인용끼리 군관리 가능

- 단, 하나의 홀에 장애인용끼리 군관리는 3대까지만 가능함을 유의

13. 장애인용 승강기 설치 관련 세부지침

> 소규모 건축물로 가로형 조작반 내부에 포함된 층수 버튼의 개수가 적어서 가로 방향으로 한 줄만 있는 경우와 (초)고층 건축물로 가로형 조작반 내부에 포함된 층수 버튼의 개수가 많아서 가로방향으로 여러 줄이 있는 경우와 설치기준 높이에 대한 혼선 발생

- 「장애인등 편의법 시행규칙」 [별표 1] 9. 다. (1)과 (2)의 설치기준이 상충되는 바, 가로형 조작반 내부에 포함된 층수 버튼의 개수가 많아서 여러 줄로 설치되는 경우는 바닥면으로부터 0.8m 이상 1.2m 이하에 설치하도록 함.

14. 장애인용 승강기 이용자 조작설비의 터치식 가능 여부

> 장애인용 승강기 이용자 조작설비의 형태를 시각장애인 등이 감지할 수 있도록 층수 등을 점자로 표시한 경우 '터치식'이 가능한지 여부

- 장애인용 승강기 이용자 조작설비의 형태는 누름 여부를 인지할 수 있도록 '버튼식'으로 하도록 되어 있음

- 따라서 장애인 점자표시와 음성안내가 되어 있다 하더라도 시각장애인에게 사용 불편을 초래하는 터치식은 허용될 수 없음.

15. 장애인용 승강기 설치 시에 승강장의 점멸등과 음향신호장치 대체

> 장애인용 승강기 기타 설비 중 승강장에 승강기의 도착 여부를 표시하는 점멸등과 음향신호장치 설치의 대체 가능 여부

- 승강장의 도착 여부를 표시하는 점멸등은 청각장애인에게 도착 여부를 전달하기 위함이므로 층수표시 현황판이 설치된 경우 대체 가능함.

- 또한 음향신호장치 역시 시각장애인에게 도착 여부를 전달하기 위함이므로 승강장에 별도의 스피커를 설치하지 않더라도 승강기 내부에서 도착을 알리는 소리가 승강장에서 들리는 경우 허용 가능함.

16. 장애인용승강기 설치 시 Ten-Key 호출 방식

> Ten-Key(0-9번) 호출방식의 적용 가능 여부

- 시각장애인이 사용 가능하도록 음성서비스(버튼을 누를 때 음성으로 번호를 알려주는 방식) 등을 제공할 경우 Ten-Key(0~9번) 호출방식이 설치가 가능하며, 키보드 숫자 배열방식보다는 전화다이얼 배열방식을 권장함. 또한 번호를 잘못 누를 경우를 대비해 정정·취소 버튼이 있어야 하며, 다른 방식의 호출 방식에도 수정 기능이 있어야 함. 또한 모든 Ten-Key 버튼에 점자표시가 필요함.

[별첨 7] 승용승강기의 설치기준 _{(출처: 「건축물의 설비기준 등에 관한 규칙」 [별표 1의 2] (개정 2013. 9. 2.))}

건축물의 용도	6층 이상의 거실 면적의 합계 3천m^2 이하	3천m^2 초과
1. 가. 문화 및 집회시설(공연장·집회장 및 관람장만 해당한다) 나. 판매시설 다. 의료시설	2대	2대에 3천m^2를 초과하는 2천m^2 이내마다 1대를 더한 대수
2. 가. 문화 및 집회시설(전시장 및 동·식물원만 해당한다) 나. 업무시설 다. 숙박시설 라. 위락시설	1대	1대에 3천m^2를 초과하는 2천m^2 이내마다 1대를 더한 대수
3. 가. 공동주택 나. 교육연구시설 다. 노유자시설 라. 그 밖의 시설	1대	1대에 3천m^2를 초과하는 3천m^2 이내마다 1대를 더한 대수

※비고
1. 위 표에 따라 승강기의 대수를 계산할 때 8인승 이상 15인승 이하의 승강기는 1대의 승강기로 보고, 16인승 이상의 승강기는 2대의 승강기로 본다.
2. 건축물의 용도가 복합된 경우 승용승강기의 설치기준은 다음 각 목의 구분에 따른다.
   가. 둘 이상의 건축물의 용도가 위 표에 따른 같은 호에 해당하는 경우: 하나의 용도에 해당하는 건축물로 보아 6층 이상의 거실면적의 총합계를 기준으로 설치하여야 하는 승용승강기 대수를 산정한다.
   나. 둘 이상의 건축물의 용도가 위 표에 따른 둘 이상의 호에 해당하는 경우: 다음의 기준에 따라 산정한 승용승강기 대수 중 적은 대수
    1) 각각의 건축물 용도에 따라 산정한 승용승강기 대수를 합산한 대수. 이 경우 둘 이상의 건축물의 용도가 같은 호에 해당하는 경우에는 가목에 따라 승용승강기 대수를 산정한다.
    2) 각각의 건축물 용도별 6층 이상의 거실 면적을 모두 합산한 면적을 기준으로 각각의 건축물 용도별 승용승강기 설치기준 중 가장 강한 기준을 적용하여 산정한 대수

[별첨 8] 건축물의 용도별 오수발생량 및 정화조 처리대상인원 산정기준

(출처: 환경부고시 제2021-59호 [별표])

분류번호	건축물 용도			오수발생량			정화조 처리대상인원	
				1일 오수 발생량	BOD 농도 (mg/L)	비고	인원산정식	비고
1	주거시설	단독주택	단독주택, 농업인 주택, 공관	200L/인	200	농업인주택과 읍·면지역의 1일 오수발생량은 170 L/인을 적용한다.	N=2.0+(R-2)×0.5	N은 인원(인), R은 1호당 거실 개수(개)를 의미한다.
		공동주택	아파트, 연립주택, 다세대주택, 다가구주택	200L/인	200		N=2.7+(R-2)×0.5	1호가 1거실로 구성되어 있을 때는 2인으로 한다.
			기숙사, 고시원 (제2종 근린생활시설), 다중주택	7.5L/㎡	200	개별취사시설이 있을 경우 단독주택용도를 적용한다.	N=0.038A N=P (정원이 명확한 경우)	A는 연면적 (㎡), P는 정원(인)을 의미한다.
2	문화 및 집회시설	공연장	공연장, 극장, 영화관, 연예장, 음악당, 서커스장, 비디오물감상실, 비디오물소극장	12L/㎡	150	-	N=0.060A	-
		집회장	예식장, 공회당, 회의장, 장례식장	12L/㎡	150	-	N=0.060A	-
			마권장외발매소, 마권전화투표소	25L/㎡	150	-	N=0.125A	-
		종교집회장	교회, 성당, 사찰, 제실(祭室), 사당	12L/㎡	150	-	N=0.060A	-
			기도원, 수도원, 수녀원	7.5L/㎡	200	-	N=0.038A N=P (정원이 명확한 경우)	-
		관람장	경마장, 경륜장, 경정장, 자동차 경기장, 그 밖에 이와 비슷한 것과 체육관 및 운동장	10L/㎡	260	-	N=0.050A	-
		전시장	박물관, 미술관, 과학관, 문화관, 체험관, 기념관, 산업전시장, 박람회장, 모델하우스	16L/㎡	150	-	N=0.080A	-
		동·식물원	동물원, 식물원, 수족관	16L/㎡	150	-	N=0.080A	-

분류번호	건축물 용도		오수발생량			정화조 처리대상인원	
			1일 오수 발생량	BOD 농도 (mg/L)	비고	인원산정식	비고
3	판매 및 영업시설	시장·상점 / 도매시장, 마을공동구판장, 소매시장, 표구점, 소매점, 사진관, 의약품든매소, 도료류판매소, 서점, 장의사, 총프판매소, 애완동물점, 가축시장, 자동차영업소, 의료기기판매소	15L/㎡	250	육류, 어류점의 바닥면적 합계가 연면적의 20% 이상을 차지할 경우에 오수발생량은 5L/㎡·일, BOD 농도는 50mg/L을 가산한다.	N=0.075A	-
		노래연습장	16L/㎡	150	-	N=0.080A	-
		기원	25L/㎡	150	-	N=0.125A	-
	위생을 관리하거나 의류 등을 세탁·수선하는 시설	이용원, 미용원, 동물미용실	15L/㎡	100	-	N=0.075A	-
		세탁소	15L/㎡	250	영업용 세탁 오수를 오수처리시설에 연계 처리할 경우에는 시설별 설치용량을 1일 오수발생량에 추가한다.	N=0.075A	-
		목욕장	46L/㎡	100	-	N=0.230A	-
		안마시술소, 안마원	15L/㎡	100	-	N=0.075A	-
		찜질방	16L/㎡	100	목욕장이 있는 경우 목욕장에 대한 오수는 별도 산정한다.	N=0.080A	-
	게임 관련 시설	청소년게임 제공업소, 복합유통게임 저공업소, 인터넷컴퓨터게임시설 제공업소	25L/㎡	150	-	N=0.125A	-
		백화점, 쇼핑센터, 대형점	20L/㎡	250	-	N=0.100A	-
		여객자동차터미널, 철도시설, 공항시설, 항만시설	4L/㎡	260	-	N=0.057A	-

분류번호	건축물 용도			오수발생량			정화조 처리대상인원	
				1일 오수 발생량	BOD 농도 (mg/L)	비고	인원산정식	비고
3	판매 및 영업시설	음료·차(茶)·음식·빵·떡·과자 등을 조리하거나 제조하여 판매하는 시설	즉석판매제조·가공식품점, 배달전문점	30L/㎡	130	배달전문점(배달판매, 포장판매) 내, 고객식사 공간이 있을 경우 휴게음식점 또는 일반음식점 용도를 적용한다.	N=0.150A	-
			휴게음식점 등	35L/㎡	100	일반음식점의 메뉴를 판매하는 경우 일반음식점 용도를 적용한다.	N=0.175A	옥외영업장이 있는 경우 옥외영업장 신고면적을 추가하여 적용한다.
		음식점	일반음식점	60L/㎡	550	중식	N=0.175A	
					330	한식, 분식점		
					200	일식, 호프, 주점, 뷔페		
					150	서양식		
			부대급식시설	15L/인 (1일 1식 기준)	330	부대급식시설 유입 농도의 경우 한식 농도를 적용한다. 1일에 제공되는 끼니수가 1식이 추가될 경우 15L/인을 추가로 가산한다.	-	-
4	의료시설	병원, 치과병원, 한방병원, 정신병원, 요양병원, 격리병원, 전염병원, 마약진료소	종합병원	40L/㎡	300	세탁시설이 있는 경우 오수량은 별도 가산한다.	N=0.200A	-
			급식시설 있음	30L/㎡	300		N=0.150A	-
			급식시설 없음	25L/㎡	150		N=0.125A	-
		주민의 진료·치료 등을 위한 시설	의원, 치과의원, 한의원, 침술원, 접골원(接骨院), 조산원	18L/㎡	150	입원시설이 있는 경우에 적용한다.	N=0.090A	입원시설이 있는 경우에 적용한다.
				15L/㎡	150	입원시설이 없는 경우에 적용한다.	N=0.075A	입원시설이 없는 경우에 적용한다.
			산후조리원	30L/㎡	300	세탁시설이 있는 경우 오수량은 별도 가산한다.	N=0.150A	-
		동물병원, 인공수정센터		15L/㎡	150	-	N=0.075A	-

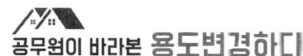

분류번호	건축물 용도			오수발생량			정화조 처리대상인원	
				1일 오수 발생량	BOD 농도 (mg/L)	비고	인원산정식	비고
5	교육연구 및 복지시설	초등학교, 유치원, 보육시설, 아동복지시설, 어린이집		6L/㎡	100	-	N=0.050A N=0.25P	정원이 명확한 경우 정원 산정식 적용이 가능하다.
		중학교, 고등학교, 대학, 대학교, 교육원, 전문대학, 직업훈련소	주간	7L/㎡ (중학교) 8L/㎡ (중학교 이외)	100	-	N=0.058A (중학교) N=0.067A (중학교 이외) N=0.33P	
			주·야간 병설	12L/㎡ (중학교) 14L/㎡ (중학교 이외)		-	N=0.100A (중학교) N=0.116A (중학교 이외) N=0.33P+0.25P	
		연구소, 시험소, 동물검역소, 계측계량소		8L/㎡	100	-	N=0.067A N=0.33P (정원이 명확한 경우)	
		공공도서관, 독서실, 도서관, 학원, 교습소		15L/㎡	150	-	N=0.075A	-
		고아원, 일시보호시설, 보호치료시설, 자립지원시설, 노인복지시설, 연수원, 청소년 수련원, 사회복지시설, 근로복지 시설		9L/㎡	200	-	N=0.045A N=P (정원이 명확한 경우)	-
		유스호스텔		9L/㎡	140	-	N=0.045A N=P (정원이 명확한 경우)	-
6	운동시설	탁구장, 당구장, 체육도장, 헬스장, 체력단련장, 에어로빅장, 볼링장, 사격장, 라켓볼장, 스쿼시장, 실내·외낚시터, 스케이트장, 롤러스케이트장, 썰매장, 수영장, 놀이형 시설, 골프연습장, 스크린 골프연습장		15L/㎡	100	샤워시설이 있는 경우 별도(목욕장 용도)로 가산한다. 실외낚시터의 경우 낚시터 부속용도 외 부대시설(펜션, 카페 등)에 대해 각 용도별로 적용하여 가산한다.	N=0.075A	-
		골프장		30L/㎡	100		N=0.150A	-
		물놀이형 시설		40L/㎡	100		N=0.200A	-
		테니스장	야간조명시설 있음	3L/㎡	150		N=0.015A	-
			야간조명시설 없음	2L/㎡	150		N=0.010A	-
		게이트볼장	야간조명시설 있음	1L/㎡	150		N=0.005A	-
			야간조명시설 없음	0.5L/㎡	150		N=0.003A	-

분류번호	건축물 용도			오수발생량			정화조 처리대상인원	
				1일 오수 발생량	BOD 농도 (mg/L)	비고	인원산정식	비고
7	업무시설	일반업무시설	사무소, 결혼상담소 등 소개업소, 출판사, 신문사	15L/㎡	100	–	N=0.075A	–
			금융업소	15L/㎡	100	–	N=0.150A	–
			오피스텔	10L/㎡	200	주거시설과 업무시설의 구분이 분명한 경우 각각 공동주택(아파트)과 사무소 용도를 적용한다.	N=0.050A	주거시설과 업무시설의 구분이 분명한 경우 각각 공동주택(아파트)과 사무소 용도를 적용한다.
		공공업무시설	외국공관, 공공청사, 지역자치센터, 파출소, 지구대, 소방서, 우체국, 방송국, 전신전화국, 건강보험공단 사무소	15L/㎡	100	–	N=0.150A	–
			보건소	18L/㎡	150	입원시설이 있는 경우에 적용한다.	N=0.090A	입원시설이 있는 경우에 적용한다.
				15L/㎡	150	입원시설이 없는 경우에 적용한다.	N=0.075A	입원시설이 없는 경우에 적용한다.
8	숙박시설		일반숙박시설, 관광숙박시설, 생활숙박시설, 고시원(숙박시설 중 다중생활시설)	20L/㎡	70	취사시설이 없는 경우에 적용한다.	N=0.080A	취사시설이 없는 경우에 적용한다.
				20L/㎡	140	취사시설이 있는 경우에 적용한다.	N=0.080A N=P (정원이 명확한 경우)	취사시설이 있는 경우에 적용한다.
			관광펜션	35L/㎡	140	–	N=0.140A	–
			농어촌민박시설	35L/㎡	140	주거전용면적이 100㎡ 이하인 주택이면서 객실이 2실 이하인 경우 일반숙박시설 용도(취사시설이 있는 경우)를 적용할 수 있다.	N=0.140A	주거전용면적이 100㎡ 이하인 주택이면서 객실이 2실 이하인 경우 일반숙박시설 용도(취사시설이 있는 경우)를 적용할 수 있다.
			일반야영장, 자동차야영장	9L/㎡	320	전체면적 중 숙영시설(객실, 캠핑장, 야영장시설등) 오수가 발생하는 면적만 합산한다.	N=0.045A N=P (정원이 명확한 경우)	전체면적 중 숙영시설(객실, 캠핑장, 야영장시설[9]등) 오수가 발생하는 면적만 합산한다.
			글램핑장 등 고정숙영시설	20L/㎡	140		N=0.080A N=P (정원이 명확한 경우)	

분류번호	건축물 용도		오수발생량			정화조 처리대상인원	
			1일 오수 발생량	BOD 농도 (mg/L)	비고	인원산정식	비고
9	위락시설	단란주점, 유흥주점	46L/㎡	250	–	N=0.230A	–
		「관광진흥법」에 다른 유원시설업의 시설	15L/㎡	100	–	N=0.075A	–
		투전기업소, 카지노영업소,	25L/㎡	150	–	N=0.125A	–
		무도장, 무도학원	16L/㎡	150	–	N=0.080A	–
10	공업시설	공장, 정비공장 (카센터 포함)	5L/㎡	100	–	N=0.125A N=0.5P (정원이 명확한 경우)	
		양식장(양어장)	5L/㎡	100	–	N=0.125A	
		식품제조가공업	15L/㎡	100	–	N=0.125A N=0.5P (정원이 명확한 경우)	
		제조업소, 수리점	5L/㎡	100	–	N=0.125A N=0.5P (정원이 명확한 경우)	
		자원순환 관련 시설 (하수 등 처리시설, 고물상, 폐기물 재활용시설, 폐기물 처분시설, 폐기물 감량화 시설)	5L/㎡	100	–	N=0.125A N=0.5P (정원이 명확한 경우)	
		위험물 저장 및 처리 시설 (주유소, 액화석유가스 충전소 등)	25L/㎡	260	–	N=0.500A	
11	자동차 관련 시설	주차장, 주기장	15L/㎡	260	주차장·주기장 전체 면적 중 오수를 발생시키는 관리사무실, 화장실 등의 면적만 합산한다. (세차시설을 갖추고 있는 경우에는 1일 오수발생량을 추가한다)	N=0.500A	주차장·주기장 전체 면적 중 오수를 발생시키는 관리사무실, 화장실 등의 면적만 합산한다.
		(자동차)매매장	15L/㎡	100	전시면적 중 오수가 발생하지 않는 면적은 제외한다.	N=0.075A	전시면적 중 오수가 발생하지 않는 면적은 제외한다.

분류번호	건축물 용도		오수발생량			정화조 처리대상인원	
			1일 오수 발생량	BOD 농도 (mg/L)	비고	인원산정식	비고
12	공공용시설	교정시설(보호감호소, 구치소, 교도소), 갱생보호시설, 소년원 및 소년분류심사원, 국방·군사시설	7.5L/㎡	200	–	N=0.038A N=P (정원이 명확한 경우)	–
		촬영소	15L/㎡	100	–	N=0.075A	–
		군대숙소	7.5L/㎡	200	–	N=0.038A N=P (정원이 명확한 경우)	–
		공중화장실	170L/㎡	260	–	N=3.400A	–
		주민공동이용시설 — 마을회관	12L/㎡	150	–	N=0.060A	–
		주민공동이용시설 — 마을공동작업소, 대피소	5L/㎡	100	–	N=0.125A N=0.5P (정원이 명확한 경우)	–
		주민공동이용시설 — 마을공동구판장	15L/㎡	250	–	N=0.075A	–
		주민공동이용시설 — 공중화장실	170L/㎡	260	–	N=3.400A	–
		주민공동이용시설 — 지역아동센터	6L/㎡	100	–	N=0.050A N=0.25P (정원이 명확한 경우)	–
		에너지 공급·통신 서비스 제공이나 급수·배수와 관련된 시설 — 발전소, 변전소, 도시가스배관시설, 통신용시설, 정수장, 양수장 등	5L/㎡	100	–	N=0.125A N=0.5P (정원이 명확한 경우)	–
13	묘지관련시설	화장시설, 봉안당	16L/㎡	150	–	N=0.080A	–
14	관광휴게시설	야외음악당, 야외극장	10L/㎡	260	–	N=0.050A	–
		어린이회관	6L/㎡	100	–	N=0.050A N=0.25P (정원이 명확한 경우)	–
		관망탑	16L/㎡	150	–	N=0.080A	–
		휴게소	20L/㎡	260	–	N=0.400A	–
15	기타시설	농막	100L/인	200	–	N=2인/개소	농막의 경우 1개소당 2인으로 산정한다.

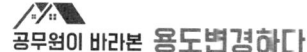

[주] 1) 거실이란,「건축법」제2조 제1항 제6호 규정에 따른 거실로서, 거주, 집무, 작업, 집회 및 오락 기타 이에 속하는 목적을 위해서 계속적으로 사용하는 방을 말하고, 독립된 별도 공간으로 침실기능이 가능한 경우 거실로 본다. 다만, 단독주택 및 공동주택에 거실과 분리되어 별도 확보된 부엌 및 식당, 드레스룸, 파우더룸 및 다용도실(세탁실, 보일러실, 창고 등)은 거실에서 제외한다

2) 제2종 근린생활시설 중 다중생활시설의 고시원을 말한다.

3) 다중주택이란, 학생 또는 직장인 등 여러 사람이 장기간 거주할 수 있는 구조로 된 주택으로서 독립된 주거의 형태를 갖추지 아니한 시설(취사시설이 없는 경우)을 말한다.

4) 연면적이란, 해당 용도로 사용되는 바닥면적(부설주차장을 제외한 공용면적을 포함)의 합계를 말한다.

5) 목욕장이란, 공동탕, 가족탕, 한증막, 사우나탕을 포함한다.

6) 「식품위생법 시행령」제21조 제2호에 따라 즉석판매제조·가공 식품을 업소 내에서 소비자가 원하는 만큼 덜어서 직접 최종 소비자에게 판매하는 영업장을 말한다(예시: 반찬·죽·떡 가게 등).

7) 부대급식시설은 문화 및 집회시설, 판매 및 영업시설, 교육연구 및 복지시설, 운동시설, 업무시설, 숙박시설, 위락시설, 공업시설, 자동차 관련 시설, 묘지 관련 시설, 관광휴게시설 등의 상주인원 및 이용인원(상주는 하지 않지만 해당 시설의 정원에 포함되는 경우)에 대한 급식을 제공하는 시설을 말한다. 다만, 부대급식시설이 일반인을 대상으로 영업을 하는 경우에는 일반음식점으로 분류한다.

8) 다중생활시설이란, 「다중이용업소의 안전관리에 관한 특별법」에 따른 다중이용업 중 고시원업의 시설로서 독립된 주거의 형태를 갖추지 아니한 시설(취사시설이 없는 경우)을 말한다.

9) 야영장 시설이란, 「건축법 시행령」[별표 1] 용도별 건축물의 종류 제29호의 시설로서 관리동, 화장실, 샤워실, 대피소, 취사시설 등의 용도로 쓰이는 것을 말한다.

10) 유원시설업(遊園施設業)은 유기시설(遊技施設)이나 유기기구(遊技機具)를 갖추어 이를 관광객에게 이용하게 하는 업(다른 영업을 경영하면서 관광객의 유치 또는 광고 등을 목적으로 유기시설이나 유기기구를 설치하여 이를 이용하게 하는 경우를 포함)을 말한다.

11) 「식품위생법 시행령」 제21조 제1호에 따른 식품제조·가공업에 해당되어 식품을 제3자에게 제공 또는 판매하는 영업장을 말한다(예시 : 김치 공장 등).

12) 주차장이란, 「주차장법」 제2조 제11호 규정에 따른 건축물의 연면적 중 주차장으로 사용되는 건축물을 말하며, 다른 건축물 용도의 부속주차장은 제외한다.

13) 주기장이란, 「건설기계관리법」 제2조 제1항 제1호 규정에 따른 건설기계 등 중기(重機)를 세워 두는 시설을 말한다.

14) 농막이란, 「농지법 시행규칙」 제3조의 2 제1호 규정에 따른 시설물로서, 농작업에 직접 필요한 농자재 및 농기계 보관, 수확 농산물 간이 처리 또는 농작업 중 일시 휴식을 위하여 설치하는 시설을 말한다(연면적 20㎡ 이하이고, 주거목적이 아닌 경우로 한정한다).

15) A는 연면적(㎡), N은 인원(인), P는 정원(인), R은 1호당 거실의 개수(개)를 의미한다.

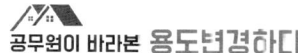

[별첨 9] 용도변경 관련 질의회신 사례 _(출처: 서울특별시 건축법·건축조례 질의회신집 등)

1) 동일한 집합건물 내 근생시설(학원) 중 일부를 교육연구시설(학원)로 용도변경 시 근생시설(학원) 소유자 동의 여부 [국토교통부 / '12.08.22.]

   [질의]
   집합건축물에 제2종 근린생활시설인 학원(499㎡)이 있는 상태에서 그것과 다른 부분의 구분소유자가 제2종 근린생활시설로 되어 있는 부분을 교육연구시설(학원)로 용도변경 하고자 할 경우, 기존 제2종 근린생활시설인 학원의 소유자도 함께 용도변경을 신청하여야 하는지

   [회신]
   집합건축물에 제2종 근린생활시설인 학원(499㎡)이 있는 상태에서 그것과 다른 부분의 구분소유자가 제2종 근린생활시설로 되어 있는 부분을 교육연구시설(학원)로 용도변경 하고자 할 경우, 기존 제2종 근린생활시설인 학원 소유자의 용도변경 신청 없이도 용도변경 할 수 있습니다.

2) 건축물의 용도가 제2종 근린생활시설 '중개사무소'이었던 곳에 같은 업종의 새로운 중개사무소가 영업허가·신고받는 경우 건축물의 용도변경에 해당하는지 [국토교통부 / '12. 12. 27.]

   [질의]
   건축물의 용도가 제2종 근린생활시설 '중개사무소'이었던 곳에 같은 업종의 새로운 중개사무소가 영업허가·신고 받는 경우 건축물의 용도변경에 해당하는지

   [회신]
   건축물의 실질적 용도의 변경 없이 같은 장소에 동일 업종의 영업허가·신고 행위를 다시 하는 경우는 「건축법」상 건축물 용도변경에 해당하지 아니하는 것으로 생각됨.

3) 판매시설을 일반음식점으로 용도변경 [국토교통부 / '12. 11. 15.]

[질의]
판매시설인 건축물을 일반음식점으로 사용할 수 있는지 여부

[회신]
「건축법 시행령」 [별표 1] 제7호의 규정에 의하여 판매시설 안에 있는 근린생활시설은 판매시설로 분류하는 것으로, 판매시설인 건축물을 제2종 근린생활시설인 일반음식점으로 용도를 변경하여 사용하고자 하는 경우에는 건축물대장의 용도를 변경하지 아니하고 사용할 수 있는 것으로 판단됨.

4) 현행 건폐율, 용적률 기준에 저촉될 때, 용도변경이 가능한지
 [서울시건지 58550-63 /'02. 01. 07]

[질의]
1971년 1월 적합하게 사용 승인된 기존건축물(차고)에 증축행위 없이 용도변경을 하고자 하는 경우 현행 건폐율, 용적률 기준에 저촉될 때 용도변경 가능 여부

[회신]
기존건축물의 대지가 도시계획의 결정·변경으로 인하여 적법했던 기존건축물의 건폐율이 부적합하게 된 경우의 용도변경 가능 여부에 대한 건설교통부 질의회신(건축 58550-1478/'00. 05. 24)에 의하면 해당 건축물에 증축 등 건축행위를 수반하지 아니하고 용도지역 안에서 건축물의 건축금지 및 제한규정·피난·방화 및 내화기준 등 제반 건축기준에 적합한 경우 용도변경이 가능한 것으로 유권해석하고 있음을 알려드림.

5) 20층인 업무시설의 일부를 다가구주택으로 용도변경 가능한지
 [국토교통부 /'12. 07. 30.]

[질의]
20층인 업무시설의 일부를 다가구주택으로 용도변경 가능한지

[회신]
다가구주택의 규모(3개층 이하, 660㎡ 미만, 19세대 이하)로서 건축기준에 적합한 경우에는 그 일부를 다가구주택으로 용도변경이 가능함.

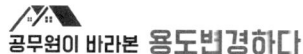

6) 고시원으로 용도변경 후, 실별로 구분등기가 가능한지
   [국토교통부 / '12. 09. 11.]

   [질의]
   제2종 근린생활시설인 의료기 판매시설을 고시원으로 용도변경하여 실별로 구분 등기가 가능한지 여부

   [회신]
   건축법령상 고시원은 「다중이용업소의 안전관리에 관한 특별법」에 따른 다중이용업 중 고시원업의 시설로서 독립된 주거의 형태를 갖추지 아니한 것을 말하며, 동 특별법에 따르면 고시원업은 영업장 내부의 벽 또는 칸막이 등으로 구획된 실을 숙박 또는 숙식을 할 수 있도록 이용객에게 제공하는 형태의 영업을 말하는 것으로 안전시설 등의 설치·유지에 대한 사항을 구획된 실이 아닌 영업장 전체를 대상으로 하고 있으며, 건축법령에서는 고시원 영업장 내부에 여러 개로 구획된 개별실 하나만을 별도의 영업장으로 보지 않음에 따라 고시원의 실별로 독립된 주거의 형태를 갖추지 아니하도록 규정하고 있는 것임. 따라서 고시원업이 영업장 내부에 구획된 실이 아닌 영업장 전체를 대상으로 한다는 점과 고시원 영업장 내부에 구획된 수개의 개별실을 별도의 고시원으로 보지 않는 점을 고려할 때, 고시원업이 영업장 내부에 구획되어있는 개별 실을 대상으로 집합건축물 대장을 생성하기는 어려울 것으로 사료되며, 실별로 집합건축물로 구분되어 있는 경우에는 집합건축물대장의 전유부분 합병 등의 조치가 필요할 것임.

7) 집합건축물에 위반 부분이 있는 경우 용도변경의 가능 여부
   [건축과-703 / '04. 02. 23.]

   [질의]
   가. 타인 소유의 지상 7층에 불법사항이 있는 경우, 분할 등기된 지하 1, 2, 3층에 대하여 용도변경(건축물대장 기재사항 변경 포함)이 가능한지 여부

   나. 기존 집합건축물의 소유자가 아닌 자가 집합건축물에 붙여서 증축(기존건축물의 전유 및 공용부분의 변경이 없는 경우)하는 경우 기존건축물 소유자의 동의를 받아야 하는지 여부

[회신]
건축물의 용도변경은 「건축법」 제14조 및 같은 법 시행령 제14조의 규정에 의하여 기존 건축물의 용도변경을 하고자 하는 경우에는 변경하고자 하는 용도의 건축기준에 적합하게 하여야 하는 것이며, 용도변경 하고자 하는 부분이 분할 등기된 집합건축물로서 건축법령 및 관계 법령에 적합한 상태라면 타인 소유로 분할 등기된 부분이 부적합한 경우라도 용도변경이 가능할 것이나, 기존 집합건축물의 소유자가 아닌 자가 집합건축물에 붙여서 증축(기존 건축물의 전유 및 공용부분의 변경이 없는 경우)하고자 하는 경우에는 기존건축물 소유자의 동의를 받아야 하는 것임. (법 제14조 ⇒ 제19조, 2008. 03. 21.)

8) 가설건축물의 용도변경 가능 여부 [건축기획과-4797 / '08. 10. 24.]

[질의]
허가 및 사용승인을 얻은 가설건축물의 용도를 변경(제2종 근린생활시설에서 제1종 근린생활시설로 변경)하는 것이 가능한지 여부 및 가능한 경우 어떠한 절차를 따라야 하는지

[회신]
「건축법」 제20조 제1항에 의한 가설건축물의 용도변경을 하는 경우에도 같은 법 제19조 제2항에 따라 허가를 받거나 신고를 하여야 하며 같은 법 제19조 제3항에 따라 같은 조 제4항에 따른 시설군 중 같은 시설군 안에서 용도를 변경하려는 자는 국토해양부령으로 정하는 바에 따라 특별자치도지사 또는 시장·군수·구청장에게 건축물대장 기재내용의 변경을 신청하여야 하나, 같은 법 제20조 제3항 및 제4항과 같은 법 시행령 제15조 제2항에 따라 법 제20조 제1항에 의한 가설건축물에 대해서는 같은 법 제38조에 따른 건축물대장을 작성하지 아니하고 별도로 가설건축물대장에 적어 관리하므로 가설건축물관리대장의 기재사항의 변경을 신청하면 될 것이며, 신청서 및 구비서류 등에 대해서는 건축법령에서 별도로 정하고 있지 아니하니 구체적인 사항은 해당 건축허가권자와 상의하시기 바람.

9) 위반건축물의 용도변경 절차 [국토교통부 /'12. 11. 01.]

[질의]
위반건축물의 용도변경 절차에 대하여

[회신]
「건축법」제19조 제1항에 의하면 건축물의 용도변경은 변경하려는 용도의 건축기준에 맞게 하도록 하고 있으며, 같은 법 제79조 제1항에 따라 허가권자는 대지나 건축물이 건축법령에 위반되면 허가 또는 승인을 취소하거나 그 건축물의 건축주·공사시공자·현장관리인·소유자·관리자 또는 점유자에게 공사의 중지를 명하거나 상당한 기간을 정하여 그 건축물의 철거·개축·증축·수선·용도변경·사용금지·사용제한, 그 밖에 필요한 조치를 명하도록 하고 있음. 따라서 위반건축물에 대하여는 위반사항이 해소되기 이전까지 건축행위(용도변경 포함)를 할 수 없는 것임. 참고로, 허가권자가 위반건축물이 현행 건축법령에 의한 건축기준 및 기타 관계 법령에는 적합하나 건축허가 (신고)절차만 결한 경우에는 고발 및 이행강제금 1회 부과 등의 행정조치를 한 후 건축허가를 하는 방안이 있음.

10) 건축법에 따른 용도변경을 하고, 영업신고를 하여야 하는지
   [국토교통부 /'13. 07. 05.]

[질의]
1종 근생(미용실)으로 되어 있는 건축물에서 2종 근생(일반음식점)으로 영업을 하려고 할 때, 「건축법」에 따른 용도변경을 하고, 영업신고를 하여야 하는지, 아니면 용도변경 없이 영업신고를 하면 되는지

[회신]
「건축법」제19조 제3항 단서규정 및 같은 법 시행령 제14조 제4항 제2호에 따르면, '「국토의 계획 및 이용에 관한 법률」이나 그 밖의 관계 법령에서 정하는 용도제한에 적합한 범위에서 제1종 근린생활시설(미용실)과 제2종 근린생활시설(일반음식점) 상호간의 용도변경의 경우에는 그러하지 아니하다.'라고 규정하고 있는 바, 질의의 경우 기재내용 변경 등의 절차가 필요하지 아니할 것으로 생각됨.

11) 다세대주택 반지하를 서점으로 용도변경이 가능한지
    [국토교통부/'13. 07. 08.]

    [질의]
    다세대주택 반지하를 서점으로 용도변경이 가능한지? 용도변경 안 하고 영업했을 시 신고방법은?

    [회신]
    「건축법」제19조에 따르면, '제4항 각 호에 해당하는 시설군에 속하는 건축물의 용도를 상위군에 해당하는 용도로 변경하는 경우', '허가대상[공동주택(다세대주택)에서 제1종 근린생활시설(서점)로 변경]'으로 규정하고 있음.

12) 기존 주차전용건축물을 일반건축물로 용도변경 시 기존 건축물 등에 대한 특례 적용 가능 여부 [도시계획과-4959 /'12. 05. 29.]

    [질의]
    기존 주차전용건축물을 일반건축물로 용도변경 시 기존 건축물 등에 대한 특례 적용을 받을 수 있는지 여부

    [회신]
    「건축법」제6조, 같은 법 시행령 제6조의 2 및 서울시 건축조례 제4조 제6호에 의거 법령의 제·개정이나 도시관리계획의 결정·변경 등의 사유로 인하여 법령 등의 규정에 적합하지 아니하게 된 기존의 건축물 및 대지에 대하여 용도변경 하려 할 경우는 용도변경 하고자 하는 용도 및 시설기준 등이 관련 법령 등의 규정에 적합(2006. 05. 09.이전에 건축된 기존 건축물의 건축선 및 인접대지 경계선으로부터의 거리가 제30조에서 정한 거리의 기준에 미달하는 경우에는 제30조를 적용하지 않을 수 있음)하여야 합니다.

13) 집합건축물(공용부분) 용도변경 가능 여부 [건축기획과-14160 /'13. 7. 16.]

    [질의]
    집합건축물 공용부분의 용도변경 가능 여부

[회신]
집합건축물인 업무시설(오피스텔)의 공용부분인 로비를 제1종 근린생활시설(휴게음식점)로 용도변경 하고자 하는 경우에는 「건축법」제19조에 따라 변경하려는 용도의 건축기준에 맞추어 제반절차의 이행 후, 용도변경이 가능할 것'으로 판단되나, 공용부분의 변경에 관한 사항은 「집합건축물의 소유 및 관리에 관한 법률」제15조 [공용부분의 변경]의 규정이 선행되어야만 가능할 것으로 생각됨.

※ 집합건축물 공용부분(기계실 등)의 용도변경 시 구분소유자의 전체 동의를 받아야 하는데, 사실상 재산권과 관련된 사항에 대해 아무런 보상 없이 모든 소유자의 동의를 받기는 어렵다고 봐야 합니다.

14) 건축물용도 기재변경 신청 없이도 가능한 용도변경 관련
   [국토교통부/'14. 03. 26.]

[질의]
2014년 3월 24일 부로 「건축법 시행령」제14조가 개정되어서 「건축법」제14조 4항에 따라 [별표 1]의 같은 호에 속하는 건축물 상호간의 용도변경은 기재변경 신청을 할 필요가 없는 것으로 압니다. 따라서 예를 들어, 제2종 근린생활시설 중 일반음식점에서 노래연습장을 할려고 한다면 건축물용도 기재변경 신청 없이도 가능한지

[회신]
「건축법」제19조에 따르면 건축물의 용도변경은 변경하려는 용도의 건축기준에 맞게 하여야 하며, 동법 제22조에 따라 사용승인을 받은 건축물의 용도를 변경하려면 허가권자에게 허가를 받거나 신고를 하거나 건축물대장 기재내용의 변경을 신청하여야 합니다. 다만, 같은 법 시행령 [별표 1] 같은 호에 속하는 건축물 상호 간의 용도변경, 국토의 계획 및 이용에 관한 법률이나 그 밖의 관계 법령에서 정하는 용도제한에 적합한 범위에서 제1종 근린생활시설과 제2종 근린생활시설 상호 간의 용도변경은 허가, 신고, 건축물대장 기재내용의 변경신청 없이도 용도변경이 가능할 것임.

15) 용도변경 시 구조안전확인서 제출에 대한 질의회신 [국토교통부 /'20. 12. 03]

[질의]
가. 「건축법」제19조 제4항에 따른 건축물의 용도변경에 따라 달라지는 구조내력이 5% 미만일 경우, 구조안전확인서를 제출해야 하는지

나. '가' 질의의 구조안전 확인이 필요가 없다면, 변경 전·후 용도에 따른 건축구조설계하중(KDS 41 10 05) 기본등분포활하중 변경이 5% 미만일 경우 구조내력을 5% 미만으로 보고 판단하면 되는지

[회신]
「건축법」 제19조 제7항에서 제1항 및 제2항(허가대상 및 신고대상, 제3항에 따른 기재내용 변경은 제외)에 따른 건축물의 용도변경에 관하여는 제48조를 준용하도록 하고 있음에 따라, 같은 법 시행령 제32조 제2항 각 호* 하나에 해당하는 건축물을 용도변경 하는 경우에는 구조안전확인서류를 허가권자에게 제출하여야 합니다.
* 2층 이상, 연면적 200m² 이상, 높이 13m 이상, 처마높이 9m 이상, 기둥과 기둥 사이의 거리 10m 이상, 단독주택 및 공동주택 등

다만, 건축구조기준(KDS 41 17 00, 건축물 내진설계기준) 1.9.2(일체증축) 단서에 따르면 증축 시 기존 부분에 대해서는 전체 구조물로서 증가된 하중을 포함한 소요강도가 기존 부재의 구조내력을 5% 미만까지 초과하는 것은 허용하는 점을 감안하여, 건축물의 용도변경에 따라 변경된 소요강도가 기존 부재의 구조내력의 5% 미만으로 확인될 경우, 별도 구조안전확인서 제출은 의무가 아닐 것으로 생각됩니다. 또한 등분포활하중의 변경의 5% 미만은 위 항목의 '변경된 소요강도가 기준 부재 구조내력의 5% 미만'인 경우로 볼 수 있을 것으로 판단됩니다.

16) 건축 중인 건축물의 용도변경 [국토교통부 / '19. 05. 24]

[질의]
가. 이축허가를 받아 건축 중에 있는 주택을 근린생활시설로 용도변경이 가능한지

[회신]
가. 이축권이 기존 주택에 대하여 발생한 것임은 물론, 「개발제한구역의 지정 및 관리에 관한 특별조치법 시행령」 제18조 제1항 제1호에 의해 근린생활시설(제조업소 제외)로의 용도변경이 가능한 경우는 기존주택에 적용되는 것입니다.
나. 또한 「건축법」상 건축 중인 건축물은 최종 사용승인검사를 받아서 건축물관리대장에 그 용도 등이 등재되어야만 정식 건축물로 인정을 받을 수 있는 것으로서, 현재 건축 중인 건축물을 정식 주택으로 보기는 곤란할 것입니다.

17) 기존 건축물 용도변경 시 과밀부담금 부과 여부 [국토교통부 / '20. 04. 24]

   [질의]
   가. 수도권정비계획법 전문개정(94. 01) 이전에 허가받은 후 개정 이후에 용도변경이나 증축하는 경우 과밀부담금 제외 여부

   [회신]
   가. 수도권정비계획법 전문개정 이전에 건축허가를 받고 개정 이후에 증축 또는 용도변경(업무용 시설 등이 아닌 시설에서 업무용 시설 등으로 용도를 변경하는 경우를 말함)이 있는 경우에는 같은 법 제12조 및 같은 법 시행령 제16조에 따라 증축 또는 용도변경 되는 면적은 과밀부담금 부과 대상입니다.

18) 20층인 업무시설의 일부를 다가구주택으로 용도변경 가능한 지
   [국토교통부 / '19. 5. 24]

   [질의]
   가. 20층인 업무시설의 일부를 다가구주택으로 용도변경 가능한 지

   [회신]
   가. 다가구주택의 규모(3개층 이하, 660㎡ 미만, 19세대 이하)로서 건축기준에 적합한 경우에는 그 일부를 다가구주택으로 용도변경이 가능함.

19) 직통계단이 1개인 기존 3층 건축물의 용도변경 가능 여부 [국토교통부 / '22. 06. 20]

   [질의]
   가. 3층 이상인 기존 건축물에 직통계단이 1개만 있어도 바닥면적 합계가 200㎡ 이상인 독서실로 용도변경이 가능한지 여부

   [회신]
   가. 「건축법시행령」 제34조 제2항 제2호의 규정에 의하여 제2종 근린생활시설 중 학원, 독서실 및 교육연구시설 중 학원 등의 용도에 쓰이는 3층 이상의 층으로서 그 층의 해당 용도에 쓰이는 거실의 바닥면적의 합계가 200㎡ 이상인 경우에는 직통계단 2개소 이상을 설치해야 하며, 같은 법 제19조의 규정에 의하여 건축물의 용도변경은 변경하고자 하는 용도의 건축기준에 적합해야 하므로 질의의 용도변경 시에 상기 직통계단 설치기준에 적합해야 합니다.

20) 동일 건축물 내 복수 용도의 구분소유자에 의한 용도변경 시 편의시설 설치대상 여부 [보건복지부/「장애인등 편의법」일부조항 처리지침 / 2019. 10. 01]

[질의]
동일 건축물 내 복수 용도의 구분소유자에 의한 용도변경 시
예) 201호 [소유자:A] – 제2종 근린생활시설(학원) 100㎡
　　203호 [소유자:B] – 제2종 근린생활시설(학원) 100㎡
　　301호 [소유자:C] – 교육연구시설(학원) 500㎡
　　401호 [소유자:D] – 제1종 근린생활시설(소매점) 200㎡인 건물에서 401호가 제1종 근린생활시설(소매점)을 교육연구시설(학원)로 용도변경 하였을 경우 각각의 구분소유자에 대한 편의시설 설치의무 발생 여부

[회신]
한 건물의 구분 소유자에 의한 동일 용도별 바닥면적의 합계가 편의시설 설치대상이 되었을 경우, 「장애인등 편의법」제9조 등에 의하여 원칙적으로 해당 용도의 구분소유자 모두에게 편의시설 설치의무가 발생한다고 보는 것이 타당함.

다만, 아무런 행위를 하지 않은 구분소유자(위의 경우 301호 소유자 C)에게 편의시설 설치 의무를 부과하는 것은 「헌법」상 '사유재산권침해' 및 '비례의 원칙'에 반하는 과도한 의무 부과로 판단될 수 있는 측면 또한 존재함.

따라서 다수의 구분소유자로 구성된 복수 용도의 건축물의 경우에는 편의시설 설치의무 발생을 유발하게 한 당사자(위의 경우 401호 소유자 D)의 점유부분 및 이 대지경계선부터 점유부분까지 이르는 경로상 설치된 공유부분(매개시설, 내부시설, 위생시설 등)에 대한 편의시설 설치의무를 적용하는 것이 합리적임.

단, 제2종 근린생활시설(학원)과 교육연구시설(학원)의 세부용도는 학원으로 동일하나, 동법 시행령 [별표 1] 편의시설 설치 대상시설에 따르면 제2종 근린생활시설(학원)은 포함되지 않으므로 제2종 근린생활시설(학원) 용도의 구분소유자(위의 경우 201호 소유자 A, 203호 소유자 B)에게는 편의시설 설치의무가 발생되지 않음.

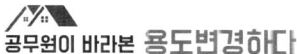

[별첨 10] 강남구 건축위원회 심의(자문)대상 (출처: 강남구청 홈페이지)

구 분		심의대상
층수기준		• 16층 이상~20층 이하
연면적 기준	문화 및 집회, 종교, 판매, 운수, 의료(종합병원), 관광숙박시설	• 5천㎡ 이상~10만㎡ 미만
	분양대상 (공동주택, 오피스텔, 판매시설 등)	• 3천㎡ 이상 • 공동주택 30세대[주택법 시행령 제27조제1항제2호가목에 해당하는 경우 50세대] 이상 • 오피스텔 30실 이상
기 타		• 시가지·특화경관지구 내의 건축물(市 심의대상 제외)
기타 구청장이 필요하다고 인정하는 경우		• 11층 이상 또는 연면적 5천㎡ 이상 • 주차공작물 • 주거지역내 주차전용 건축물 • 가설건축물(아파트 견본주택) • 노인복지주택건축(실버주택) • 주거지역의 관광숙박시설 내 위락시설 설치 • 30실 이상의 다중생활시설 • 건축선 지정구역내 건축물의 건축 및 대수선(도로에 면한 건축물의 외벽 1/2 이상의 변경으로 건축법 시행령 제3조의2제9호에 따른 대수선에 한정한다)에 관한 사항 • 가설건축물(주차관리실, 20미터 이상 간선도로에 접한 대지에 한정한다) • 가로수길 특별가로구역의 일조권 완화를 받는 건축 및 대수선 「신사동 가로수길 특별가로구역」 지정공고(강남구 고시 제2024-2912호)

경관심의		• 경관지구 내 높이 3층·12m, 건폐율 30% 초과하여 건축하는 경우
		• 중점경관구역 내 경관계획에서 경관심의 대상으로 정하는 건축물
		• 5층 미만 또는 연면적 1천㎡ 미만의 공공건축물
		• 「건축법 시행령」 제5조의 5 제1항 제4호 가, 나목
		  - 바닥면적의 합계가 5천㎡ 이상인 문화 및 집회시설, 종교·판매 시설, 여객자동차터미널, 종합병원, 관광숙박시설
		  - 16층 이상인 건축물

[별첨 11] 건축 관련 참고 사이트

구 분	사이트 명	사이트 주소
건축 관련(용도변경) 행정업무 처리	건축행정시스템 세움터	https://cloud.eais.go.kr/
법규검토	법제처	https://www.moleg.go.kr/
자치법규검토	자치법규정보시스템	https://www.elis.go.kr/
서울시 자치법규 검토	서울특별시 법무행정서비스	https://legal.seoul.go.kr/
최신법령 해석사례	정부입법지원센터	https://www.lawmaking.go.kr/
토지이용계획, 지구단위계획 확인 등	토지이음	http://www.eum.go.kr/
건축물대장 발급 등	정부24	https://www.gov.kr/
부동산 종합정보 확인 등	서울부동산 정보광장	https://land.seoul.go.kr:444/land/
수치지도, 항공사진 확인 등	국토지리정보원	https://www.ngii.go.kr/
지구단위계획 열람	서울시 도시공간포털	https://urban.seoul.go.kr/
건축사 확인, 각종 건축 관련 양식 등	대한건축사협회	https://www.kira.or.kr/
각 법령에 대한 쉬운 설명	찾기 쉬운 생활법령정보	https://easylaw.go.kr/
3D 건축물 지도 (건축물의 높이 확인)	브이월드	https://map.vworld.kr/
토지대장 발급 (시가표준액 조회)	정부24	https://www.gov.kr/
건축물의 생애를 한눈에 확인	건축물 생애이력관리시스템	https://blcm.go.kr/
건축법을 그림으로 쉽게 설명	그림으로 이해하는 건축법	http://ebook.seoul.go.kr/Viewer/QGBIRM3E1K7Q
건축법 관련 질의회신 검색	건축법 서울시 건축조례 질의회신집	http://ebook.seoul.go.kr/Viewer/NNZBXVA7Q3DN
가로구역별 건축물 높이기준 (서울시)	서울특별시	http://news.seoul.go.kr/citybuild/archives/507901
학교환경 위생정화구역 확인	교육환경정보시스템	https://eeis.schoolkeepa.or.kr
용도변경 관련 블로그	영종건축사 블로그 (문의 메일)	https://blog.naver.com/wm153 (wm153@naver.com)

08
서식 1~14

[서식 1] 용도변경 체크리스트
[서식 2] 위임장
[서식 3] 대리인 위임장(세움터)
[서식 4] 건축물대장 현황도면 발급 동의(위임)서
[서식 5] 입주민동의서
[서식 6] 고충(진정·질의·건의) 민원신청서
[서식 7] 시정완료 보고서
[서식 8] 정화조 내부청소 이행각서
[서식 9] 행위허가증명서
[서식 10] 건축물표시 변경·정정 신청서
[서식 11] 가설건축물 축조신고서
[서식 12] 건축·대수선·용도변경 (변경)허가 신청서
[서식 13] 건축물대장 합병신청서
[서식 14] 건축물대장 전환신청서

공무원이 바라본 용도변경하다

08 서식

[서식 1]

용도변경 체크리스트

구 분		내 용	관련 사항
위반 건축물 여부		있음 □ 없음 □	건축물 관리 대장 확인
용도변경 전의 용도		시설군 [ ] 세부용도 [ ]	
용도변경 후의 용도		시설군 [ ] 세부용도 [ ]	
분류	용도변경 신고	해당 □	하위군으로의 변경
	용도변경 허가	해당 □	상위군으로의 변경
	기재내용의 변경	해당 □	동일 시설군 내에서의 변경
	임의사용	해당 □	· 같은 호에 속하는 건축물 상호 간 변경 · 제1종 근린생활시설과 제2종 근린생활시설 상호 간의 용도변경
1) 장애인 편의시설		해당 □ 비해당 □	「장애인·노인·임산부 등의 편의증진 보장에 관한 법률」
2) 주차장 추가설치		해당 □ 비해당 □	「서울시 주차장 설치 및 관리 조례」 ※ 예외: 사용승인 후 5년이 지난 연면적 1,000㎡ 미만의 건축물의 용도변경
3) 정화조 용량검토		만족 □ 불만족 □	「건축물의 용도별 오수발생량 및 정화조 처리대상인원 산정기준」
4) 소방시설		해당 □ 비해당 □	「소방법」
5) 구조 (건축물 하중기준)		만족 □ 불만족 □	「건축물의 구조기준 등에 관한 규칙」
6) 2개 이상의 피난계단 설치		설치 □ 비설치 □	「건축법 시행령」
7) 학교 보건법 허용 및 금지 용도		허용 □ 비허용 □	「학교보건법」 · 절대정화구역: 학교 정문부터 직선거리 50m · 상대정화구역: 학교 정문부터 직선거리 200m
8) 에너지 절약계획서 작성		해당 □ 비해당 □	「건축물의 에너지절약 설계기준」
9) 용도지역 안에서의 허용여부		허용 □ 비허용 □	「국토의 계획 및 이용에 관한 법률 시행령」
10) 과밀부담금		해당 □ 비해당 □	· 업무용 또는 복합건축물: 25,000㎡ 이상 · 판매용건축물: 15,000㎡ 이상 · 공공청사: 1,000㎡ 이상 ※ 용도변경 시 면적 초과분에 대하여 부담
11) 기타			

[서식 2]

위 임 장

위임을 받은 자	(성 명)	(주 소)
	(생년월일)	(연락처)

위임을 받은 사항	

위임자	20 년 월 일 성 명 : (서명 또는 날인) 생 년 월 일 : 사업자(법인) 등록번호 : 주 소 : 전 화 번 호 :

※ 유의사항

타인의 인장이나 서명의 도용으로 허위의 위임장을 작성하여 증명서를 신청하거나 수령한 경우 「형법」 제231조 또는 제237조의 2에 따라 5년 이하의 징역 또는 1천만원 이하의 벌금형에 처해집니다.

[서식 3]

대리인 위임장(세움터)

동의자 인적사항

성명(대표자)		상호(법인명)	
생년월일 (법인등록번호)		사업자 등록번호	
주소			(전화 :)
e-mail 주소		핸드폰 번호	
위임의 유형	☐ 한정 위임 ☐ 포괄 위임	* 한정 위임: 당해 민원 종결 시까지만 위임 * 포괄 위임: 당해 민원을 포함하여 당해 허가번호 (신고번호, 인가번호, 승인번호)와 직접 연결되는 모든 후속 민원의 종결 시까지 위임	

상기인은 당해 대리인에게 인터넷건축행정시스템(세움터)을 통하여 민원을 작성하고 신청하는 과정에서 모든 권한을 위임함에 동의합니다.

　　　　　　　　　　　　　　　　　　　년　　　월　　　일

　　　　　　　　　　동 의 인 :　　　　　(서명 또는 인)

사무소(법인) 귀중

※ 당해 대리인은 업무진행을 하는 과정에서 취득한 정보를 본 목적 외에 다른 용도로 사용하지 않겠으며, 이를 위반 시에는 모든 책임을 지겠습니다.

　　　　　　　　　　　　　　　　　　　년　　　월　　　일

　　　　　　　　　　대리인 :　　　　　(서명 또는 인)

210㎜ × 297㎜(보존용지(2종) 70g/㎡)

[서식 4]

건축물대장 현황도면 발급 동의(위임)서

대지위치					
발급목적					
소유자	성명(법인)		대리인	성명(법인)	
	생년월일			생년월일	
	연 락 처			연 락 처	

상기 대리인이 건축물대장 현황드면을 발급하는 것에 대하여 동의합니다.

년   월   일

소유자: (서명 또는 인)

※ 첨부: 소유자 및 대리인 신분증(사본) 각 1부

[서식 5]

입 주 민 동 의 서

○ 공 사 세 대 :　　　　동　　　호
○ 공 사 기 간 : 20　년　월　일 ~ 20　년　월　일 (　　일간)
○ 공 사 내 용 :
　-
　-
　-

○ 공 사 업 체 :　　　　　　　　　(담당자:　　　　　　)
○ 담당자 연락처 :

위와 같은 공사에 대해 동의합니다.

연번	호수	성 명	서 명	연번	호수	성 명	서 명
01				11			
02				12			
03				13			
04				14			
05				15			
06				16			
07				17			
08				18			
09				19			
10				20			

[서식 6]

민 원 서 류	고충(진정·질의·건의)민원 신 청 서				처리기간
접수번호:					7일
접수일시:	신청인	성 명	(서명)	생년월일	
처리기한:		주 소			
처리과 기록물 등록번호					
		연락처			

제 목	

[서식 7]

시정완료 보고서

대지위치	
건 축 주 또는 관리자	(서명 또는 인)
연 락 처	
주 소	
위반내용	
조치내용	
조치사진 1	
조치사진 2	

20   .   .   .

구청장 귀하

[서식 8]

정화조 내부청소 이행각서

○ 정화조 소재지:　　　　시　　　구　　　동　　　번지

○ 정화조 소유자:　　　　(주민등록번호:　　　-　　　　)
　　　주 소:　　　시　　　구　　　동　　　번지

○ 정화조 사용자:　　　　(주민등록번호:　　　-　　　　)
　　　주 소:　　　시　　　구　　　동　　　번지

○ 상기 건축물의 정화조 용량은 건물을 사용하는 용도에 비해 정화조 용량이 부족하여 6개월에 1회 이상 정화조 내부청소를 이행할 것을 약속하며, 만일 이를 위반할 시 「하수도법」 제80조에 의거 과태료의 처분을 받아도 이의가 없음을 확인하며 이에 각서를 작성합니다.

년　　월　　일

위 정화조 소유자:　　　　　(인)

시　　　구청장 귀하

[서식 9]

■ 공동주택관리법 시행규칙[별지 제8호서식] <개정 2020. 11. 12.>

허가번호 제 호				
\multicolumn{5}{c}{**행위허가증명서**}				
행위 구분	\multicolumn{4}{l}{[ ] 용도변경 [ ] 개축·재축·대수선 [ ] 파손·철거 [ ] 비내력벽 철거 [ ] 세대구분형 공동주택의 설치 [ ] 용도폐지 [ ] 증축 [ ] 증설}				
신청인	\multicolumn{2}{l}{성명 (법인명)}	\multicolumn{2}{l}{생년월일 (법인등록번호)}				
	\multicolumn{4}{l}{주소 (전화번호:)}				
단지 개요	위치	\multicolumn{3}{l}{(단지명:)}				
	세대수		층수 및 동수	층 동, 층 동 층 동, 층 동				
행위 대상 시설 개요	시설 종류	[ ]공동주택	[ ]부대시설	[ ]복리시설				
	건축면적	㎡	연면적	㎡(바닥면적: ㎡)				
	주용도		부속용도					
	공사면적	㎡	층수	지하( )층, 지상( )층				
총사업비	\multicolumn{4}{l}{천원(일반에게 분양되는 시설의 건축비·택지비는 제외합니다)}				
착공 예정일	년 월 일	사용검사 예정일	\multicolumn{2}{l}{년 월 일}				

「공동주택관리법」 제35조 제1항, 같은 법 시행령 제35조 및 같은 법 시행규칙 제15조 제6항에 따라 위와 같이 행위허가를 했음을 증명합니다.

년 월 일

특 별 자 치 시 장
특 별 자 치 도 지 사   직인
시 장 · 군 수 · 구 청 장

210mm×297mm[백상지(80g/㎡)]

[서식 10]

■ 건축물대장의 기재 및 관리 등에 관한 규칙 [별지 제15호서식]   세움터(www.eais.go.kr)에서도 신청할 수 있습니다.
<개정 2021. 7. 12.>

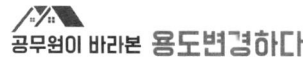

건축물표시 [ ]변경 [ ]정정 신청서

• 어두운 난( )은 신청인이 작성하지 않으며, [ ]에는 해당하는 곳에 √ 표시를 합니다.

접수번호	접수일시	발급일	처리기간	7일
대지위치			지번	
도로명주소				
명칭			호명칭	

소유자	성명(명칭)	주민(법인)등록번호(부동산등기용 등록번호)
	주소	

구분	(변경·정정)전 내용	(변경·정정)후 내용	사유

「건축물대장의 기재 및 관리 등에 관한 규칙」 제18조제1항 제21조제3항에 따라 위와 같이 건축물대장의 표시   [ ]변경   을 신청합니다.
                                           [ ]정정

년 월 일

신청인 (서명 또는 인)

특별자치시장·특별자치도지사 또는 시장·군수·구청장 귀하

신청인 제출서류	1. 변경신청의 경우
	  가. 건축물현황도(건축물현황도의 내용이 변경된 경우에만 제출합니다)
	  나. 건축물의 표시에 관한 사항이 변경되었음을 증명하는 서류
	2. 정정신청의 경우: 잘못이 있는 부분의 건축물현황도면과 이를 증명하는 서류
		수수료
		없음

210mm×297mm(백상지 80g/㎡)

[서식 11]

■ 건축법 시행규칙 [별지 제8호서식] <개정 2018. 11. 29.> 세움터(www.eais.go.kr)에서도 신청할 수 있습니다.

가설건축물 축조신고서

• 어두운 난(　　)은 신고인이 작성하지 않으며, [ ]에는 해당하는 곳에 √ 표시를 합니다.(앞쪽)

신고번호(연도-기관코드-업무구분-신고일련번호)	접수일자	처리일자	처리기간	3일

건축주	성명			
	생년월일(사업자 또는 법인등록번호)		전화번호	
	주소			
대지현황	대지위치		지번	
	대지소유구분　　[ ] 본인소유　　[ ] 타인소유		면적	m²

※ "지번"은 「공간정보의 구축 및 관리 등에 관한 법률」에 따른 지번을 적으며, 「공유수면의 관리 및 매립에 관한 법률」 제8조에 따라 공유수면의 점용·사용 허가를 받은 경우 그 장소가 지번이 없으면 그 점용·사용 허가를 받은 장소를 적습니다.

I. 전체 개요

건축면적	m²	연면적 합계	m²
존치기간		년　　월　　일까지	

II. 동별 개요

동별	구조	용도	건축면적(m²)	연면적(m²)	지상층수

「건축법」 제20조 제3항 및 같은 법 시행규칙 제13조에 따라 위와 같이 가설건축물 축조신고서를 제출합니다.

년　　월　　일

건축주　　　　　　　　　　(서명 또는 인)

특별자치시장·특별자치도지사, 시장·군수·구청장　　귀하

210mm×297mm[보존용지(2종) 70g/m²]

■ 건축법 시행규칙 [별지 제8호서식]
(뒤쪽)

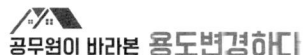

신고안내				
제출하는 곳	특별자치시·특별자치도, 시·군·구	처리부서	건축신고 부서	
첨부서류	1. 배치도 1부 2. 평면도 1부 3. 대지사용승낙서(다른 사람이 소유한 대지인 경우만 해당합니다) 1부		수수료	원

근거법규	
「건축법」 제20조 제3항 및 같은 법 시행령 제15조제5항	특별자치시장·특별자치도지사 또는 시장·군수·구청장에게 신고해야 하는 가설건축물 1. 재해가 발생한 구역 또는 그 인접구역으로서 특별자치시장·특별자치도지사 또는 시장·군수·구청장이 지정하는 구역에서 일시사용을 위해 건축하는 것 2. 특별자치시장·특별자치도지사 또는 시장·군수·구청장이 도시미관이나 교통소통에 지장이 없다고 인정하는 가설흥행장, 가설전람회장, 농·수·축산물 직거래용 가설점포, 그 밖에 이와 비슷한 것 3. 공사에 필요한 규모의 공사용 가설건축물 및 공작물 4. 전시를 위한 견본주택이나 그 밖에 이와 비슷한 것 5. 특별자치시장·특별자치도지사 또는 시장·군수·구청장이 도로변 등의 미관정비를 위해 지정·공고하는 구역에서 축조하는 가설점포(물건 등의 판매를 목적으로 하는 것을 말합니다)로서 안전·방화 및 위생에 지장이 없는 것 6. 조립식구조로 된 경비용으로 쓰는 가설건축물로서 연면적이 10제곱미터 이하인 것 7. 조립식 경량구조로 된 외벽이 없는 임시 자동차 차고 8. 컨테이너 또는 이와 비슷한 것으로 된 가설건축물로서 임시사무실·임시창고 또는 임시숙소로 사용되는 것(건축물의 옥상에 건축하는 것을 제외합니다. 다만, 2009년 7월 1일부터 2015년 6월 30일까지 및 2015년 7월 1일부터 2019년 6월 30일까지 공장의 옥상에 축조하는 것은 포함합니다) 9. 도시지역 중 주거지역·상업지역 또는 공업지역에 설치하는 농업·어업용 비닐하우스로서 연면적이 100제곱미터 이상인 것 10. 연면적이 100제곱미터 이상인 간이축사용, 가축분뇨처리용, 가축운동용, 가축의 비가림용 비닐하우스 또는 천막(벽 또는 지붕이 합성수지 재질로 된 것과 지붕 면적의 2분의 1 이하가 합성강판으로 된 것을 포함합니다)구조 건축물 11. 농업·어업용 고정식 온실 및 간이작업장, 가축양육실 12. 물품저장용, 간이포장용, 간이수선작업용 등으로 쓰기 위해 공장 또는 창고시설에 설치하거나 인접 대지에 설치하는 천막(벽 또는 지붕이 합성수지 재질로 된 것을 포함합니다), 그 밖에 이와 비슷한 것 13. 유원지, 종합휴양업 사업지역 등에서 한시적인 관광·문화행사 등을 목적으로 천막 또는 경량구조로 설치하는 것 14. 야외전시시설 및 촬영시설 15. 야외흡연실 용도로 쓰는 가설건축물로서 연면적이 50제곱미터 이하인 것 16. 그 밖에 제1호부터 제15까지에 해당하는 것과 비슷한 것으로서 건축조례로 정하는 건축물

유의사항	
「건축법」 제111조	• 가설건축물 축조신고를 하지 않거나 거짓으로 신고한 자는 5천만원 이하의 벌금에 처하여 집니다.
「건축법 시행령」 제15조· 제15조의2	• 가설건축물의 존치기간은 3년(공사용 가설건축물 및 공작물의 경우에는 해당 공사의 완료일까지의 기간)이며로 하며, 존치기간을 연장하려는 자는 존치기간 만료일 7일 전까지 특별자치시장·특별자치도지사 또는 시장·군수·구청장에게 신고해야 합니다.

처리절차									
신고서 작성	→	접수	→	검토	→	결재	→	신고필증 작성	→	신고필증 교부
신고인(건축주)		특별자치시·특별자치도, 시·군·구(건축신고 부서)								신고인(건축주)

[서식 12]

■ 건축법 시행규칙 [별지 제1호의4서식] <개정 2021. 6. 25.>　　　세움터(www.eais.go.kr)에서도 신청할 수 있습니다.

건축·대수선·용도변경 (변경)허가 신청서

• 어두운 난(▨)은 신청인이 작성하지 않으며, [ ]에는 해당하는 곳에 √ 표시를 합니다.　　(6쪽 중 제1쪽)

허가번호(연도-기관코드-업무구분-허가일련번호)		접수일자	처리일자
건축구분	[ ] 신축　　[ ] 증축　　[ ] 개축　　[ ] 재축　　[ ] 이전　　[ ] 대수선 [ ] 허가사항 변경　　　[ ] 용도변경　　　　[ ] 가설건축물 건축		

① 건축주	성명(법인명)		생년월일(사업자 또는 법인등록번호)	
	주소			(전화번호:　　　　)
	전자우편 송달동의	「행정절차법」 제14조에 따라 정보통신망을 이용한 각종 부담금 부과 사전통지 등의 문서 송달에 동의합니다.		
		[ ] 동의함　　　　　　　　　　　　[ ] 동의하지 않음		
		건축주　　　　　　(서명 또는 인)		
	전자우편 주소	@		

② 설계자	성명(법인명)　　　　　　　　(서명 또는 인)	자격번호
	사무소명	신고번호
	사무소 주소	(전화번호:　　　　)

③ 대지조건	대지위치	
	지번	관련지번
	지목	용도지역
	용도지구　　　　　/	용도구역　　　　　/

- 대수선의 경우에는 대수선 개요(Ⅳ)만 적되, 대수선으로 인하여 층별 개요와 동별 개요의 (주)구조가 변경되는 경우에는 변경되는 (주)구조를 동별 개요와 층별 개요에 적습니다.
- 건축구분에 관계없이 전체 건축물에 대한 개요를 적습니다.

Ⅰ. 전체 개요

대지면적	m²	건축면적	m²
건폐율	%	연면적 합계	m²
연면적 합계(용적률 산정용)	m²	용적률	%
④ 건축물 명칭	주 건축물 수　　　동	부속 건축물　　동	m²
⑤ 주용도	세대/호/가구수　　세 대 호 구　　　가	총 주차대수	대
주택을 포함하는 경우 세대/가구/호별 평균 전용면적			m²

210mm×297mm [보존용지(2종) 70g/m²]

■ 건축법 시행규칙 [별지 제1호의4서식]

⑥ 하수처리시설		형식				용량				(인용)
주차장	구분	옥내		옥외		인근		전기자동차		면제
	자주식	대	m²	대	m²	대	m²	옥내: 대 옥외: 대 인근: 대		더
	기계식	대	m²	대	m²	대	m²			

공개 공지 면적	조경 면적	건축선 후퇴 면적	건축선 후퇴 거리
m²	m²	m²	m

[ ] 건축협정을 체결한 건축물	[ ] 결합건축협정을 체결한 건축물

변경사항	※ 유의사항: 허가사항을 변경하려는 경우에만 그 내용을 간략하게 적습니다.

일괄처리 사항	[ ] 공사용 가설건축물 축조신고 [ ] 공작물 축조신고 [ ] 개발행위허가 [ ] 도시·군계획시설사업 시행자의 지정 및 실시계획인가 [ ] 산지전용허가·신고, 산지일시사용 허가신고 [ ] 농지전용허가·신고 및 협의 [ ] 사도개설허가 [ ] 도로점용허가 [ ] 비관리청 도로공사 시행 허가 및 도로의 연결허가 [ ] 하천점용허가 [ ] 개인하수처리시설 설치신고 [ ] 배수설비 설치신고 [ ] 상수도 공급신청 [ ] 자가용전기설비 공사계획 인가·신고 [ ] 수질오염물질 배출시설 설치 허가·신고 [ ] 대기오염물질 배출시설 설치 허가·신고 [ ] 소음·진동 배출시설 설치 허가·신고 [ ] 가축분뇨 배출시설 설치 허가·신고 [ ] 공원구역 행위허가 [ ] 도시공원 점용허가 [ ] 특정토양오염관리대상시설 신고 [ ] 수산자원보호구역 행위허가 [ ] 초지전용 허가·신고 ※ 유의사항:「건축법」제11조에 따라 다른 법률의 허가를 받거나 신고를 한 것으로 보는 사항에 √ 표시합니다.

존치기간	년 월 일까지 (가설건축물 건축허가인 경우만 적습니다)
시공기간	착공일부터 년

「건축법」제11조·제16조·제19조 및 제20조 제1항에 따라 위와 같이 (변경)허가를 신청합니다.

년   월   일

건축주   (서명 또는 인)

특별시장·광역시장·특별자치시장·특별자치도지사, 시장·군수·구청장   귀하

■ 건축법 시행규칙 [별지 제1호의4서식] (6쪽 중 제3쪽)

II. 동별 개요

※ 는 증축이 있는 경우 증가부분만 적습니다.

기존 건축물의 동별 개요	구 분	허가신청 건축물의 동별 개요
[ ] 주 건축물 [ ] 부속 건축물	주/부속구분	[ ] 주 건축물 [ ] 부속 건축물
	⑦ 동 명칭 및 번호	
	주용도	
호	※ ⑧ 호수	호
가구 세대	※ ⑨ 가구/세대수	가구 세대
[ ] 철근콘크리트조 [ ] 철골조 [ ] 기타	주구조	[ ] 철근콘크리트조 [ ] 철골조 [ ] 기타
	⑩ 세부구조	
	지붕	
	⑪ 지붕 마감재료	
	※ 건축면적(㎡)	
	※ 연면적(㎡)	
	※ 용적률 산정용 연면적(㎡)	
지하: 층 지상: 층	층수	지하: 층 지상: 층
	높이(m)	
	승용승강기	
	비상용승강기	
보·차양길이: m 기둥과 기둥사이: m 내력벽과 내력벽사이: m	특수구조 건축물 (「건축법 시행령」 제2조제18호)	보·차양길이: m 기둥과 기둥사이: m 내력벽과 내력벽사이: m
	※ ⑫ 특수구조 건축물 유형	

III. 층별 개요

• 동 명칭 및 번호 (⑦ 과 동일하게 적습니다)

기존 건축물의 층별 개요			구 분		허가신청 건축물의 층별 개요		
⑬ 구조	⑭ 용도	⑮ 면적(㎡)	층구분	건축구분	⑯ 구조	⑰ 용도	⑱ 면적(㎡)

■ 건축법 시행규칙 [별지 제1호의4서식]

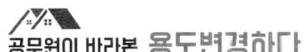

IV. 대수선 개요

• 대수선을 하려는 항목에 √를 표시하고, 증설·해체·수선 또는 변경여부를 표시하시기 바랍니다.

대수선 내용	항목	구분	수량
	[ ] 내력벽	증설·해체·수선·변경	[m²]
	[ ] 기둥	증설·해체·수선·변경	[개]
	[ ] 보	증설·해체·수선·변경	[개]
	[ ] 지붕틀	증설·해체·수선·변경	[개]
	[ ] 방화벽	증설·해체·수선·변경	
	[ ] 방화구획	증설·해체·수선·변경	
	[ ] 주계단	증설·해체·수선·변경	
	[ ] 피난계단	증설·해체·수선·변경	
	[ ] 특별피난계단	증설·해체·수선·변경	
	[ ] 다가구주택의 가구 간 경계벽의 증설·해체·수선·변경		
	[ ] 다세대주택의 세대 간 경계벽의 증설·해체·수선·변경		
	[ ] 건축물의 외벽	증설·해체·수선·변경	[m²]

※ 준주택, 도시형 생활주택 개요

기존 건축물의 유형별 개요			허가신청 건축물의 유형별 개요		
⑲ 유형	⑳ 실/호/세대수	㉑ 실/호/세대별 면적(m²)	㉒ 유형	㉓ 실/호/세대수	㉔ 실/호/세대별 면적(m²)

※ 다가구주택 호(가구)별 면적

기존 건축물의 유형별 개요			허가신청 건축물의 유형별 개요		
호(가구) 구분	층구분	㉕ 호(가구)별 전용면적(m²)	호(가구) 구분	층구분	㉖ 호(가구)별 전용면적(m²)

■ 건축법 시행규칙 [별지 제1호의4서식] (6쪽 중 제5쪽)

첨부서류 및 허가권자 확인사항

1. 신축, 증축, 개축, 재축, 이전, 대수선 및 가설건축물의 건축	가. 건축할 대지의 범위에 관한 서류 나. 건축할 대지의 소유에 관한 권리를 증명하는 서류. 다만, 다음 각 목의 경우에는 그에 따른 서류로 갈음할 수 있습니다. 　1) 건축할 대지에 포함된 국유지 또는 공유지에 대해서는 허가권자가 해당 토지의 관리청과 협의하여 그 관리청이 해당 토지를 건축주에게 매각하거나 양여할 것을 확인한 서류 　2) 집합건물의 공용부분을 변경하는 경우에는 「집합건물의 소유 및 관리에 관한 법률」 제15조제1항에 따른 결의가 있었음을 증명하는 서류 　3) 「건축법」 제11조에 따라 주택과 주택 외의 시설을 동일 건축물로 건축하는 건축허가를 받아 「주택법 시행령」 제27조제1항에 따른 호수 또는 세대수 이상으로 건설·공급하는 경우 「주택법」 제21조제1항 각 호의 어느 하나에 해당함을 증명하는 서류 다. 「건축법」 제11조제11항제1호에 해당하는 경우에는 건축할 대지를 사용할 수 있는 권원을 확보하였음을 증명하는 서류 라. 「건축법」 제11조제11항제2호 및 같은 법 시행령 제9조의2제1항 각 호의 사유에 해당하는 경우에는 다음 각 목의 서류 　1) 건축물 및 해당 대지의 공유자 수의 100분의 80 이상의 서면동의서: 공유자가 지장(指章)을 날인하고 자필로 서명하는 서면동의의 방법으로 하며, 주민등록증, 여권 등 신원을 확인할 수 있는 신분증명서의 사본을 첨부해야 합니다. 다만, 공유자가 해외에 장기체류하거나 법인인 경우 등 불가피한 사유가 있어 허가권자가 인정하는 경우에는 공유자가 인감증명서의 날인하거나 서명한 서면동의서에 해당 인감증명서나 「본인서명사실 확인 등에 관한 법률」 제2조제3호에 따른 본인서명사실확인서 또는 같은 법 제7조제7항에 따른 전자본인서명확인서의 발급증을 첨부하는 방법으로 할 수 있습니다. 　2) 가목에 따라 동의한 공유자의 지분 합계가 전체 지분의 100분의 80 이상임을 증명하는 서류 　3) 「건축법 시행령」 제9조의2제1항 각 호의 어느 하나에 해당함을 증명하는 서류 　4) 해당 건축물의 개요 마. 「건축법 시행규칙」 제5조에 따른 사전결정서(「건축법」 제10조에 따라 건축에 관한 입지 및 규모의 사전결정서를 받은 경우만 해당합니다) 바. 「건축법 시행규칙」 별표 2의 설계도서(「건축법」 제10조에 따른 사전결정을 받은 경우에는 건축계획서 및 배치도는 제외합니다). 다만, 「건축법」 제23조제4항에 따른 표준설계도서에 따라 건축하는 경우에는 건축계획서 및 배치도만 제출하며, 구조도 및 구조계산서는 착공신고 전까지 제출할 수 있습니다. 사. 「건축법」 제11조제5항 각 호에 따른 허가 등을 받거나 신고하기 위해 해당 법령에서 제출하도록 의무화하고 있는 신청서 및 구비서류(해당 사항이 있는 경우로 한정합니다) 아. 「건축법 시행규칙」 별지 제27호의11서식에 따른 결합건축협정서(해당 사항이 있는 경우로 한정합니다)
2. 허가사항 변경	변경하려는 부분에 대한 변경 전·후의 설계도서
3. 용도변경	가. 용도를 변경하려는 층의 변경 후의 평면도 나. 용도변경에 따라 변경되는 내화·방화·피난 또는 건축설비에 관한 사항을 표시한 도서 ※ 용도를 변경하려는 층의 변경 전 평면도는 행정정보의 공동이용 또는 「건축법」 제32조제1항에 따른 전산자료를 통해 확인되지 않는 경우 직접 제출해야 합니다.
4. 허가권자 확인사항	가. 제1호나목: 토지등기사항증명서 나. 제3호: 건축물대장 또는 「건축법」 제32조제1항에 따른 전산자료를 통해 변경 전의 평면도 확인

허가안내

제출하는 곳	특별시·광역시·특별자치시·특별자치도·시·군·구	처리부서	건축허가 부서
수수료	「건축법 시행규칙」 별표 4 참조	처리기간	특별시·광역시: 40일 ~ 50일 특별자치시·특별자치도·시·군·구: 2일~15일(도지사 사전승인대상: 70일)

「건축법」 근거규정

제11조 제1항	1. 건축물을 건축하거나 대수선하려는 자는 특별자치시장·특별자치도지사 또는 시장·군수·구청장의 허가를 받아야 합니다. 다만, 「건축법」 제14조제1항 및 같은 법 시행령 제11조제2항에 해당하는 경우에는 미리 특별자치시장·특별자치도지사 또는 시장·군수·구청장에게 같은 법 시행규칙 제12조에 따라 신고하면 건축허가를 받은 것으로 봅니다. 2. 층수가 21층 이상이거나 연면적의 합계가 10만 제곱미터 이상인 건축물[공장, 창고 및 지방건축위원회의 심의를 거친 건축물(초고층 건축물은 제외)은 제외합니다]의 건축(연면적의 10분의 3 이상을 증축하여 층수가 21층 이상으로 되거나 연면적의 합계가 10만 제곱미터 이상으로 되는 경우를 포함합니다)을 특별시 또는 광역시에 하려면 특별시장 또는 광역시장의 허가를 받아야 합니다.
제16조 제1항	허가받은 사항을 변경하려는 경우
제19조 제2항	용도변경(상위군으로의 용도변경을 말합니다)
제20조 제1항	도시·군계획시설 또는 도시·군계획시설예정지에 가설건축물을 건축하려는 경우

유의사항

「건축법」 제11조, 제19조, 제80조, 제108조 및 제110조	1. 건축 또는 용도변경 허가를 받은 후 다음 각 목의 어느 하나에 해당하는 경우에는 그 허가가 취소됩니다. 　가. 허가를 받은 날부터 2년(신설·증설 또는 업종변경의 승인을 받은 공장: 3년) 이내에 공사에 착수하지 않은 경우 　나. 가목의 기간 이내에 공사에 착수하였으나 공사의 완료가 불가능하다고 인정되는 경우 　다. 「건축법」 제21조에 따른 착공신고 전에 경매 또는 공매 등으로 건축주가 대지의 소유권을 상실한 때부터 6개월이 경과한 이후 공사의 착수가 불가능하다고 판단되는 경우 2. 도시지역에서 허가를 받지 않고 건축물을 건축·대수선 또는 용도변경을 한 경우에는 3년 이하의 징역 또는 5억원 이하의 벌금에 처하게 되며, 위반건축물은 위반사항이 시정될 때까지 연 2회 이내의 이행강제금이 부과됩니다. 3. 다음 각 목의 어느 하나에 해당하는 경우에는 2년 이하의 징역 또는 1억원 이하의 벌금에 처하게 되며, 위반건축물은 위반사항이 시정될 때까지 연 2회 이내의 이행강제금이 부과됩니다. 　가. 도시지역 밖에서 허가를 받지 않고 건축물을 건축·대수선 또는 용도변경을 한 경우 　나. 허가받은 사항을 허가 없이 변경한 경우 　다. 허가받지 않고 가설건축물을 건축한 경우

■ 건축법 시행규칙 [별지 제1호의4서식]   (6쪽 중 제6쪽)

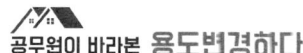

작성방법

1. ①·② : 해당하는 자가 다수인 경우에는 "○○○ 외 인"으로 적고, "외 ○인"의 현황도 제출합니다. 아울러, 각종 부담금 사전통지의 전자우편 송달에 대한 동의여부를 표시하고, 동의하는 경우에는 전자우편 주소를 적습니다.
2. ③ : 지번은 「공간정보의 구축 및 관리 등에 관한 법률」에 따른 지번을 적되, 여러 필지인 경우 "지번"란에 대표지번을 적고, "관련지번"란에 대표지번 외의 지번을 적으며, 「공유수면의 관리 및 매립에 관한 법률」 제8조에 따라 공유수면의 점용·사용 허가를 받은 경우 그 장소가 지번이 없으면 그 점용·사용 허가를 받은 장소를 적습니다.
3. ④ : 건축물(단독주택 제외)을 총칭할 수 있는 명칭을 반드시 적습니다(예: 쌍둥이빌딩, ○○아파트).
4. ⑤ : 복합용도인 경우에는 주된 용도 하나 이상을 적습니다("주상복합" 등으로 적지 않습니다).
5. ⑥ : 여러 형식이 혼용되는 경우에는 대표형식을 적고(그 외의 형식도 적습니다), 하수처리시설의 용량은 대표형식과 그 외의 형식을 합한 용량을 적습니다.
6. ⑦ : 동의 명칭 및 번호는 다른 동과 중복되지 않도록 명확하게 적습니다. (예 : 101동, A동 등)
7. ⑧·⑨·⑳·㉓ : 집합건물의 구분소유 업무구획 수는 "호수", 단독주택의 주거구획 수는 "가구수", 공동주택의 구분소유 주거구획 수는 "세대수"를 적고, 고시원의 구획 수는 "실수"를 적습니다.
8. ⑩ : 세부구조 유형(단일 형강구조, 철골철근콘크리트 합성구조, 공업화 박판 강구조(PEB), 경량철골구조, 트러스구조, 기타)을 적으며, 건축물이 복수의 유형에 해당하는 경우에는 모두 적습니다.
9. ⑪ : 지붕 마감재료(RC슬래브, 복합자재, 금속판, 유리, 기와, 기타)를 적습니다.
10. ⑫ : 「건축법 시행령」 제2조제18호다목에 따른 특수구조 건축물의 유형을 적으며, 건축물이 복수의 유형에 해당하는 경우에는 모두 적습니다.

특수구조 건축물 유형	
1. 주요구조부가 공업화박판강구조(PEB)인 건축물	2. 주요구조부가 강관입체트러스(스페이스프레임)인 건축물
3. 주요구조부가 막 구조인 건축물	4. 주요구조부가 케이블 구조인 건축물
5. 주요구조부가 부유식구조인 건축물	6. 6개층 이상을 지지하는 기둥이나 벽체의 하중이 슬래브나 보에 전이되는 건축물
7. 건축물의 주요구조부에 면진·제진장치를 사용한 건축물	8. 기타

11. ⑲·㉒ : 「주택법 시행령」 제4조 및 제10조에 따른 준주택과 도시형생활주택의 유형을 적습니다.
12. ㉑·㉔ : 층별 개요 내용과 관계없이 대지 전체를 기준으로 준주택은 실/호/세대별 면적을, 도시형생활주택은 주거전용면적(「주택법 시행규칙」 제2조)을 적습니다.
13. ⑬ ~ ㉔

작성례 1) 도시지역에서 지하 1층에 바닥면적 100㎡의 단독주택(다가구주택)을 철근콘크리트조로 지상 1층에 바닥면적 100㎡의 단독주택(다가구주택)을 조적조로 신축하려는 경우

기존 건축물 층별 개요			구분		허가신청 층별 개요		
구조	용도	면적(㎡)	층구분	건축구분	구조	용도	면적(㎡)
			지1	신축	철근콘크리트조	단독주택(다가구)	100
			1	신축	조적조	단독주택(다가구)	100

작성례 2) 기존건축물(5층)의 각 층 바닥면적이 300㎡이고, 철근콘크리트조인 1층의 업무시설(사무소) 100㎡를 제2종근린생활시설(일반음식점)로 용도변경하고, 6층에 숙박시설(여관) 150㎡를 증축하려는 경우

기존 건축물 층별 개요			구분		허가신청 층별 개요		
구조	용도	면적(㎡)	층구분	건축구분	구조	용도	면적(㎡)
철근콘크리트조	업무시설(사무소)	100	1	용도변경	철근콘크리트조	제2종근린생활시설(일반음식점)	100
			6	증축	철근콘크리트조	숙박시설(여관)	150

작성례 3) 기존 건축물(3층)의 연면적이 400㎡이고, 철근콘크리트구조인 1층의 제2종근린생활시설(사무소) 150㎡을 대수선하려는 경우

기존 건축물 층별 개요			구분		허가신청 층별 개요		
구조	용도	면적(㎡)	층구분	건축구분	구조	용도	면적(㎡)
철근콘크리트조	제2종근린생활시설(사무소)	150	1	대수선	철근콘크리트조	제2종근린생활시설(사무소)	150

작성례 4) 준주택(오피스텔) 호별 면적 25㎡-10호 또는 도시형생활주택(원룸형주택) 전용면적 30㎡-13세대를 건축(용도변경 포함)하려는 경우

※ 준주택·도시형 생활주택 개요

기존 건축물의 유형별 개요			허가신청 건축물의 유형별 개요		
유 형	실/호/세대수	실/호/세대별 면적(㎡)	유 형	실/호/세대수	실/호/세대별 면적(㎡)
			준주택(오피스텔)	10	25
			도시형생활주택(원룸형주택)	13	30

14. ㉕·㉖ : 「주택법 시행규칙」 제2조제1호에 따라 다가구주택의 각 호(가구)별 주거전용면적을 적습니다.

처리절차									
신청서 작성	→	접 수	→	검 토 (협 의)	→	결 재	→	허가서 작성	→	허가서 교부
신청인(건축주)		특별시·광역시·특별자치시·특별자치도, 시·군·구(건축허가 부서)						신청인(건축주)	

[서식 13]

■ 건축물대장의 기재 및 관리 등에 관한 규칙 [별지 제13호서식] 세움터(www.eais.go.kr)에서도 신청할 수 있습니다.
<개정 2021. 7. 12.>

건축물대장 합병신청서

• 어두운 난(　　)은 신청인이 작성하지 않습니다.

접수번호	접수일시	발급일	처리기간	7일
일반건축물대장(표제부)의 기재사항			그 밖의 사항	
대지위치		지번		
도로명주소				
건축물 명칭		주용도		

구분	층별	구조	용도	면적(㎡)	비고
건축물					
부속 건축물					

구분	성명 (명칭)	주민등록번호 (부동산등기용등록번호)	주소	소유권 지분
소유자현황				

「건축물대장의 기재 및 관리 등에 관한 규칙」 제16조제1항에 따라 위와 같이 집합건축물대장의 전환을 신청합니다.

년　월　일

신청인　　　　　　(서명 또는 인)

특별자치시장·특별자치도지사 또는 시장·군수·구청장 귀하

신청인 제출서류	건축물현황도(건축물현황도의 내용이 변경된 경우에만 제출합니다)	수수료 없음
담당 공무원 확인사항	건물 등기사항증명서	

210mm×297mm(백상지 80g/㎡)

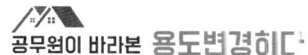

[서식 14]

■ 건축물대장의 기재 및 관리 등에 관한 규칙 [별지 제12호서식] 세움터(www.eais.go.kr)에서도 신청할 수 있습니다.
<개정 2021. 7. 12.>

건축물대장 전환신청서

(앞쪽)

• 어두운 난(   )은 신청인이 작성하지 않습니다.

접수번호	접수일시			발급일		처리기간	7일
신청인	성명 또는 명칭				주민등록번호		
	주소						
집합건축물대장(표제부)의 기재사항	대지위치			지번		그 밖의 사항	
	건축물 명칭·번호			호수			
	주용도						
집합건축물대장(전유부)의 기재사항	호명칭						
	구분	(주·부속)건축물구분	층별	구조	용도	면적(㎡)	비고
	전유부분						
	공용부분						
	구분	성명(명칭)	주민등록번호(부동산등기용등록번호)		주소		소유권지분
	소유자현황						

※ 다른 호에 대한 기재내용은 뒤쪽에 작성하시고, 4호를 초과하는 집합건축물은 건축물대장 전환신청서를 덧붙여 작성하기 바랍니다.

「건축물대장의 기재 및 관리 등에 관한 규칙」 제15조제1항에 따라 위와 같이 일반건축물대장의 전환을 신청합니다.

년   월   일

신청인   (서명 또는 인)

특별자치시장·특별자치도지사 또는 시장·군수·구청장 귀하

신청인 제출서류	1. 건축물현황도(건축물현황도의 내용이 변경된 경우에만 제출합니다) 2. 임차인에게 해당 건축물의 용도변경으로 동 번호 및 호수 등이 변경된다는 사실을 통지했음을 증명하는 서류	수수료 없음
담당 공무원 확인사항	건물 등기사항증명서	

210mm×297mm(백상지 80g/㎡)

고영종 건축사

학력
- 한양대학교 일반대학원 건축학과 졸업(석사)
- 원광대학교 공과대학 건축공학과 졸업(학사)

주요경력
- 현) 강남구청 건축민원지원센터 센터장
- 현) 조달청 평가위원
- 전) 서대문구청 감사실 기술감사팀
- 전) 동대문구청 건축안전센터
- 전) (주)희림 종합건축사사무스
- 전) 종합건축사사무소 건원
- 전) (주)종합건축사사무소 탑

저서
- [ebook] 다섯 개의 돌
- 2021년 동대문구 건축안전관리 매뉴얼(공저)
- 동안교회 증축 및 리모델링공사 백서

주요자격
- 건축사

문의사항
- 메일 : wm153@naver.com
- 블로그 : https://blog.naver.com/wm153

공무원이 바라본
용도변경하다

초판 발행 2023년 11월 7일
제1판 발행 2025년 11월 27일

지은이 고영종
발행인 이종권

주소 06775 서울시 서초구 마방로10길 25 트윈타워 A동 202호
문의전화 02-575-6144   **팩스** 02-529-1130
홈페이지 www.inup.co.kr / www.bestbook.co.kr

발행처 ㈜한솔아카데미
출판신고 1998년 2월 19일 제16-1608호

정가 29,000원
ISBN 979-11-6654-786-7 93540

---

* 본 교재의 내용 중에서 오타, 오류 등은 발견되는 대로 한솔아카데미 인터넷 홈페이지를 통해 공지하여 드리며 보다 완벽한 교재를 위해 끊임없이 최선의 노력을 다하겠습니다.

* 파본은 구입하신 서점에서 교환해 드립니다.